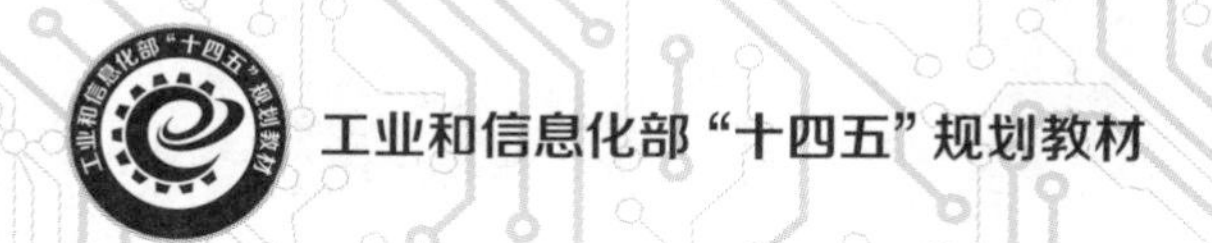

职业教育机电类
系列教材

传感器与检测技术

项目式|微课版

胡孟谦 张晓娜 / 主编
万晓航 李小红 解景浦 门志远 / 副主编
赖诚 / 主审

ELECTROMECHANICAL

人民邮电出版社
北京

图书在版编目（CIP）数据

传感器与检测技术 ： 项目式 ： 微课版 / 胡孟谦，张晓娜主编. -- 北京 ： 人民邮电出版社，2023.5
职业教育机电类系列教材
ISBN 978-7-115-59426-6

Ⅰ. ①传… Ⅱ. ①胡… ②张… Ⅲ. ①传感器－检测－高等职业教育－教材 Ⅳ. ①TP212

中国版本图书馆CIP数据核字(2022)第096717号

内 容 提 要

本书以各类传感器的工作原理为主线，以项目工作任务为导向，将相关知识的讲解贯穿于项目任务实施的整个过程中，坚持职业教育思想与企业岗位需求相结合的原则，通过具体的实施步骤完成预定的工作任务。

本书分别介绍了传感器与检测技术基础、力的检测、速度检测、位移检测、液位检测、温度检测、环境量检测 7 个工作项目。全书采用项目式编写体例，任务驱动，每个项目包括“项目描述”“学习目标”“任务”“知识拓展”“项目小结”“自测试题”6 个栏目，项目中每个任务以“任务导入”“知识讲解”“学海领航”和“任务实施”4 个模块贯穿始终，使学生在完成任务的过程中掌握传感器与检测的相关知识及实际应用。

本书内容紧跟传感器与检测技术的发展，及时将新技术、新器件及应用实例引入教材，并配套丰富的微课、动画及多媒体课件等课程资源，可登录课程网站下载，免费开放与教材配套的课程学习平台，便于学校教师和学生根据实际情况选择使用。

本书可作为高等职业本科和专科院校机电设备类、机械制造类、自动化类、电子信息类等专业的教材，也可作为开放大学、成人教育、自学考试、中职学校和培训班的教材，以及工程技术人员的参考用书。

◆ 主　　编　胡孟谦　张晓娜
副 主 编　万晓航　李小红　解景浦　门志远
主　　审　赖　诚
责任编辑　王丽美
责任印制　王　郁　焦志炜

◆ 人民邮电出版社出版发行　　北京市丰台区成寿寺路 11 号
邮编　100164　　电子邮件　315@ptpress.com.cn
网址　https://www.ptpress.com.cn
北京天宇星印刷厂印刷

◆ 开本：787×1092　1/16
印张：14　　2023 年 5 月第 1 版
字数：312 千字　　2024 年 12 月北京第 5 次印刷

定价：56.00 元

读者服务热线：(010)81055256　印装质量热线：(010)81055316
反盗版热线：(010)81055315
广告经营许可证：京东市监广登字 20170147 号

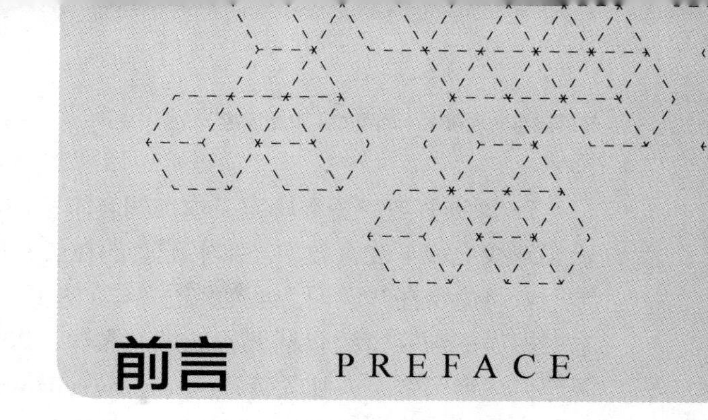

前言 PREFACE

传感器与检测技术是测量技术、信息处理技术、微电子技术、光学、声学、精密机械、仿生学和材料科学等众多学科相互交叉的综合性和高新技术密集型前沿技术之一，是现代新技术革命和信息社会的重要基础，是自动检测和自动控制技术不可缺少的重要组成部分。编者根据工业测控现场经验和丰富的职业教育教学经验，精心选取传感器应用典型工作任务，采用工作过程系统化的课程理念，基于学生学习视角，重组传感器与检测知识体系，实现教学做一体化，具有明显的职教特色，以更有效地培养学生传感器检测系统设计、安装、调试及维护的能力。

本书强调传感器在检测中的实际应用，突出新颖性、系统性、技术性、知识性、实用性和可操作性，立足于“传感器检测应用能力培养为主，传感器知识学习培养为辅”的教学目标，分解并优选工业中常用传感器的主要知识点和技能点，采用项目化编写体系，精选任务载体，力求达到知识融合的逻辑性要求和递进性原则，并配套丰富的各类教学资源。本书编写特点有如下几点。

1．注重职业素质培养，实现立德树人。本书贯彻落实党的二十大精神，以职业素养、科学精神和爱国情怀为主线，结合任务要求和实施载体，为学生提供内涵丰富、感染力强的案例，帮助学生了解科技前沿和行业发展等情况，培养严谨务实的工作作风和探索创新的钻研精神，并树立强烈的民族自信心和自豪感。

2．产教融合，课证融通。为了深化“岗课赛证”改革，紧扣岗位技能标准，本书在分析“工业传感器集成应用职业技能等级标准”的基础上确定课程与教材内容，提高了教材内容的先进性和实用性。

3．项目引导，任务驱动。本书将课程内容分成7个项目，项目关联的知识点和技能点通过任务驱动的方式进行重构，综合考虑贴近工程实际和便于技能训练的需求，从传感器基本知识、工业典型应用案例、企业工程项目和职业技能认证等几方面，优选任务载体，使任务既有难易程度的递进，又涵盖重要知识点，并保证知识点之间的逻辑性，帮助学生将所学知识扩展到实际应用，从而实现从认知到应用的转变。

4．结构优化，体系创新。本书优化章节布局，做到重点突出，用词精简，图文并茂。根据教学流程，每个任务按照任务导入→知识讲解→学海领航→任务实施的模式组织内容，有较强的指导性和可操作性，既可帮助教师高效组织课堂教学，又便于学生利用教材及配套的教学资源自学。

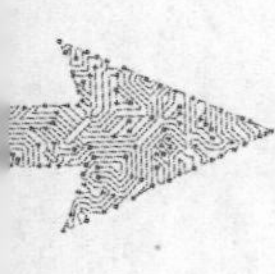

5．课程开放，资源丰富。本书配套丰富的数字资源，数字资源与教材一体化设计，便于实施线上线下混合教学。本书配套的在线开放课程在2019年就已在智慧职教上线运行，学习者可免费在线学习。课程经过多年的建设与运行，已立项为河北省精品在线开放课程。本书提供的数字资源包括课程标准、微课、PPT课件、动画、考试题库、在线开放课程资源等，读者可登录人邮教育社区（www.ryjiaoyu.com）下载。

本书各项目任务课时安排建议如下。

项目名称	任务名称	关键词	课时
传感器与检测技术基础（2课时）	传感器的认知	工作原理、应用	1
	检测系统与信号处理	检测、信号处理	1
力的检测（8课时）	物体重量检测	电阻应变片	4
	大气压力检测	压电效应、测量	4
速度检测（10课时）	机床主轴转速检测	光电传感器、光电效应	4
	转子转速检测	磁电式传感器	2
	汽车车速检测	霍尔效应	4
位移检测（10课时）	轴承滚柱直径检测	电感式传感器	4
	数控机床位移检测	光栅传感器	2
	数控机床伺服电动机角位移检测	光电编码器	2
	自动生产线工件的定位检测	电涡流式传感器	2
液位检测（8课时）	汽车油箱油量检测	电容式传感器	4
	密闭容器液位检测	超声波传感器	4
温度检测（6课时）	轧钢炉炉内温度检测	热电偶	2
	气化炉炉体温度检测	热电阻、热敏电阻	2
	红外测温仪温度检测	红外辐射	2
环境量检测（4课时）	可燃性气体检测	气体传感器	2
	物料与环境湿度检测	湿度传感器	2
合计			48

本书由河北工业职业技术大学胡孟谦、张晓娜任主编，河北工业职业技术大学万晓航、李小红、解景浦和河北中测计量检测有限公司门志远任副主编。其中，项目1、项目3由胡孟谦编写，项目2、项目4由张晓娜编写，项目5由万晓航编写，项目6由李小红编写，项目7由解景浦编写，门志远负责传感器相关的技术参数与检测规程等资料整理，河北工业职业技术大学李策参与图表绘制，河北工业职业技术大学梁向东参与习题的整理，河北工业职业技术大学李明卉参与文字校对。全书由胡孟谦统稿，四川工程职业技术大学赖诚主审。

本书在编写过程中得到了河北中测计量检测有限公司的大力支持，其提供了与书中内容相关的大量技术资源，在此表示感谢。

由于编者水平有限，书中难免有疏漏和欠缺之处，敬请广大读者提出宝贵意见，联系邮箱：4276511@qq.com。

编　者

2022年10月

数字资源列表

项目 1　传感器与检测技术基础

序号	资源名称	页码	序号	资源名称	页码
1-1	传感器的作用（视频）	2	1-3	传感器的基本特性（视频）	5
1-2	传感器的定义及组成（视频）	3	1-4	检测系统的组成（视频）	11

项目 2　力的检测

序号	资源名称	页码	序号	资源名称	页码
2-1	电阻应变式传感器工作原理（视频）	27	2-6	利用电阻应变片设计制作电子称重仪（视频）	37
2-2	电阻应变片的测量转换电路（视频）	32	2-7	压电式传感器的工作原理（视频）	40
2-3	单臂电桥（动画）	33	2-8	石英晶片受力与电荷极性（动画）	42
2-4	差动半桥（动画）	34	2-9	压电材料的分类及压电式传感器的应用（视频）	43
2-5	差动全桥（动画）	34	2-10	压电式刀具切削力测量（动画）	48

项目 3　速度检测

序号	资源名称	页码	序号	资源名称	页码
3-1	机床主轴转速检测（视频）	56	3-6	磁电式振动传感器（动画）	71
3-2	光电比色仪原理（动画）	65	3-7	磁电式扭矩传感器（动画）	71
3-3	磁电式传感器转子转速检测（动画）	68	3-8	霍尔元件的工作原理（视频）	74
3-4	磁电式传感器的工作原理（视频）	68	3-9	霍尔集成传感器及霍尔传感器的应用（视频）	79
3-5	变磁通式磁电传感器（动画）	70			

项目 4　位移检测

序号	资源名称	页码	序号	资源名称	页码
4-1	自感式传感器（视频）	92	4-7	光电编码器角位移检测（视频）	114
4-2	互感式传感器（视频）	97	4-8	电涡流式传感器的工作原理（视频）	121
4-3	电感式传感器的应用（视频）	100	4-9	电涡流式传感器的工作原理（动画）	121
4-4	光栅传感器的类型（视频）	105	4-10	电涡流式传感器的应用（视频）	124
4-5	莫尔条纹的原理（动画）	105	4-11	液位监控系统（动画）	125
4-6	光栅传感器的结构和工作原理（视频）	106			

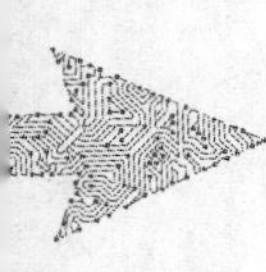

项目 5　液位检测

序号	资源名称	页码	序号	资源名称	页码
5-1	电容式传感器的工作原理 1（视频）	134	5-4	电容式传感器的应用（动画）	144
5-2	电容式传感器的工作原理 2（视频）	136	5-5	超声波物理特性（视频）	149
5-3	电容式传感器的测量电路（视频）	140	5-6	超声波探头及耦合技术（视频）	150

项目 6　温度检测

序号	资源名称	页码	序号	资源名称	页码
6-1	热电偶的测温原理（视频）	163	6-5	热电阻（视频）	176
6-2	热电偶的材料及结构（视频）	164	6-6	其他热电阻（视频）	179
6-3	热电偶的温度补偿（视频）	172	6-7	热敏电阻的测温原理（视频）	181
6-4	炉温测量（动画）	175			

项目 7　环境量检测

序号	资源名称	页码	序号	资源名称	页码
7-1	半导体气体传感器（视频）	197	7-3	湿度的表示方法（视频）	204
7-2	气体传感器的应用（视频）	200	7-4	湿度传感器的分类（视频）	205

目录 CONTENTS

项目1 传感器与检测技术基础 1

【项目描述】……1
【学习目标】……1
➢ 任务1.1 传感器的认知……1
◎【任务导入】……1
◎【知识讲解】……2
1.1.1 传感器的作用……2
1.1.2 传感器的定义及组成……3
1.1.3 传感器的分类……3
1.1.4 传感器的基本特性……5
1.1.5 传感器的应用……7
◎【学海领航】——中国制造“电五官”……9
◎【任务实施】——了解自动化生产线中各传感器的应用……9
➢ 任务1.2 检测系统与信号处理……11
◎【任务导入】……11
◎【知识讲解】……11
1.2.1 检测系统的组成……11
1.2.2 测量方法……12
1.2.3 测量误差及其分类……13
1.2.4 传感器信号处理……16
◎【学海领航】——“只有测量出来，才能制造出来。”……19
◎【任务实施】——监测高温箱的温度……20
【知识拓展】——传感器技术的发展趋势……20
【项目小结】……23
【自测试题】……24

项目2 力的检测 26

【项目描述】……26
【学习目标】……26
➢ 任务2.1 物体重量检测……26
◎【任务导入】……26
◎【知识讲解】……27
2.1.1 电阻应变式传感器常用弹性敏感元件……27
2.1.2 电阻应变片的结构和类型……28
2.1.3 电阻应变片的工作原理……30
2.1.4 电阻应变片的主要参数和粘贴……31
2.1.5 电阻应变片的测量转换电路……32
2.1.6 电阻应变片的应用……35
◎【学海领航】——学生的“应变感知”……37
◎【任务实施】——利用电阻应变片设计制作电子称重仪……37
➢ 任务2.2 大气压力检测……40
◎【任务导入】……40
◎【知识讲解】……40
2.2.1 压电式传感器的工作原理……40
2.2.2 压电材料的分类……43
2.2.3 压电式传感器的测量转换电路……44
2.2.4 压电式传感器的应用……45
◎【学海领航】——时代使命：技术创新……48
◎【任务实施】——制作大气压力测量仪……49

【知识拓展】——电位器式传感器……50
【项目小结】……53
【自测试题】……53

项目3 速度检测 56

【项目描述】……56
【学习目标】……56
➢ 任务3.1 机床主轴转速检测……56
◎【任务导入】……56
◎【知识讲解】……56
3.1.1 光电效应……56
3.1.2 光电元件……58
3.1.3 光电式传感器的类型及应用……63
◎【学海领航】——保护环境，实现可持续发展……66
◎【任务实施】——测量机床主轴转速……67
➢ 任务3.2 转子转速检测……68
◎【任务导入】……68
◎【知识讲解】……68
3.2.1 磁电式传感器的工作原理……68
3.2.2 磁电式传感器的测量电路……70
3.2.3 磁电式传感器的特点……70
3.2.4 磁电式传感器的应用……71
◎【学海领航】——锲而不舍，金石可镂……72
◎【任务实施】——使用磁电式传感器测量转子转速……72
➢ 任务3.3 汽车车速检测……73
◎【任务导入】……73
◎【知识讲解】……73
3.3.1 霍尔元件的工作原理……74
3.3.2 霍尔元件的测量电路……76
3.3.3 霍尔集成传感器……79
3.3.4 霍尔传感器的应用……79
◎【学海领航】——传承工匠精神……83
◎【任务实施】——用霍尔转速传感器测量汽车转速……83
【知识拓展】——光纤传感器……84
【项目小结】……88
【自测试题】……88

项目4 位移检测 91

【项目描述】……91
【学习目标】……91
➢ 任务4.1 轴承滚柱直径检测……91
◎【任务导入】……91
◎【知识讲解】……91
4.1.1 自感式传感器……92
4.1.2 互感式传感器……97
4.1.3 电感式传感器的应用……100
◎【学海领航】——见微知著，精密之处展才华……102
◎【任务实施】——检测轴承滚柱直径……102
➢ 任务4.2 数控机床位移检测……104
◎【任务导入】……104
◎【知识讲解】……104
4.2.1 光栅传感器的类型……105
4.2.2 莫尔条纹……105
4.2.3 光栅传感器的结构和工作原理……106
4.2.4 光栅传感器的应用……110
◎【学海领航】——新时代国家信息化发展的新战略：数字中国……111
◎【任务实施】——检测数控机床光栅位移……112
➢ 任务4.3 数控机床伺服电动机角位移检测……113
◎【任务导入】……113
◎【知识讲解】……113
4.3.1 增量式编码器……114
4.3.2 绝对式编码器……115
4.3.3 光电编码器的应用……116
◎【学海领航】——智能传感助力智能未来……118
◎【任务实施】——检测数控机床伺服电动机角位移……119

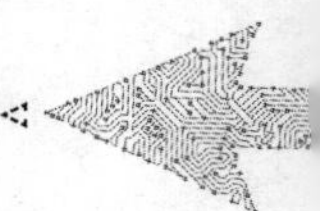

➢ 任务4.4 自动生产线工件的定位检测 ……120
◎【任务导入】……120
◎【知识讲解】……121
4.4.1 电涡流式传感器的工作原理……121
4.4.2 电涡流式传感器的结构……122
4.4.3 电涡流式传感器的测量电路……123
4.4.4 电涡流式传感器的应用……124
◎【学海领航】——保护自然环境，创造美好未来……128
◎【任务实施】——自动生产线工件的定位与计数……128
【知识拓展】——磁栅式传感器……129
【项目小结】……130
【自测试题】……131

项目5 液位检测 133

【项目描述】……133
【学习目标】……133
➢ 任务5.1 汽车油箱油量检测……134
◎【任务导入】……134
◎【知识讲解】……134
5.1.1 电容式传感器的工作原理……134
5.1.2 电容式传感器的测量电路……140
5.1.3 电容式传感器的误差分析……143
5.1.4 电容式传感器的应用……144
◎【学海领航】——“大国工匠”的创新精神……147
◎【任务实施】——检测汽车油箱油量……147
➢ 任务5.2 密闭容器液位检测……149
◎【任务导入】……149
◎【知识讲解】……149
5.2.1 超声波的物理特性……149
5.2.2 超声波探头及耦合技术……150
5.2.3 超声波传感器的应用……152
◎【学海领航】——继承与创新的科学精神……156
◎【任务实施】——密闭罐超声波液位检测……156
【知识拓展】——微波传感器……158
【项目小结】……160
【自测试题】……160

项目6 温度检测 162

【项目描述】……162
【学习目标】……162
➢ 任务6.1 轧钢炉炉内温度检测……162
◎【任务导入】……162
◎【知识讲解】……162
6.1.1 热电偶的工作原理……163
6.1.2 热电偶的材料及结构……164
6.1.3 热电偶的基本定律……170
6.1.4 热电偶的温度补偿……172
◎【学海领航】——正确的认识来源于实践……174
◎【任务实施】——检测轧钢炉的炉内温度……174
➢ 任务6.2 气化炉炉体温度检测……175
◎【任务导入】……175
◎【知识讲解】……175
6.2.1 热电阻……176
6.2.2 热敏电阻……181
◎【学海领航】——百折不挠的科学探索精神……184
◎【任务实施】——检测气化炉炉体温度……184
➢ 任务6.3 红外测温仪温度检测……186
◎【任务导入】……186
◎【知识讲解】……187
6.3.1 红外辐射……187
6.3.2 红外探测器……188
6.3.3 红外传感器的应用……189
◎【学海领航】——勇于探索，科技强国……190
◎【任务实施】——用非接触式红外测温仪测量体温……190

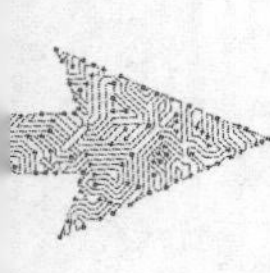

【知识拓展】——集成温度传感器……191
【项目小结】……193
【自测试题】……194

项目7 环境量检测 196

【项目描述】……196
【学习目标】……196
➢ 任务7.1 可燃性气体检测……196
◎【任务导入】……196
◎【知识讲解】……197
7.1.1 半导体气体传感器……197
7.1.2 固体电解质式气体传感器……199
7.1.3 接触燃烧式气体传感器……199
7.1.4 电化学气体传感器……200
7.1.5 气体传感器的应用……200
◎【学海领航】——自由的真正内涵……203
◎【任务实施】——检测厨房可燃气体是否泄漏……203
➢ 任务7.2 物料与环境湿度检测……204
◎【任务导入】……204
◎【知识讲解】……204
7.2.1 湿度的表示方法……205
7.2.2 湿度传感器的分类……205
7.2.3 湿度传感器的应用……207
◎【学海领航】——工匠精神的“小事不小”……208
◎【任务实施】——检测粮食含水量与环境湿度……209
【知识拓展】——离子敏传感器……211
【项目小结】……212
【自测试题】……213

参考文献……214

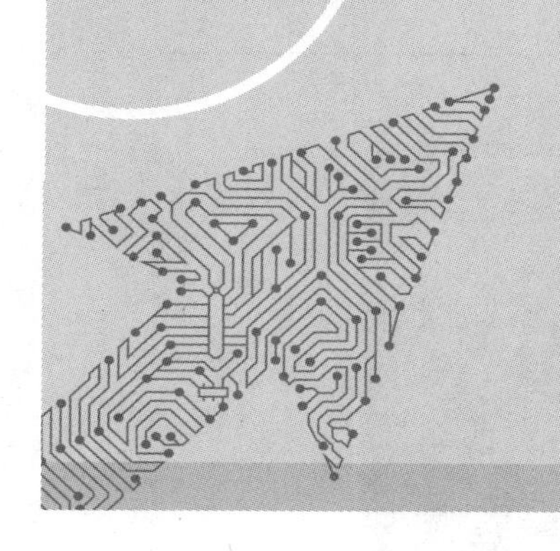

项目1 传感器与检测技术基础

01

【项目描述】

检测是指在生产、科研、试验及服务等各个领域，为及时获得被测、被控对象的有关信息而实时或非实时地对一些参量进行定性检查和定量测量。

对工业生产而言，采用各种先进的检测技术对生产全过程进行检查、监测，对确保安全生产、保证产品质量、提高产品合格率、降低能源和原材料消耗、提高企业的劳动生产率和经济效益是必不可少的。传感器用于对各物理量的检测，检测不仅是为了获得信息或数据，而且在一定程度上是为了生产和研究的需要。

本项目主要学习传感器的基本知识，如传感器的定义、作用和组成，传感器的应用，传感器的特性及常用的检测数据处理方法。

【学习目标】

知识目标：掌握传感器的定义、组成和作用，了解传感器的分类、主要性能指标；熟悉检测数据处理方法。

技能目标：认识各种设备中常见的传感器。

素质目标：培养爱国情怀，遵纪守法，诚实守信。

任务 1.1 传感器的认知

【任务导入】

随着科学技术的发展，自动化生产线在工业领域得到广泛应用。自动化生产线简称“自动线”，由工件传送系统和控制系统组成，是一种能实现产品生产过程自动化的机器体系。即通过采用一套能自动进行加工、检测、运输的机器设备，组成高度联系、完全自动化的生产线，来实现产品的生产。传感器是自动控制系统中不可缺少的元件，它能准确感受被测量的大小并将其转换成相应的输出量，对自动控制系统的质量起决定性作用。图 1-1 所示为机器人自动化生产线，其中都有哪些传感器？

图1–1　机器人自动化生产线

【知识讲解】

1.1.1　传感器的作用

传感器是一种检测装置，是自动化系统和机器人技术中的关键部件。它是实现自动检测的首要环节，为自动控制提供控制依据。传感器在机械电子、测量、控制、计量等领域应用广泛。

人类通过 5 种感觉（视觉、听觉、嗅觉、味觉、触觉）器官来感受外界信息；而在自动控制系统中，则依靠传感器来获取外界信息。人体与自动控制系统的对应关系如图 1-2 所示，电子计算机对应于人的大脑，传感器对应于人的 5 种感觉器官，执行器对应于人的四肢。

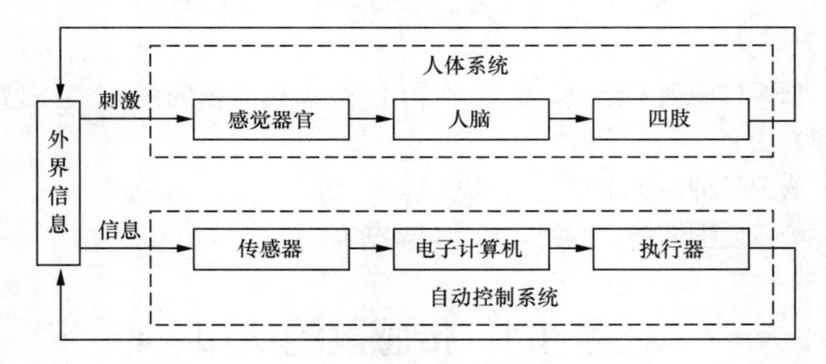

图1–2　人体与自动控制系统的对应关系

尽管传感器与人的感觉器官相比还有许多不完善的地方，但传感器在诸如高温、高湿、深海、高空等环境，以及在高精度、高可靠性、远距离、超细微等方面所表现出来的能力是人的感官所不能代替的。传感器的作用包括信息的收集、信息数据的交换及控制信息的采集 3 个方面。

实际上传感器对我们来说并不陌生，在我们的生活和生产中都可以看到它们的应用，如声光控节能开关中的光敏电阻、电视机遥控系统中的红外接收器件等都是传感器。传感器实际上是一种功能模块，其作用是将来自外界的各种信号转换成电信号，然后利用后续装置或电路对此电信号进行处理。图 1-3 所示为各种传感器实物图。

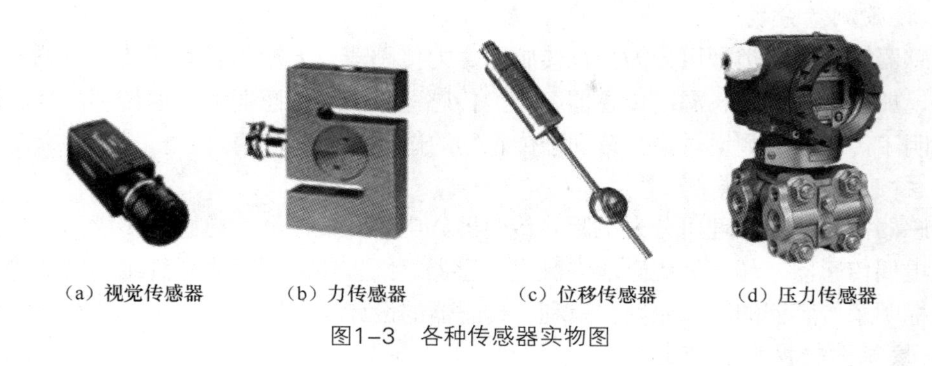

（a）视觉传感器　（b）力传感器　（c）位移传感器　（d）压力传感器

图1–3　各种传感器实物图

1.1.2　传感器的定义及组成

1. 传感器的定义

传感器是一种能感受被测量并按照一定的规律将其转换成可输出信号的器件或装置。

由此可知，传感器是一种能够检测被测量的器件或装置，输入量即被测量，可以是物理量、化学量或生物量等多种形式，输出量通常以电信号的形式进行输出，如电压、电流、频率等。传感器的输出量与输入量有确定的对应关系，且具有一定的精确度。

2. 传感器的组成

传感器一般由敏感元件、转换元件和测量电路组成，如图 1-4 所示。

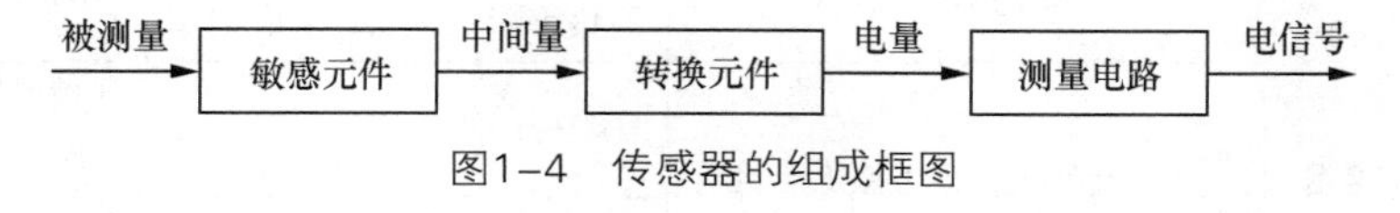

图1–4　传感器的组成框图

（1）敏感元件

敏感元件是传感器中直接感受被测量的部分。其作用是将被测的非电量信号转换成电量信号或非电量信号（转换为非电量信号易于转换为电量信号）。如后续章节要介绍的对力敏感的电阻应变片、对光敏感的光敏电阻、对温度敏感的热敏电阻等均属于敏感元件。

（2）转换元件

转换元件也叫传感元件，其作用是将敏感元件的输出量转换成适于传输或测量的电信号（或电参量）。

（3）测量电路

测量电路又称为转换电路，其作用是将转换元件输出的电量转换为电压、电流或频率等。

1.1.3　传感器的分类

目前，传感器主要有以下几种分类方法。

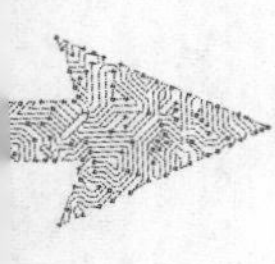

1. 按被测量分类

传感器按被测量类型可分为位移传感器、力传感器、力矩传感器、转速传感器、振动传感器、加速度传感器、温度传感器、压力传感器、流量传感器和流速传感器等。该分类方法标明了传感器的测量对象，有利于传感器的选型与快速应用。

2. 按测量原理分类

传感器按其测量原理可分为电阻式传感器、电容式传感器、电感式传感器、光栅传感器、热电偶传感器、超声波传感器、激光传感器、红外传感器和光导纤维传感器等。该分类方法标明了传感器的工作原理，有利于传感器的设计与应用。

3. 按能量转换类型分类

传感器按其能量转换类型可分为能量变换型（发电型）传感器和能量控制型（参量型）传感器两种。能量变换型传感器在进行信号转换时，不需要另外提供电源或其他能量，可将输入信号的能量转换为另一种形式的能量输出，如热电偶传感器、压电式传感器等。能量控制型传感器在工作时必须有外加电源，如电阻式传感器、电容式传感器、电感式传感器等。

表 1-1 是按传感器测量原理分类的各类型传感器的名称及典型应用。

表 1–1 传感器的分类

<table>
<tr><th colspan="2">传感器分类</th><th rowspan="2">转换原理</th><th rowspan="2">传感器名称</th><th rowspan="2">典型应用</th></tr>
<tr><th>转换形式</th><th>中间参量</th></tr>
<tr><td rowspan="15">电参数</td><td rowspan="7">电阻</td><td>移动电位器触点改变电阻</td><td>电位器传感器</td><td>测量位移</td></tr>
<tr><td>改变电阻丝或片的尺寸</td><td>电阻丝应变传感器、半导体应变传感器</td><td>测量微应变、力、负荷</td></tr>
<tr><td rowspan="3">利用电阻的温度效应（电阻温度系数）</td><td>热丝传感器</td><td>测量气流速度、液体流量</td></tr>
<tr><td>电阻温度传感器</td><td>测量温度、辐射热</td></tr>
<tr><td>热敏电阻传感器</td><td>测量温度</td></tr>
<tr><td>利用电阻的光敏效应</td><td>光敏电阻传感器</td><td>测量光强</td></tr>
<tr><td>利用电阻的湿度效应</td><td>湿敏电阻传感器</td><td>测量湿度</td></tr>
<tr><td rowspan="2">电容</td><td>改变电容的几何尺寸</td><td rowspan="2">电容式传感器</td><td>测量力、压力、负荷、位移</td></tr>
<tr><td>改变电容的介电常数</td><td>测量液位、厚度、含水量</td></tr>
<tr><td rowspan="6">电感</td><td>改变磁路几何尺寸、导磁体位置</td><td>电感式传感器</td><td>测量位移</td></tr>
<tr><td>涡流去磁效应</td><td>电涡流式传感器</td><td>测量位移、厚度、硬度</td></tr>
<tr><td>利用压磁效应</td><td>压磁式传感器</td><td>测量力、压力</td></tr>
<tr><td rowspan="3">改变互感</td><td>差动变压器式传感器</td><td>测量位移</td></tr>
<tr><td>自整角机</td><td>测量位移</td></tr>
<tr><td>旋转变压器</td><td>测量位移</td></tr>
</table>

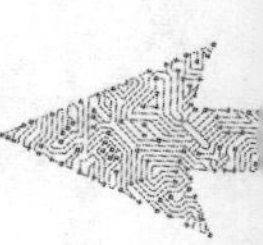

续表

传感器分类		转换原理	传感器名称	典型应用
转换形式	中间参量			
电参数	频率	改变谐振回路中的固有参数	振弦式传感器	测量压力、力
			振筒式传感器	测量气压
			石英谐振传感器	测量力、温度等
	计数	利用莫尔条纹	光栅	测量大角位移、大直线位移
		改变互感	感应同步器	
	数字	利用数字编码	角度编码器	测量大角位移
电量	电动势	温差电动势	热电偶	测量温度、热流
		霍尔效应	霍尔传感器	测量磁通、电流
		电磁感应	磁电式传感器	测量速度、加速度
		光电效应	光电池	测量光强
	电荷	辐射电离	电离室	测量离子计数、放射性强度
		压电效应	压电式传感器	测量动态力、加速度

1.1.4　传感器的基本特性

传感器的特性主要是指输入与输出之间的关系，可用数学函数、坐标曲线和图标等方式表示。根据被测量状态的不同，传感器的特性可分为静态特性和动态特性。静态特性是指当输入量为常量或变化极慢时，即被测量处于稳定状态时的输入/输出关系。动态特性是指输入量随时间变化时的输入和输出的关系。这里主要介绍传感器静态特性的一些指标。

传感器的基本特性（视频）

1. 线性度

传感器的线性度是指传感器的输入与输出之间关系的线性程度。输入与输出的关系可分为线性特性和非线性特性。通常，从传感器的性能考虑，希望其输出与输入关系具有线性特征，方便标定和数据处理。但实际的输入-输出特性大多为非线性，如图 1-5 所示。实际曲线与其两个端点连线（拟合曲线）之间的偏差称为传感器的非线性误差（或线性度），用ΔL 表示。通常用相对误差 e_L 作为评价线性度（或非线性误差）的指标。

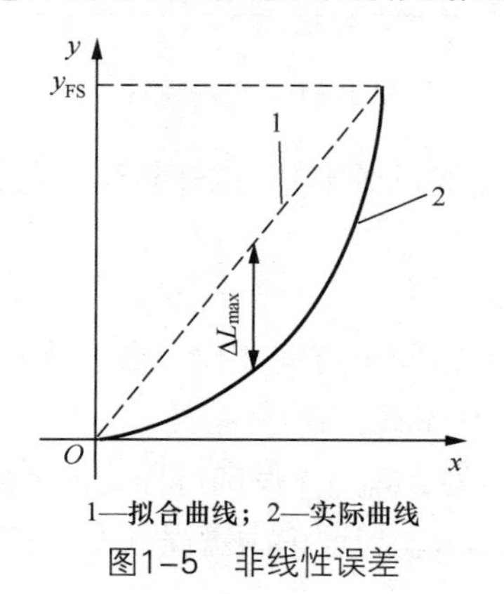

1—拟合曲线；2—实际曲线

图1–5　非线性误差

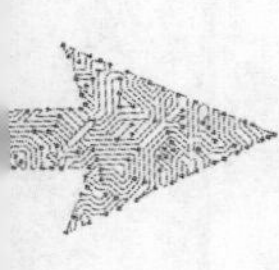

$$e_L = \pm\frac{\Delta L_{max}}{y_{FS}}\times 100\% \tag{1-1}$$

式中：ΔL_{max}——输出平均值与拟合曲线间的最大偏差；

y_{FS}——理论满量程输出。

2. 灵敏度

灵敏度是传感器在稳态下输出量变化 Δy 与输入量变化 Δx 的比值，用 S_n 表示，即

$$S_n = \frac{\Delta y}{\Delta x} \tag{1-2}$$

对于线性传感器，其灵敏度就是其静态特性曲线的斜率，即 S_n 为常数。而非线性传感器的灵敏度是一个变量，可表示为 $S_n = dy/dx$，实际上是输入-输出特性曲线上某点的斜率。

3. 迟滞

传感器在正向行程（输入量增大）与反向行程（输入量减小）中输入-输出特性曲线不重合的现象称为迟滞，如图 1-6 所示。也就是说，同一大小的输入信号，传感器的输出信号大小不相等。一般用两曲线之间输出量的最大差值 ΔH_{max} 与理论满量程输出 y_{FS} 的百分比来表示迟滞误差，即

$$e_H = \pm\frac{\Delta H_{max}}{y_{FS}}\times 100\% \tag{1-3}$$

式中：ΔH_{max}——正、反向行程间输出量的最大差值；

y_{FS}——理论满量程输出。

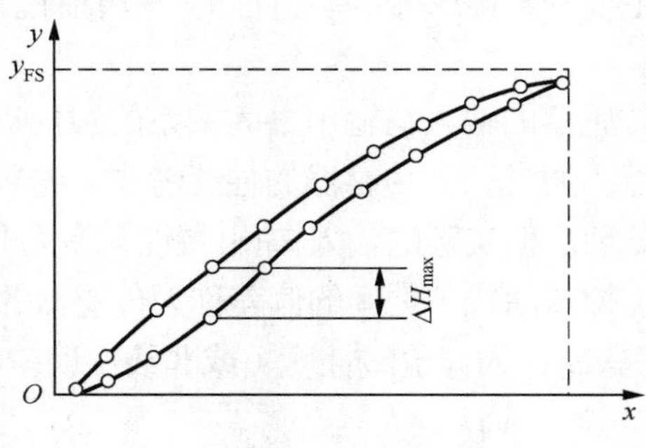

图1-6　迟滞特性

产生迟滞的原因是：传感器的机械部分、结构材料方面存在不可避免的弱点，如轴承摩擦、间隙等。

4. 重复性

重复性是指传感器的输入量按同一方向变化，做全量程连续多次测量时所得到的曲线不一致的程度。图 1-7 所示为校正曲线的重复特性。

正向行程的最大重复性偏差为 ΔR_{max1}，反向行程的最大重复性偏差为 ΔR_{max2}。取这两个最大偏差中的较大者为 ΔR_{max}，ΔR_{max} 与理论满量程输出 y_{FS} 的百分比即为重复性偏差，即

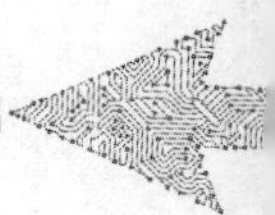

$$e_R = \pm \frac{\Delta R_{max}}{y_{FS}} \times 100\% \tag{1-4}$$

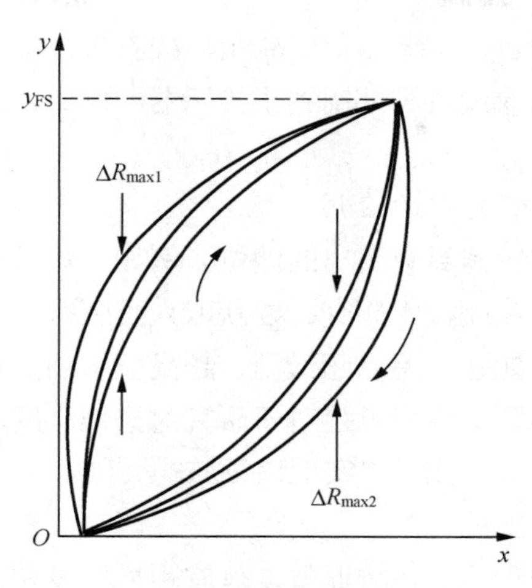

图1–7 校正曲线的重复特性

5. 分辨力和阈值

分辨力是指传感器能检测到的最小输入增量。分辨力可用增量绝对值表示，也可用增量绝对值与满量程的百分数表示。

当一个传感器的输入从零开始极缓慢地增加，只有达到了某一最小值后，才能测出输出变化，这个最小值就称为传感器的阈值。阈值是传感器在零点附近的分辨力。

分辨力说明了传感器可测出的最小输入变量，而阈值则说明了传感器可测出的最小输入量。

6. 稳定性

稳定性有短期稳定性和长期稳定性之分。传感器常用长期稳定性来描述其稳定性。它是指在室温条件下，经过相当长的时间间隔，传感器的输出与起始标定时的输出之间的差异。通常又用其不稳定性来表征其输出的稳定程度。

7. 漂移

漂移是指在一定时间间隔内，传感器输出量存在着与被测输入量无关的、不需要的变化。漂移包括零点漂移与灵敏度漂移。

零点漂移或灵敏度漂移又可分为时间漂移（时漂）和温度漂移（温漂）。时漂是指在规定条件下，零点或灵敏度随时间的缓慢变化；温漂为周围温度变化所引起的零点漂移或灵敏度漂移。

1.1.5 传感器的应用

1. 传感器在工业检测和自动控制系统中的应用

在石油、化工、电力、钢铁和机械等工业生产中，需要及时检测各种工艺参数的信息，传感器则负责检测各种信息，测得的大量信息通过电子计算机或控制器等进行反馈，从而对生产过程进行自动化控制。例如，用于位置检测的电涡流式传感器、用于测量转动角度和转动角速度的光电编码器等。

2. 传感器在家用电器中的应用

在现代家庭中，用电厨具、空调器、电冰箱、洗衣机、电子热水器、安全报警器、吸尘器、电熨斗、照相机、音像设备等都用到了传感器。例如，洗衣机中的水位传感器、电冰箱中的温度传感器等。

3. 传感器在基础科学研究中的应用

在基础科学研究中，传感器具有突出的地位。例如，对深化物质认识、开拓新能源新材料等具有重要作用的各种尖端技术研究，要获取人类感官无法获取的大量信息，没有相应的传感器是无法实现的，如超高温、超低温、超高压、超高真空、超强磁场、超弱磁场等，许多基础科学的研究障碍，首先就是对于研究对象信息的获取存在困难，一些新机理和高灵敏度的传感器的出现，往往可以实现该领域的突破。

4. 传感器在汽车中的应用

在汽车上，传感器常用于测量行驶速度、行驶距离、发动机旋转速度以及燃料剩余量等，而且在汽车的一些新设备中，如汽车安全气囊系统、防滑控制系统、防盗系统、制动防抱死系统、电子燃料喷射系统等都安装有相应的传感器。在自动驾驶汽车中，就安装有数百只传感器，用以检测车辆及周围环境的各种信息。

5. 传感器在机器人中的应用

在自动生产线用的工业机器人中，传感器用来检测机械臂的位置、角度和力的大小等；在智能机器人中，传感器用作视觉、听觉和触觉感知器等。

6. 传感器在医学中的应用

在医学中，应用传感器可以准确测量人体温度、血压、心脑电波等，帮助医生对疾病进行诊断。

7. 传感器在环境保护中的应用

在环境保护方面，传感器可用于大气、水质、噪声、电磁辐射和放射性物质监测等。另外，环境监测仪器与传感器也在向高质量、多功能、集成化、自动化、系统化和智能化的方向发展。

8. 传感器在航空航天中的应用

在航空航天领域，飞行器飞行的速度、加速度、位置、姿态、温度、气压、磁场和振动等都需要测量。我国的“神舟十三号”飞船就配套了二十余种百余只传感器，主要用于测量飞船上各系统内的压力、温度、湿度、气体信号，以及航天员生理体征，为各系统控制和参数测量提供直接依据。此外，在出舱活动中，航天员身穿的航天服也需要传感器对航天员的耳温、脉搏、心跳等生理信号进行监测，为航天员的生命安全提供保障。可以说整个飞船就是高性能传感器的集合体。

此外，传感器在国防军事（雷达探测系统、水声目标定位系统、红外制导系统等）、刑事侦查（声音、指纹识别）、交通管理（车流量统计、车速监测、车牌识别）等方面都有广泛的应用。

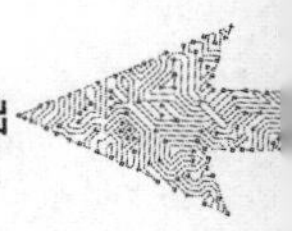

【学海领航】——中国制造“电五官”

随着传感器与测试技术的快速发展，需要获取人类感官无法获取的大量信息，没有相应的传感器是无法实现的。许多基础科学研究的障碍，就在于对研究对象的信息获取存在困难，而一些新机理和高灵敏度的传感器和检测仪器的出现，往往会促使某技术领域的突破。一些传感器的发展，往往是一些边缘学科开发的前提。

居民小区和公共场所检测人体体温的电子体温计，医学检测中用到的 CT 机、血压检测仪，医学治疗中的各种内窥镜等，在维护社会稳定和人民安康方面起到了很大的作用。科学技术的不断发展，为人类更有效地抵抗疾病、自然灾害提供了有力的保障，传感器就是各种科学仪器的“电五官”，其重要性不言而喻。

作为关键的核心部件，传感器在整个工业生产中起着举足轻重的作用。纵然因为各种原因，我们的传感器产品没有站在全球制造业的前沿，但我们在努力、在发展、在进步，我们有民族企业，有无数的高端科技人才，相信在不久的将来我国自主研制的传感器可以得到广泛应用。

【任务实施】——了解自动化生产线中各传感器的应用

传感器就像人的眼睛、耳朵等感觉器官，是自动化生产线上的检测元件，能检测到规定的被测量并将其转换成符合工程技术要求的电信号。自动化生产线上常使用的传感器有电感式传感器、电容式传感器、光纤式传感器、干簧管、编码器等。每种传感器的使用场合与要求不同，检测距离、安装方式、输出接口电气特性也不同，需要在安装调试中与执行机构、控制器等设备综合考虑选择。

本任务以 YL-335B 自动化生产线为例，分析自动化生产线分拣单元中传感器的类型及检测过程。

1. 了解 YL-335B 自动化生产线的组成

YL-335B 自动化生产线由供料单元、加工单元、装配单元、分拣单元和输送单元 5 个工作单元组成，如图 1-8 所示。每个工作单元均由 PLC 承担其控制任务，PLC 使用西门子 S7-200 系列或三菱 FX_{2N} 系列 PLC。

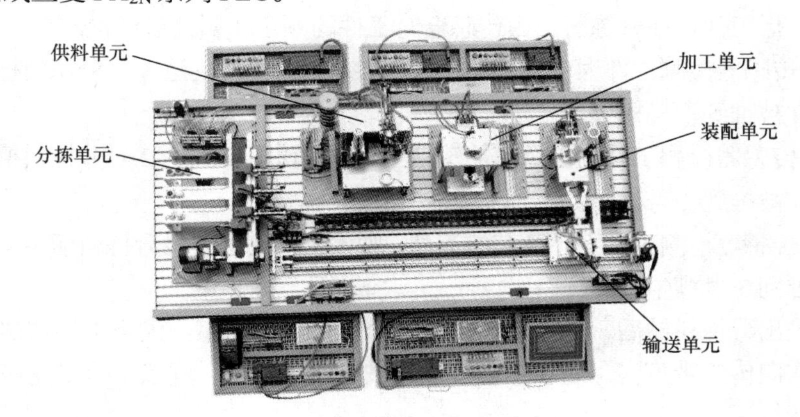

图1-8　YL-335B自动化生产线

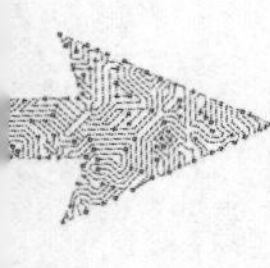

2. 了解分拣单元的结构及工作过程

（1）分拣单元的主要结构组成

分拣单元主要由光纤传感器、分拣机构（分拣料槽与分拣气缸）、传送带驱动机构（传送带及支架）、驱动电动机及支撑板、旋转编码器、定位器及底板等组成，如图 1-9 所示。

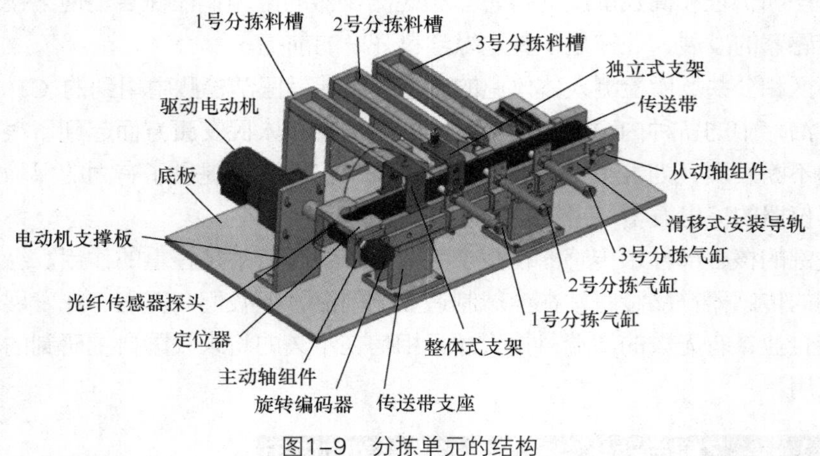

图1–9 分拣单元的结构

（2）分拣单元的工作过程

分拣单元是 YL-335B 自动化生产线的末级单元，其任务是对上一单元送来的已加工、装配的工件进行分拣，使不同颜色的工件从不同的料槽分流。输送单元送来的工件放到传送带上，当被入料口处的光电传感器检测到时，即启动变频器，工件开始送入分拣区进行分拣。

（3）分拣单元的工作原理

分拣单元主要是完成对白色芯的金属工件、白色芯的塑料工件和黑色芯的金属或塑料工件的分拣。使用旋转编码器进行定位检测，可在分拣时准确推出工件，并且工件材料、芯体颜色和属性在推料气缸前的适当位置即可被检测出来。在设备电源和气源接通后，若工作单元的 3 个气缸均处于缩回位置，则“正常工作”指示灯亮，表示设备已准备好。

系统启动，在传送带入料口放下已装配好的工件，变频器启动，驱动电动机以 30Hz 的固定频率，把工件带往分拣区，由传感器对工件的颜色和属性进行检测。

① 如果传感器检测工件为白色芯的金属工件，则该工件到达 1 号分拣料槽中间，传送带停止，工件被推到 1 号槽中。

② 如果传感器检测工件为白色芯的塑料工件，则该工件到达 2 号分拣料槽中间，传送带停止，工件被推到 2 号槽中。

③ 如果传感器检测工件为黑色芯的工件，则该工件到达 3 号分拣料槽中间，传送带停止，工件被推到 3 号槽中。

工件被推出分拣料槽后，该工作单元的一个工作周期结束。仅当工件被推出分拣料槽后，才能再次向传送带下料。如果在运行期间按下停止按钮，则该工作单元在本工作周期结束后停止运行。

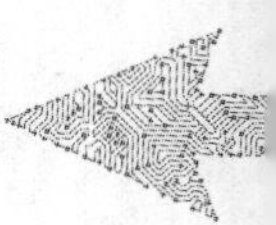

任务 1.2 检测系统与信号处理

【任务导入】

传感器所要测量的信号可能是恒定量或缓慢变化的物理量，也可能是随时间变化较快的物理量，无论何种情况，使用传感器的目的都是使其输出信号能够准确地反映被测量的数值或变化情况。而且在机电一体化产品中，被测量的控制和信息处理多数采用计算机来实现，因此传感器的被测信号一般需要被采集到计算机中做进一步处理，以便获得所需信息的控制和显示信息。本任务的主要内容就是了解检测和信号处理的基础知识及传感器的标定和选择。

要实时监测一个高温箱的温度，测量温度范围为 50～80℃，检测结果的精度要达到 1℃。现有 3 种带数字显示表的温度传感器，量程分别是 0～500℃、0～300℃、0～100℃，精度等级分别是 0.2 级、0.5 级和 1.0 级。为满足需要，应该怎样选择温度传感器呢？判别传感器好坏的标准是什么？

【知识讲解】

1.2.1 检测系统的组成

在人类的各项生产活动和科学实验中，为了了解和掌握整个过程的进展及其最后结果，经常需要对各种基本参数或物理量进行检查和测量，从而获得必要的信息，并以之作为分析判断和决策的依据。检测技术是为了对被测对象所包含的信息进行定性的了解和定量的掌握所采取的一系列技术措施。

检测包含检查与测量两个方面，检查往往是获取定性信息，而测量则是获取定量信息。随着人类社会进入信息时代，以信息的获取、转换显示和处理为主要内容的检测技术已经发展成为一门完整的技术学科，在促进生产发展和科技进步的广阔领域内发挥着重要作用。检测技术几乎已应用于所有的行业，它是多学科知识的综合应用。

如图 1-10 所示，一个完整的检测系统或检测装置通常由传感器、信号处理电路、显示记录装置和数据处理装置等部分组成，分别完成信息获取、信号转换、信息显示和数据处理等功能，除此之外还包括电源和传输通道等部分。

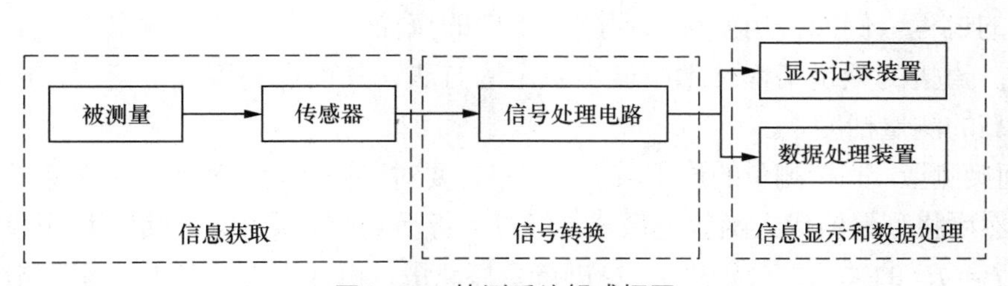

图1–10 检测系统组成框图

传感器作为检测的第一环节，作用是获得被测量信息，并将其转换成可用信号输出，通常输出的是电信号。

信号处理电路用于对传感器输出信号进行加工，把传感器输出的微弱信号变成具有一定功率的电压、电流或频率信号，以满足显示记录装置的要求。

显示记录装置用于将信号处理电路输出的被测信号转换为人们可感知的形式，以便观测和分析，从中得到信息。

数据处理装置用于对被测结果进行处理、运算、分析，通常由计算机完成。如振动测试中，对动态测试结果进行频谱分析等。

1.2.2 测量方法

1. 测量

测量是利用专门的技术工具或手段，通过实验的方法，把被测量与同性质的标准量进行比较，并确定被测量对标准量的倍数，从而得到被测量数值大小的过程。数值的大小可以用数字表示，也可以是曲线或者图形。测量的结果包括数值大小和测量单位两部分。测量的目的是准确获取表征被测对象特征的某些参数的定量信息。无论表现形式如何，在测量结果中必须注明单位。否则，测量结果是没有意义的。

2. 测量单位

把测量中的标准量定义为“单位”。单位是一个选定的标准量，独立定义的单位称为基本单位，由基本单位根据物理关系导出的单位称为导出单位。还有具有专门名称的单位（如牛顿）和用专门名称的单位导出的单位。常见物理量的国际单位制单位可查阅相关手册。单位的符号用拉丁字母表示，一般用小写，但具有专门名称的单位符号用大写，符号后面都不加标点。

目前，长度单位米（m）、质量单位千克（kg）、时间单位秒（s）、电流单位安（培）（A）、热力学温度单位开（尔文）（K）、物质的量单位摩（尔）（mol）、发光强度单位坎（德拉）（cd）是国际单位制下的 7 个基本单位。

3. 测量方法

测量方法是测量过程中所采用的具体方法，按不同的方法进行分类可得到不同的分类结果。测量时应当根据被测量的性质、特点和测量任务的要求来选择适当的测量方法。

（1）直接测量与间接测量

① 直接测量。直接测量是用预先分度或标定好的测量仪表进行测量，并直接读取被测量数值的过程。例如，用游标卡尺测量工件的直径、用温度计测量温度、用电压表测量电压等。直接测量是工程技术中最常采用的方法，其优点是直观、简便、迅速，但不易达到很高的测量精度。

② 间接测量。间接测量的过程较复杂，首先要对和被测量有确定函数关系的几个量进行测量，然后将测量值代入函数关系式，经过计算得到所需结果。例如，测量直流电功率时，根据 $P=IU$ 的关系，分别对 I、U 进行直接测量，再计算出功率 P。间接测量步骤多，花费时间长，通常当被测量不便于直接测量或没有相应直接测量的仪表时才采用。

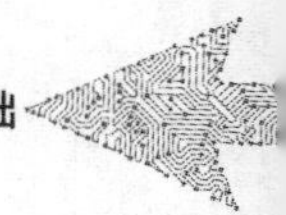

（2）静态测量和动态测量

① 静态测量。静态测量是指被测量处于稳定情况下时进行的测量。此时被测参数不随时间而变化，故又称稳态测量，例如工件几何尺寸的测量。

② 动态测量。动态测量是指被测量处于不稳定情况下时进行的测量。此时被测参数随时间而变化，这种测量必须在瞬时完成才能得到动态参数的测量结果，例如机械振动的测量。

（3）接触式测量和非接触式测量

① 接触式测量。接触式测量是传感器直接与被测物体接触，承受被测参数的作用，感受其变化，从而获得信号，并测量其信号大小的方法，例如用体温计测体温等。

② 非接触式测量。非接触式测量是传感器不与被测物体直接接触，而是间接承受被测参数的作用，感受其变化，从而获得信号，并测量其信号大小的方法，例如用辐射式温度计测量温度、用光电转速表测量转速等。非接触式测量不干扰被测对象，其既可对局部进行检测，又可对整体扫描。特别是对于运动对象、腐蚀性介质及危险场合的参数检测，它更方便、安全和准确。

（4）在线测量和离线测量

① 在线测量。在线测量是在生产过程中进行实时测量的方法。在线测量既可以在生产流水线上监测产品质量，又可以随时监测和诊断甚至排除生产设备的潜在故障，使生产系统处于最佳的运行状态。例如现代自动化机床采用边加工边测量的工作方式就是在线测量。

② 离线测量。离线测量是在产品加工完成后进行测量的方法。离线测量只能发现并剔除废品，无法实时监控产品质量。

1.2.3 测量误差及其分类

1. 测量误差

在检测过程中，被测对象、检测系统、检测方法和检测人员都会受到各种变动因素的影响，而且被测量的转换，有时也会改变被测对象原有的状态。这就造成了检测结果和被测量的客观真值之间存在一定的差别。通常用测量误差来表示不一致的程度。

测量误差是测量值与真值之间的差值，它反映了测量的精度。真值是指在一定的时间及空间（位置或状态）条件下，被测量所体现的真实数值。一般来说，真值是未知的，所以误差也是未知的。但有些值可以作为真值来使用。实际应用时，常用理论真值、约定真值和相对真值代替真值。理论真值是理论设计和理论公式的表达值。约定真值是由国际计量学大会确定的长度、质量、时间等基本单位。相对真值是指高等级（将测量仪表按精度不同分为若干等级）的测量仪表的测量值。通常，当高一级测量仪表的误差为低一级测量仪表的 1/3 以下时，即可认为前者的示值是后者的相对真值。相对真值在误差测量中的应用最为广泛。

测量误差的主要来源可以概括为工具误差、环境误差、方法误差和人员误差等。任何实验结果都是有误差的，误差自始至终存在于一切科学实验和测量之中，被测量的真值是

永远难以得到的。但是可以设法改进检测工具和实验手段，并通过对检测数据的误差分析和处理，使测量误差处在允许的范围之内，或者说，达到一定的测量精度。这样的测量结果就被认为是合理的、可信的。

2. 测量误差的分类

为了便于对误差进行分析和处理，测量误差可以从不同角度进行分类。按照误差的表示方法可以分为绝对误差和相对误差；按照误差出现的规律，可以分为系统误差、随机误差和粗大误差；按照被测量与时间的关系，可以分为静态误差和动态误差；等等。

（1）绝对误差和相对误差

① 绝对误差。绝对误差是仪表的指示值 A_x 与被测量的真值 A_0 之间的差值，用$\varDelta$表示。它反映了测量值偏离真值的多少，绝对误差越小，说明测量值越接近真值，测量精度越高。但这只适用于被测量值相同的情况，而不能说明不同值的测量精度。

$$\varDelta = A_x - A_0 \tag{1-5}$$

② 相对误差。有时绝对误差不足以反映测量值偏离真值程度的大小，所以引入相对误差。相对误差比绝对误差能更好地说明不同测量的精确程度，相对误差越小，准确度越高。相对误差通常有以下三种形式。

a．实际相对误差。实际相对误差是指绝对误差 $\varDelta$ 与被测量真值 A_0 的百分比，用 γ_A 表示，即

$$\gamma_A = \frac{\varDelta}{A_0} \times 100\% \tag{1-6}$$

b．示值（标称）相对误差。示值相对误差是指绝对误差 $\varDelta$ 与被测量实际值 A_x 的百分比，用 γ_x 表示，即

$$\gamma_x = \frac{\varDelta}{A_x} \times 100\% \tag{1-7}$$

c．引用（满度）相对误差。测量下限为零的仪表的满度相对误差是指绝对误差 $\varDelta$ 与仪表满度值 A_m 的百分比，用 γ_m 表示，即

$$\gamma_m = \frac{\varDelta}{A_m} \times 100\% \tag{1-8}$$

式（1-8）中，当$\varDelta$取仪表的最大绝对误差值$\varDelta_m$时，引用相对误差常被用来确定仪表的准确度等级 S，即

$$S = \left| \frac{\varDelta_m}{A_m} \right| \times 100 \tag{1-9}$$

根据准确度等级 S 及量程范围，可以推算出该仪表可能出现的最大绝对误差$\varDelta_m$。准确度等级 S 规定为一系列标准值。我国的模拟仪表有 7 种等级（见表 1-2），同类仪表准确度等级的数值越小，准确度就越高，仪表就越昂贵。

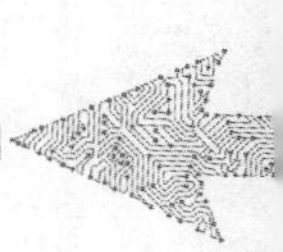

表 1-2　仪表的准确度等级和基本误差

准确度等级	0.1	0.2	0.5	1.0	1.5	2.5	5.0
基本误差	±0.1%	±0.2%	±0.5%	±1.0%	±1.5%	±2.5%	±5.0%

仪表的准确度也称为精度，准确度等级也称为精度等级。根据仪表准确度等级可以确定测量的满度相对误差和最大绝对误差。例如，在正常情况下，用 0.5 级、量程为 0～100℃的温度表来测量温度时，可能产生的最大绝对误差为

$$\Delta_m = (\pm 0.5\%) \times A_m = \pm(0.5\% \times 100)℃ = \pm 0.5℃$$

例 1-1　某压力表准确度为 2.5 级，量程为 0～1.5MPa，求：①可能出现的最大满度相对误差γ_m；②可能出现的最大绝对误差Δ_m；③测量结果显示为 0.70MPa 时，可能出现的最大示值相对误差γ_x。

解：

① 可能出现的最大满度相对误差可以从准确度等级直接得到，即$\gamma_m = \pm 2.5\%$。

② 可能出现的最大绝对误差$\Delta_m = \gamma_m \times A_m = \pm 2.5\% \times 1.5\text{MPa} = \pm 0.037\,5\text{MPa} = \pm 37.5\text{kPa}$

③ 可能出现的最大示值相对误差 $\gamma_x = \dfrac{\Delta_m}{A_x} \times 100\% = \dfrac{\pm 0.037\,5}{0.70} \times 100\% \approx \pm 5.36\%$

由例 1-1 可知，γ_x 的绝对值≥γ_m。

（2）系统误差、随机误差和粗大误差

① 系统误差。在相同的条件下，多次重复测量同一量时，误差的大小和符号保持不变，或按照一定的规律变化，这种误差称为系统误差。其误差的数值和符号不变的称为恒值系统误差；反之，称为变值系统误差。

检测装置本身性能不完善、测量方法不完善、测量者对仪器使用不当、环境条件的变化等原因都可能产生系统误差。例如，某仪表刻度盘分度不准确，就会造成读数偏大或偏小，从而产生恒值系统误差；温度、气压等环境条件的变化和仪表电池电压随使用时间的增长而逐渐下降，则可能产生变值系统误差。

系统误差的特点是可以通过实验或分析的方法，查明其变化规律和产生原因，通过对测量值的修正，或者采取一定的预防措施，就能够消除或减少它对测量结果的影响。系统误差的大小表明测量结果的准确度。它说明测量结果相对真值有一恒定误差，或者存在按确定规律变化的误差。系统误差越小，则测量结果的准确度越高。

② 随机误差。在相同条件下，多次测量同一量时，其误差的大小和符号以不可预见的方式变化，这种误差称为随机误差。例如仪表传动件的间隙和摩擦、连接件的变形、测量温度的波动等因素引起的误差。

随机误差反映了测量值离散性的大小。存在随机误差的测量结果中，虽然单个测量值误差的出现是随机的，但就误差的整体而言，会服从一定的统计规律。因此可以通过增加测量次数，利用概率论和统计学的一些理论及方法，来掌握看似毫无规律的随机误差的分

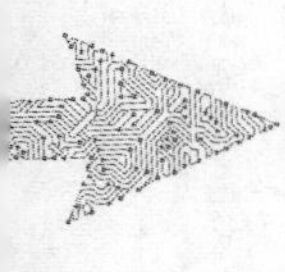

布特性，并进行测量结果的数据统计处理。

③ 粗大误差。明显偏离真值的误差称作粗大误差，又称过失误差。其主要由人为因素造成，例如，测量人员工作时疏忽大意，出现了读数错误、记录错误、计算错误或操作不当等。另外，测量方法不恰当、测量条件的突然变化，也可能造成粗大误差。

含有粗大误差的测量值称为坏值或异常值。坏值应从测量结果中剔除。在实际测量工作中，由于粗大误差的误差数值特别大，容易从测量结果中发现，一经发现有粗大误差，可以认为该次测量无效，测量数据应剔除，从而消除它对测量结果的影响。

（3）静态误差和动态误差

① 静态误差。当测量器件的被测量不随时间变化时，测量输出值会有缓慢的漂移，这种误差称为静态输入误差，或称静态误差。

② 动态误差。当测量器件的被测量随时间迅速变化时，测量输出值在时间上不能与被测量变化精确吻合，这种误差称为动态误差。例如，将水银温度计插入 100℃沸水中，水银柱不可能立即上升到 100℃。如果刚插入就记录读数，必然产生误差。

3. 测量精度

测量结果与真值接近的程度称为精度，通常可以分为精密度、准确度和精确度。

（1）精密度

精密度指在一定条件下进行多次重复测量，所得结果的分散程度。其反映了测量结果中随机误差的大小程度。

（2）准确度

准确度指测量结果偏离真值的程度。其反映了测量结果中系统误差的大小程度。

（3）精确度

精确度指测量结果与真值的一致程度。其反映了系统误差与随机误差综合影响的结果。

1.2.4 传感器信号处理

各种非电量经传感器检测转变为电信号。这些电信号比较微弱，并与输入的被测量之间呈非线性关系，因此需要经过信号放大、隔离、滤波、A/D 转换、线性化、误差修正等处理。

1. 传感器信号预处理

传感器与计算机的接口电路主要由信号预处理电路、数据采集系统和计算机接口电路组成，如图 1-11 所示。其中，信号预处理电路把传感器输出的非电压量转换成具有一定幅值的电压量；数据采集系统把模拟电压量转换成数字量；计算机接口电路把 A/D 转换后的数字信号送入计算机，并把计算机发出的控制信号送至输入接口的各功能部件，计算机还可通过其他接口把信息数据送往显示器、控制器、打印机等。信号预处理电路随被测量和传感器的不同而不同，常用的传感器信号的预处理方法有以下几种。

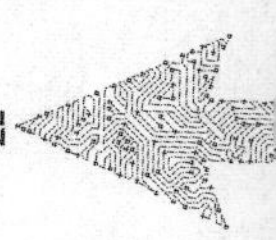

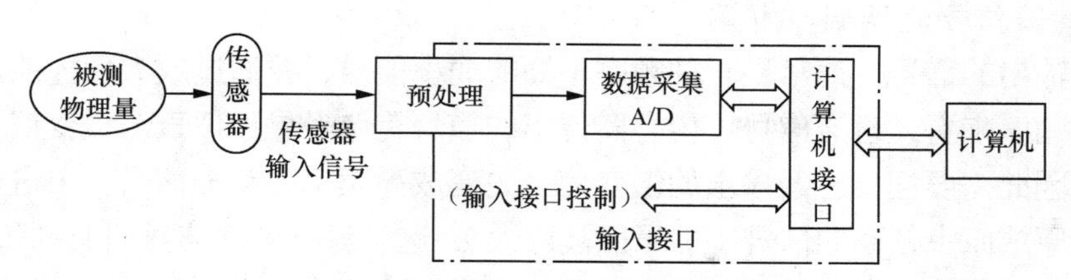

图1–11　传感器与计算机的接口框图

（1）电桥电路把传感器的电阻、电感和电容值转换为电流或电压值。

（2）电流-电压转换电路将传感器的电流输出转换为电压值。

（3）频率-电压转换电路把传感器输出的频率信号转换为电流或电压值。

（4）放大电路将传感器输出的微弱信号放大。

（5）阻抗变换电路在传感器输出为高阻抗的情况下，将其变换为低阻抗，以便于检测电路准确地拾取传感器的输出信号。

（6）电荷放大器将电场型传感器输出产生的电荷量转换为电压值。

（7）交-直流转换电路在传感器为交流输出的情况下，将其转换为直流输出。

（8）滤波电路通过低通及带通滤波器消除传感器的噪声成分。

（9）非线性校正电路在传感器的特性是非线性时，进行非线性校正。

2. 传感器信号的放大电路

测量放大器又叫仪表放大器（简称“IA”），用于信号微弱且存在较大共模干扰的场合，具有精确的增益标定，因此又称数据放大器。

通用测量放大器由 3 个运算放大器——A_1、A_2、A_3 组成，如图 1-12 所示。其中，A_1 和 A_2 组成具有对称结构的差动输入/输出级，差模增益为 $1 + 2R_1/R_G$，而共模增益仅为 1。A_3 将 A_1、A_2 的差动输出信号转换为单端输出信号。A_3 的共模抑制精度取决于 4 个电阻 R 的匹配精度。通用测量放大器的电压放大倍数为

$$A_u = \frac{u_o}{u_{11} - u_{12}} = -\left(1 + \frac{2R_1}{R_G}\right) \tag{1-10}$$

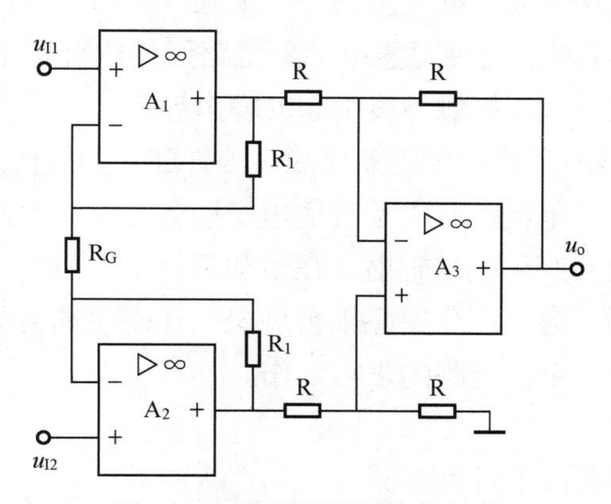

图1–12　通用测量放大器结构

3. 传感器信号的调制与解调

传感器输出的信号，通常是一种频率不高的弱小信号，要通过放大后才能向下传输。从信号放大角度来看，直流信号（传感器传出的信号有许多是近似直流缓变信号）的放大比较困难。因此需要把传感器输出的缓变信号先变成高频率的交流信号，再进行放大和传输，最后还原成原来频率的信号（信号已被放大），这个过程称为信号的调制和解调。

调制是利用信号来控制高频振荡的过程，即人为地产生一个高频信号（它由频率、幅值和相位 3 个参数决定），这个高频信号的 3 个参数中的一个随着需要传输的信号变化而变化，使得原来变化缓慢的信号被这个受控的高频振荡信号所代替，并进行放大和传输，以期得到最佳的放大和传输效果。调制通常有调幅、调相和调频 3 种方法。

解调是从已被放大和传输的，且有原来信号的高频信号中，把原来信号取出的过程。

4. 模/数转换

模/数转换电路（也称 A/D 转换电路）的作用是将由传感器检测电路预处理过的模拟信号转换成适合计算机处理的数字信号，然后输入给微型计算机。

A/D 转换器是集成在一块芯片上能完成模拟信号向数字信号转换的单元电路。A/D 转换的方法有多种，最常用的是比较型和积分型。此外还有并行比较型、逐步逼近型、计数器型等。比较型 A/D 转换是将模拟输入电压与基准电压比较后直接得到数字信号输出。积分型 A/D 转换是先将模拟信号电压转换成时间间隔或频率信号，再把时间间隔或频率信号转换成数字信号输出。选择 A/D 转换器时，需要考虑它的精度、转换时间和价格。比较型 A/D 转换器的转换速度快，但要实现高精度转换，则所需转换器的价格比较高。积分型 A/D 转换器虽然转换时间较长，但价格低，精度高。

5. 噪声的抑制

在非电量的检测及控制系统中，往往会混入一些干扰的噪声信号，它们会使测量结果产生很大的误差。这些误差将导致控制程序紊乱，从而造成控制系统中的执行机构产生误动作。因此在传感器信号处理中，噪声的抑制是非常重要的。噪声的抑制也是传感器信号处理的重要内容之一。

（1）噪声产生的根源

噪声就是测量系统电路中混入的无用信号，按噪声源的不同，噪声可分为以下两种。

① 内部噪声。内部噪声是由传感器或检测电路元件内部带电微粒的无规则运动产生的，例如热噪声、散粒噪声以及接触不良引起的噪声等。

② 外部噪声。外部噪声则是由传感器检测系统外部人为或自然干扰造成的。外部噪声的来源主要为电磁辐射，当电机、开关及其他电子设备工作时会产生电磁辐射，雷电、大气电离及其他自然现象也会产生电磁辐射。在检测系统中，由于元件之间或电路之间存在着分布电容或电磁场，因而容易产生寄生耦合现象。在寄生耦合的作用下，电场、磁场及电磁波就会进入检测系统，干扰电路的正常工作。

（2）噪声的抑制方法

噪声的抑制方法主要有以下几种。

① 选用质量好的元器件。

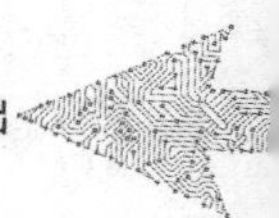

② 接地。电路或传感器中的“地”指的是一个等电位点，是电路或传感器的基准电位点。与其准电位点相连接，就是“接地”。传感器或电路接地，是为了清除电流流经公共地线阻抗时产生的噪声电压，也可以避免受磁场或地电位差的影响。把接地和屏蔽正确结合起来使用，就可以抑制大部分的噪声。

③ 屏蔽。屏蔽就是用低电阻材料或磁性材料把元件、传输导线、电路及组合件包围起来，以隔离内外电磁或防止电场相互干扰。屏蔽可分为 3 种，即电场屏蔽、磁场屏蔽及电磁屏蔽。电场屏蔽主要用来防止元器件或电路间因分布电容耦合形成的干扰。磁场屏蔽主要用来消除元器件或电路间因磁场寄生耦合产生的干扰。用于磁场屏蔽的材料一般都选用高磁导系数的磁性材料，如铜、银等，利用电磁场在屏蔽材料内部产生涡流来起屏蔽作用。电磁屏蔽的屏蔽体可以不接地，但一般为防止分布电容的影响，可以使电磁屏蔽体接地，起到兼有电场屏蔽的作用。电场屏蔽体必须可靠接地。

④ 隔离。前后两个电路信号端直接连接，容易形成环路电流，从而引起噪声干扰。这时，常采用隔离的方法，把两个电路的信号端从电路上隔开。隔离的方法主要有变压器隔离和光电耦合器隔离。在两个电路之间加入隔离变压器或光电耦合器可以切断环路，实现前后电路的隔离。变压器隔离只适用于交流电路。但在直流或超低频测量系统中，常采用光电耦合隔离器实现电路的隔离。

⑤ 滤波。滤波电路或滤波器是一种能使某一部分频率的信号顺利通过而另一部分频率的信号受到较大衰减的装置。因传感器的输出信号大多是缓慢变化的，因而对传感器输出信号的滤波常采用有源低通滤波器。它只允许低频信号通过而不允许高频信号通过。常采用的方法是在运算放大器的同相端接入一阶或二阶 RC 有源低通滤波器，使干扰的高频信号滤除，而有用的低频信号顺利通过；反之，在输入端接高通滤波器，将干扰的低频信号滤除，使有用的高频信号顺利通过。

【学海领航】——“只有测量出来，才能制造出来。”

“只有测量出来，才能制造出来。”——对国家而言，精密测量与装备制造业水平紧密相关。装备制造业向中高端跨越的关键是提升制造质量，而提升制造质量的关键则是提高精密测量能力。只有通过精密测量，才能知道产品哪里不合格；只有通过大量精密测量数据的积累，才能找到产品不合格的根源与规律；只有基于精密测量数据建立起成体系的误差补偿模型，才能有效实现制造精度和产品性能的精确调控，产品质量才能在不断的精确调控中逐渐提升。

超精密光刻机被称为超精密尖端装备的“珠穆朗玛峰”，挑战着人类超精密制造的精度和性能极限。超精密光刻机是在超精密量级上把先进的光机电控等几十个分系统、几万个零部件集成在一起，使其高性能地协同工作。它是人类装备制造史上复杂程度最高、技术难度最大、综合精度性能最强的尖端装备之一。

当前，我国正在向世界科技强国、制造强国和质量强国迈进，这就需要我国在精密测量领域的科研工作者们继续勇担重任，以与时俱进的精神、革故鼎新的勇气、坚忍不拔的意志，为中国制造备好“尺子”，为科技强国建设不懈奋斗。而作为新时代的学生，我们更

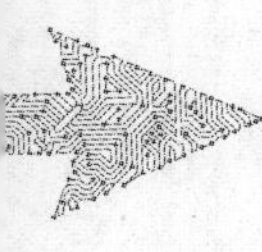

要树立为国家科技进步而努力学习的崇高理想和百折不挠服务社会的坚定信念，励精图治，发奋图强，实现自己的人生价值。

【任务实施】——监测高温箱的温度

在本任务中，要实时监测一个高温箱的温度，在选择温度传感器时，主要从技术指标和经济成本两方面考虑。

1. 技术指标分析

技术指标中，测量精度是主要因素。分别计算不同精度温度传感器的最大示值相对误差并进行比较。

（1）如果选用 0～500℃、0.2 级的温度传感器，它的最大示值相对误差为

$$\gamma_{\mathrm{x}}=\frac{\varDelta}{A_{\mathrm{x}}}\times 100\%=\pm\frac{500\times 0.2\%}{80}\times 100\%=\pm 1.25\%$$

（2）如果选用 0～300℃、0.5 级的温度传感器，它的最大示值相对误差为

$$\gamma_{\mathrm{x}}=\frac{\varDelta}{A_{\mathrm{x}}}\times 100\%=\pm\frac{300\times 0.5\%}{80}\times 100\%=\pm 1.875\%$$

（3）如果选用 0～100℃、1.0 级的温度传感器，它的最大示值相对误差为

$$\gamma_{\mathrm{x}}=\frac{\varDelta}{A_{\mathrm{x}}}\times 100\%=\pm\frac{100\times 1.0\%}{80}\times 100\%=\pm 1.25\%$$

由精度计算表明：量程为 0～300℃、精度等级为 0.5 级的温度传感器，其最大示值相对误差较大；量程为 0～500℃、精度等级为 0.2 级的温度传感器与量程为 0～100℃、精度等级为 1.0 级的温度传感器最大示值相对误差相同。

2. 经济成本分析

从成本考虑，量程为 0～500℃、精度等级为 0.2 级的温度传感器在测量 80℃的温度时，传感器的灵敏度较小，而且精度等级为 0.2 级的传感器价格也较高。综合以上分析，选用量程为 0～100℃、精度等级为 1.0 级的温度传感器较为合适。

【知识拓展】——传感器技术的发展趋势

传感器技术在科学技术领域、农业生产及日常生活中发挥着越来越重要的作用。人类社会对传感器提出越来越高的要求是传感器技术发展的强大动力。现代科学技术的不断发展，为传感器技术的水平提高创造了条件，而拥有高水平的传感器技术又会促进新科技的不断出现，两者相辅相成。传感器的发展通常包含两个方面：提高与改善传感器的技术性能；寻找新材料、新原理及新功能等。

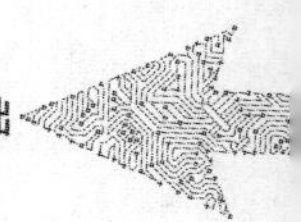

一、改善传感器性能的技术途径

1. 差动技术

差动技术是传感器中普遍采用的技术。它的应用可显著地减小温度变化、电源波动、外界干扰等对传感器精度的影响，抵消共模误差，减小非线性误差等。不少传感器由于采用了差动技术，还提高了灵敏度。

2. 平均技术

在传感器中采用平均技术可产生平均效应，其原理是利用若干传感单元同时感受被测量，但输出的则是这些单元感受的平均值。常用的平均技术有误差平均和数据平均。在传感器中利用平均技术不仅可减小传感器误差，还可增大信号量，即提高传感器灵敏度。

3. 补偿与修正技术

补偿与修正技术的运用大致针对以下两种情况。

（1）针对传感器本身特性，找出误差的变化规律，或者测出其大小和方向，并采用适当的方法加以补偿或修正。

（2）针对传感器工作条件或外界环境进行误差补偿，这也是提高传感器精度的有力技术措施。

不少传感器对温度具有很强的敏感性，因此由温度变化引起的误差不可忽视。为了解决此类问题，必要时可以用恒温装置来控制温度。但由于其安装费用较高，有时使用现场也无法安装，因此常在传感器内引入温度误差补偿，这时需先找出温度影响测量值的规律，然后引入温度补偿措施。而温度的补偿与修正，可以利用电子线路（硬件）来实现，也可以采用微型计算机通过软件来实现。

4. 屏蔽、隔离与干扰抑制

传感器大都要在现场工作，而现场的条件往往是难以充分预料的。各种外界因素可能影响传感器的精度与各有关性能。为了减小测量误差，保证其原有性能，就应设法消除或减弱外界因素对传感器的影响。其方法有：降低传感器对影响因素的灵敏度和减小外界因素对传感器的干扰。

对于电磁干扰，可以采用屏蔽、隔离措施，也可用滤波等方法进行抑制；对于温度、湿度、机械振动、气压、声压、辐射甚至气流等干扰，可采用隔热、密封、隔振等相应的隔离措施，或者在变换成电量后对干扰信号进行分离或抑制，以减小其影响。

5. 稳定性处理

传感器作为长期测量或反复使用的器件，其稳定性特别重要，甚至胜过精度指标，尤其是在那些很难或无法定期标定的场合。造成传感器性能不稳定的原因是：随着时间的推移和环境条件的变化，构成传感器的各种材料与元器件性能发生变化。

提高传感器性能稳定性的措施：对材料、元器件或传感器整体进行必要的稳定性处理，如永磁材料的时间老化、温度老化、机械老化及交流稳磁处理、电气元件的老化筛选等。

在使用传感器时，若测量要求较高，必要时也应对附加的调整元件、后续电路的关键元器件进行老化处理。

二、传感器技术的发展

1. 向高精度发展

随着自动化生产程度的不断提高，对传感器的要求也在不断提高，必须研制出灵敏度高、精确度高、响应速度快、互换性好的新型传感器以确保生产自动化的可靠性。目前能生产万分之一精度以上的传感器的厂家很少，其产量也远远不能满足要求。

2. 向高可靠性、宽温度范围发展

传感器的可靠性直接影响电子设备的抗干扰等性能，因此研制可靠性高、温度范围宽的传感器将是传感器未来发展的方向。提高传感器的工作温度范围历来是大课题，大部分传感器的工作温度都在 −20～70℃，在军用系统中要求传感器的工作温度在 −40～85℃，而汽车、锅炉等场合对传感器的工作温度范围要求更高，因此发展新兴材料（如陶瓷）的传感器将很有前途。

3. 向微功耗及无源化发展

传感器一般是将非电量转化为电量，在工作时离不开电源，而在野外现场或远离电网的地方，往往是用电池或太阳能等供电，使用时不太方便，因此开发微功耗的传感器及无源传感器是必然的发展方向，这样既可以节省能源又可以提高传感器的系统寿命。

4. 向新材料开发新产品发展

传感器材料是传感器技术的重要基础，是传感器技术升级的重要支撑。随着材料科学的进步，人们可制造出各种新型传感器。

陶瓷电容式压力传感器是一种无中介液的干式压力传感器。其采用先进的陶瓷技术、厚膜电子技术，技术性能稳定，年漂移量的满量程误差不超过 0.1%，温漂小，抗过载能力更可达量程的数百倍。

光导纤维的应用是传感材料的重大突破。光纤传感器与传统传感器相比有许多优点：灵敏度高、结构简单、体积小、耐腐蚀、电绝缘性好、光路可弯曲、便于实现遥测等。而光纤传感器与集成光路技术的结合，加速了光纤传感器技术的发展。将集成光路器件代替原有的光学元件和无源光器件，使光纤传感器又具有了高带宽、低信号处理电压、可靠性高、成本低等优点。

半导体技术中的加工方法有氧化、光刻、扩散、沉积、平面电子工艺、各向异性腐蚀及蒸镀、溅射薄膜等，这些都已引入传感器制造行业。如利用半导体技术制造出的硅微传感器，利用薄膜工艺制造出的快速响应的气敏传感器、湿敏传感器，利用溅射薄膜工艺制造出的压力传感器，等等。

高分子有机敏感材料是近几年人们极为关注的具有应用潜力的新型敏感材料，可制成热敏、光敏、气敏、湿敏、力敏、离子敏和生物敏等传感器。高分子聚合物能随周围环境的相对湿度大小成比例地吸附和释放水分子。将高分子电介质做成电容器，测定电容容量的变化，即可得出相对湿度。利用这个原理制成的等离子聚合法聚苯乙烯薄膜湿敏传感器，具有测湿范围宽、温度范围宽、响应速度快、尺寸小、可用于小空间测湿、温度系数小等特点。

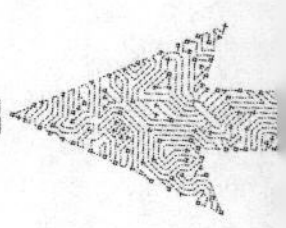

另外，传感器技术的不断发展，也促进了更新型材料的开发，如纳米材料等。如已被开发出的纳米二氧化锆（ZrO_2）气体传感器，其可控制机动车辆尾气的排放，从而净化环境且净化效果很好。由于采用纳米材料制作的传感器具有较大的界面，能提供大量的气体通道，而且导通电阻很小，因此有利于传感器向微型化发展。随着科学技术的不断进步，将有更多新型材料以及新型传感器的诞生。

5. 向集成化发展

随着微电子学、微细加工技术和集成化工艺等技术的发展，出现了多种集成化传感器。集成化传感器的优势是传统传感器无法达到的。它不仅仅是一个简单的传感器，而且将辅助电路中的元件与传感元件同时集成在一块芯片上，使之具有校准、补偿、自诊断和网络通信的功能。它可降低成本、增加产量。这类传感器，或是同一功能的多个敏感元件排列成线型、面型的阵列型传感器；或是多种不同功能的敏感元件集成一体，成为可同时进行多种参数测量的传感器；或是传感器与放大、运算、温度补偿等电路集成一体，使其具有多种功能，从而实现了横向和纵向的多功能。

6. 向智能化发展

20 世纪 80 年代发展起来的智能化传感器是微电子技术、微型电子计算机技术与检测技术相结合的产物，具有测量、存储、通信、控制等功能。

所谓智能化传感器就是由传感器、微处理器（或微型计算机）及相关的电路组成的传感器。传感器将被测量转换成相应的电信号，然后送到信号调理电路中进行滤波、放大、模/数转换，再送到微型计算机中。计算机是智能化传感器的核心，它不仅可以对传感器测量的数据进行计算、存储、处理，还可以通过反馈回路对传感器进行调节。计算机充分发挥了各种软件的功能，完成了硬件难以完成的任务，从而降低了传感器的制造难度，提高了传感器的性能，降低了成本。智能化传感器大体上可以分为 3 种类型，即具有判断能力的传感器、具有学习能力的传感器、具有创造能力的传感器。

近年来，智能化传感器开始同人工智能相结合，创造出各种基于模糊推理、人工神经网络、专家系统等人工智能技术的高度智能化传感器，又称为软传感器技术。它已经在家用电器方面得到应用，相信它还将朝着微传感器、微执行器和微处理器三位一体构成一个微系统的方向发展。智能化传感器是传感器技术未来发展的主要方向。在今后的发展中，智能化传感器无疑将会进一步扩展应用到化学、电磁、光学和核物理等研究领域。

【项目小结】

传感器是检测中最先感受被测量，并将它转换成与被测量有确定关系的电量的器件。它是检测和控制系统中最关键的部分。

传感器的分类方法有：按被测量分类、按传感器测量原理分类、按传感器能量转换类型分类。

传感器的静态特性是指当输入量为常量或变化极慢时，即被测量各个值处于稳定状态

时的输入-输出关系。其主要指标有：线性度、灵敏度、迟滞和重复性。

检测的相关知识包括检测的概念、测量的方法、测量误差与分类。

各种非电量经传感器转变为电信号，这些电信号比较微弱，并与输入的被测量之间呈非线性关系，因此需要经过信号放大、隔离、滤波、A/D 转换、线性化、误差修正等处理。

【自测试题】

一、单项选择题

1．下列属于按传感器的测量原理进行分类的传感器是（　　）。

A．应变式传感器　　B．化学型传感器

C．压电式传感器　　D．热电式传感器

2．通常意义上的传感器包含了敏感元件和（　　）两个组成部分。

A．放大电路　　B．数据采集电路

C．转换元件　　D．滤波元件

3．自动控制技术、通信技术、计算机技术和（　　），构成信息技术的完整信息链。

A．汽车制造技术　　B．建筑技术

C．传感技术　　D．监测技术

4．若将计算机比喻成人的大脑，那么传感器可以比喻为（　　）。

A．眼睛　　B．感觉器官

C．手　　D．皮肤

5．传感器主要完成两个方面的功能：检测和（　　）。

A．测量　　B．感知

C．信号调节　　D．转换

6．传感技术与信息学科紧密相连，是（　　）和自动转换技术的总称。

A．自动调节　　B．自动测量

C．自动检测　　D．信息获取

二、填空题

1．传感器按构成原理，可分为________型和________型两大类。

2．传感器一般由________、________和________3 部分组成。

3．传感器是能感受________并按照________转换成可用输出信号的器件或装置。

4．按输入量分类，传感器包括________、________、________、________等。

5．传感器的输出量有________和________两种。

6．根据传感技术涵盖的基本效应，传感器可分为________、________和________。

三、简答题

1．什么是传感器？举例说明你所了解的传感器。

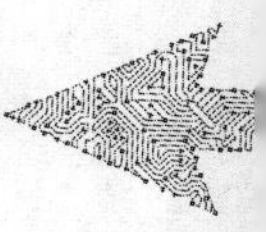

2．传感器通常由哪几部分组成？各部分的作用是什么？
3．传感器的静态特性有哪些指标？
4．什么是测量？测量有哪几种常用的分类方法？
5．请谈谈你对传感器技术发展趋势的一些看法。
6．什么是测量误差？其表达方式有哪几种？

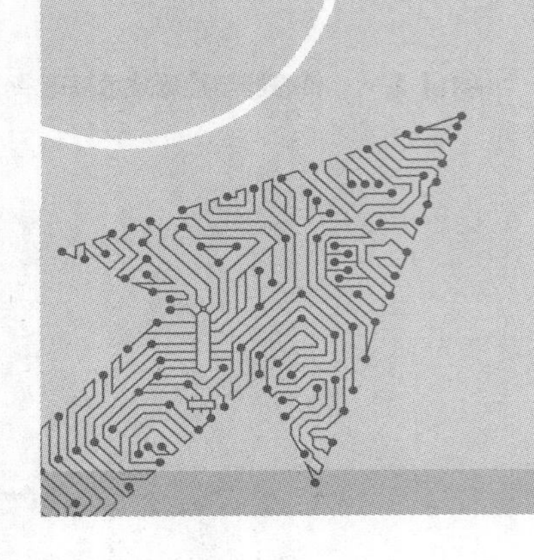

项目2 力的检测

02

【项目描述】

在装备制造、交通运输、航空航天、石油化工等领域，测力传感器均有非常广泛的应用。例如在钢铁工业中，大型轧钢机上装有测力传感器，可以测定轧制力，提供进轧与自动控制钢板厚度的信号；在起重运输行业中，在滑车和大型吊车上安装测力传感器，既可以实现自称重，又可以在超重时发出警报信号，自动避免事故；此外，测力传感器在生产线中的自动检测与控制、动力机械的振动测量等方面，均有着重要的作用。因此，要完成力的测量，就需要了解测力传感器并掌握其在测试中的应用。本项目的任务主要是学习和掌握电阻应变式传感器和压电式传感器的基本知识及应用。

【学习目标】

知识目标：了解电阻应变式传感器、压电式传感器的基本结构、材料，掌握直流电桥的平衡条件，熟悉电阻应变片的温度补偿方法；学习电阻应变式、压电式传感器在相关领域的应用。

技能目标：学会识别一般的电阻应变式传感器、压电式传感器，通过实训掌握电阻应变式传感器的使用方法，掌握电阻应变式传感器测量电路的调试方法。

素质目标：培养分析问题的能力和严谨的工程实践能力，加强团队意识，提高职业道德素养。

任务 2.1 物体重量检测

【任务导入】

在生产生活中，我们往往需要对物体的重量进行检测。随着技术的进步，由电阻应变式称重传感器制作的电子称重仪已广泛地应用到各行各业，实现了对物料的快速、准确的称量，特别是随着微处理器的出现，工业生产过程自动化程度的不断提高，称重传感器已成为过程控制中一种必需的装置，如对大型货车重量、吊车起吊重量、汽车整车重量等的检测计量，以及混

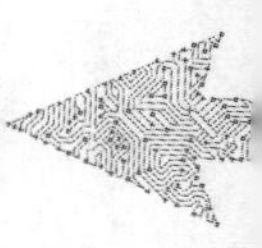

合分配多种原料的配料系统、生产工艺中的自动检测和粉粒体进料量控制等，都应用了称重传感器。那如何利用电阻应变片设计制作电子称重仪呢？本任务对此进行介绍。

【知识讲解】

电阻应变式传感器是一种利用电阻应变效应，将应变变化转换为应变片电阻变化的传感器。其原理是通过粘贴在弹性敏感元件上的电阻应变片来感知应变的大小，根据弹性敏感元件的结构不同，可分为箔式、柱式、悬臂梁式、桥式、轮辐式、S 形拉压式等电阻应变式传感器，如图 2-1 所示。

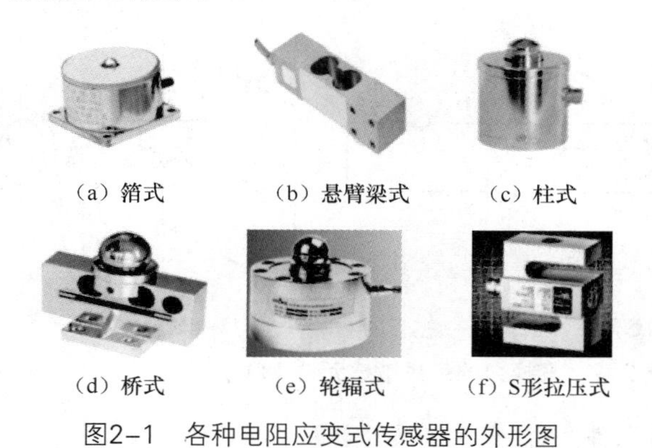

（a）箔式　（b）悬臂梁式　（c）柱式

（d）桥式　（e）轮辐式　（f）S形拉压式

图2-1　各种电阻应变式传感器的外形图

电阻应变式传感器工作原理（视频）

2.1.1　电阻应变式传感器常用弹性敏感元件

1. 弹性敏感元件

传感器中由弹性材料制成的敏感元件称为弹性敏感元件。弹性敏感元件可将力、压力、力矩、振动等被测量转换成应变量或位移量，再通过各种转换元件把应变量或位移量转换成电量。

2. 变换力的弹性敏感元件

变换力的弹性敏感元件是指输入量为力 F，输出量为应变或位移的弹性敏感元件。常用的变换力的弹性敏感元件有实心轴、空心轴、等截面圆环、变截面圆环、悬臂梁、扭转轴等形式，如图 2-2 所示。

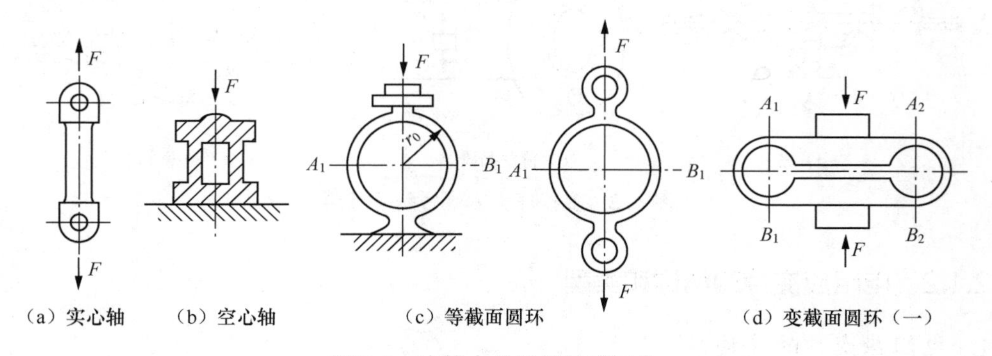

（a）实心轴　（b）空心轴　（c）等截面圆环　（d）变截面圆环（一）

图2-2　变换力的弹性敏感元件

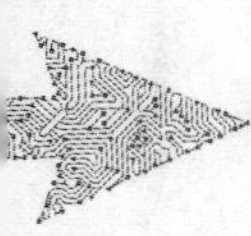

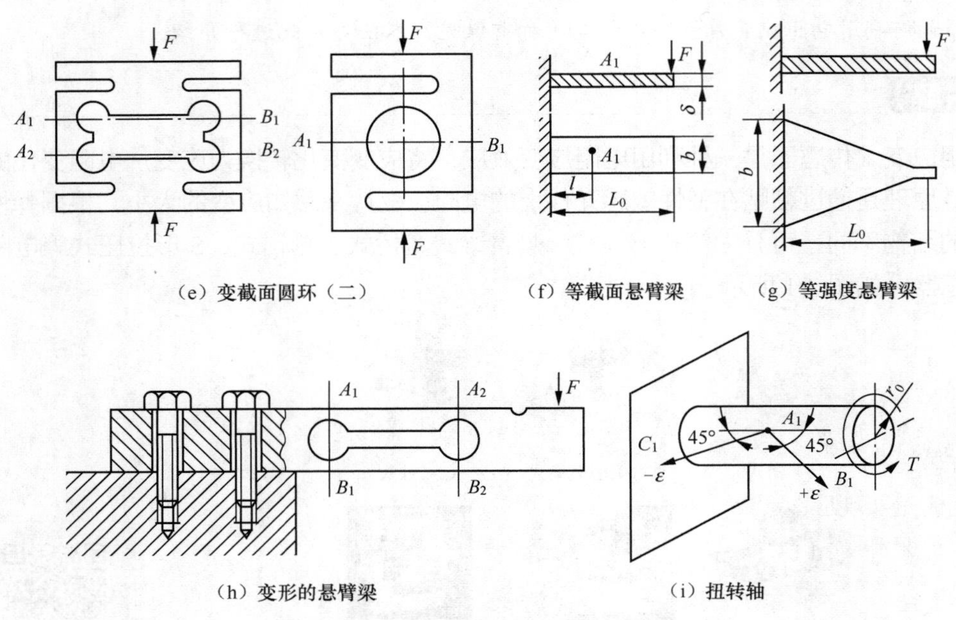

（e）变截面圆环（二）　（f）等截面悬臂梁　（g）等强度悬臂梁

（h）变形的悬臂梁　（i）扭转轴

图2–2　变换力的弹性敏感元件（续）

3. 变换压力的弹性敏感元件

变换压力的弹性敏感元件可把需要测量的气体或液体的压力 p 变换成应变或位移。变换压力的弹性敏感元件的形式有多种，如图 2-3 所示。

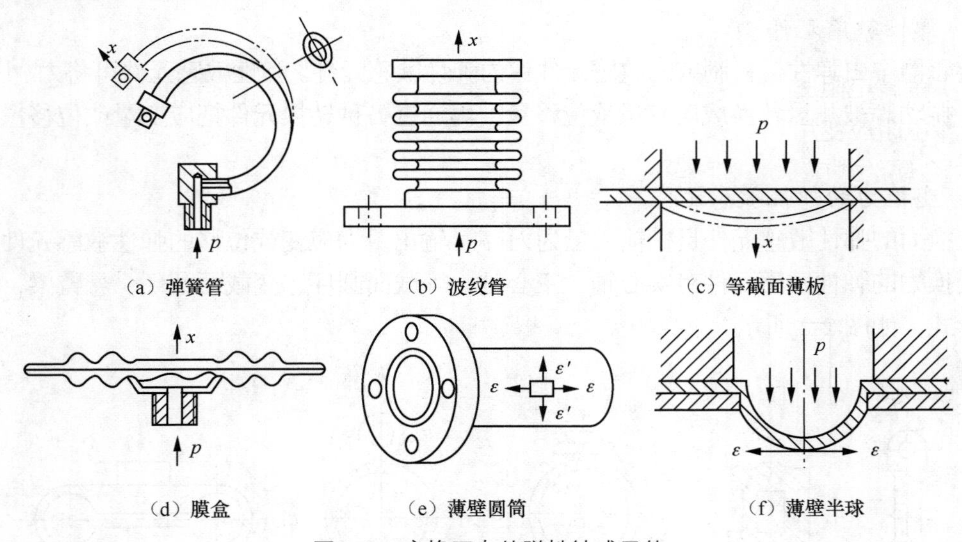

（a）弹簧管　（b）波纹管　（c）等截面薄板

（d）膜盒　（e）薄壁圆筒　（f）薄壁半球

图2–3　变换压力的弹性敏感元件

2.1.2 电阻应变片的结构和类型

1. 电阻应变片的结构

电阻应变片（简称“应变片”）由引线、覆盖层、敏感栅、基底等组成，如图 2-4 所示。

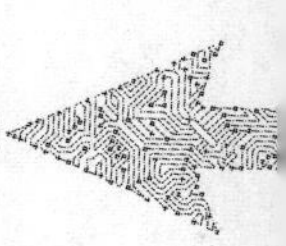

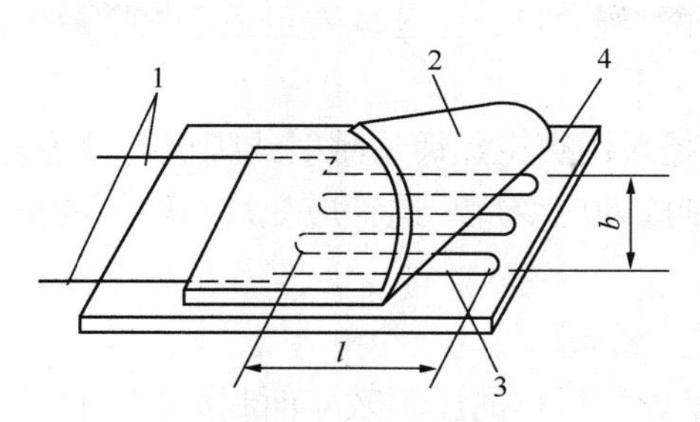

1—引线；2—覆盖层；3—敏感栅；4—基底

图2–4 电阻应变片的结构

（1）基底

应变片的基底一般为纸或胶片物质，主要作用是固定电阻丝的形状、尺寸和位置。

（2）敏感栅

敏感栅是实现应变（长度的相对变化）向电阻转换的敏感元件。其电阻值一般在 100Ω 以上。敏感栅的栅长用 l 表示，栅宽用 b 表示。应变片栅长大小关系到所测应变的准确度，应变片测得的应变大小实际上是应变片栅长和栅宽的乘积即其面积内的平均轴向应变量。

（3）覆盖层

覆盖层是用纸、胶做成的覆盖在电阻丝上的保护层，起防潮、防蚀、防损等作用。

（4）引线

引线是敏感栅与测量电路之间的连接线。

2. 应变片的类型

根据敏感栅材料的不同，应变片主要分为金属电阻应变片和半导体应变片两大类。

（1）金属电阻应变片

金属电阻应变片又可分为丝式、箔式、薄膜式等，如图 2-5 所示。

① 金属丝式应变片是将金属丝按不同形状弯曲后，用黏合剂贴在衬底上制成的，有纸基型、胶基型两种。金属丝式应变片蠕变较大，金属丝易脱落，但其价格低、强度高，广泛用于批量生产或测量要求不高的场合。

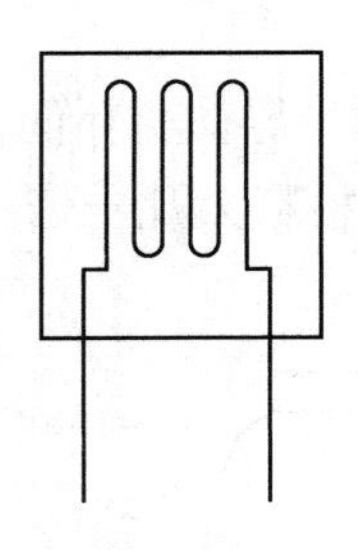

（a）金属丝式应变片

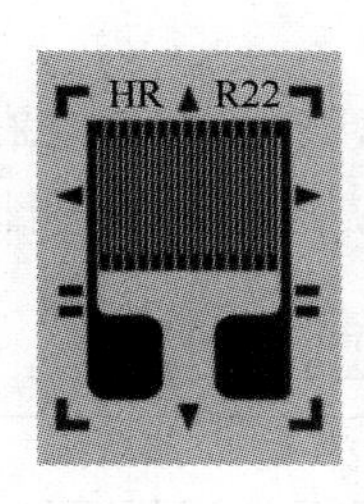

（b）金属箔式应变片

（c）金属薄膜式应变片

图2–5 金属电阻应变片

② 金属箔式应变片是通过光刻、腐蚀等工艺，将电阻箔片制成金属箔栅，其厚度通常为 0.001～0.01mm。因其面积比金属丝式应变片大得多，所以散热效果好，允许通过的电

流大，横向效应小，柔性好，寿命长，工艺成熟且适于大批量生产，因此其使用范围日益广泛。

③ 金属薄膜式应变片是采用真空蒸镀或溅射式阴极扩散等方法，在很薄的基底材料上形成一层金属电阻薄膜而制成的应变片。这种应变片有较高的灵敏度系数，允许通过的电流大，工作温度范围较广。

（2）半导体应变片

半导体应变片是利用半导体材料的压阻效应而制成的一种纯电阻性元件。半导体的压阻效应是指半导体材料的电阻率会随着所受应力的变化而改变。

半导体应变片用半导体材料制作敏感栅，其主要优点是灵敏度高，比金属丝式应变片、金属箔式应变片高几十倍，横向效应小，频率响应快，易于做成小型或超小型；但热稳定性差，测量误差较大。

2.1.3 电阻应变片的工作原理

1. 电阻应变效应

金属导体或半导体在受到外力（如压力等）作用时，会产生机械变形，其电阻值也会相应地发生变化，这一物理现象称为电阻应变效应。

设温度保持不变，有一根长度为 L、横截面积为 A、电阻率为 ρ 的金属电阻丝，其初始阻值为

$$R=\rho\frac{L}{A} \tag{2-1}$$

当金属电阻丝两端受到均匀的拉力 F 作用时，如图 2-6 所示，L 变大，A 变小，导致电阻值 R 变大。利用材料力学的知识，通过理论公式的推导，可得出电阻丝阻值的相对变化 $\Delta R/R$ 与轴向应变 $\Delta L/L$ 的关系在很大范围内是线性的，即

$$\frac{\Delta R}{R}=K\varepsilon_x \tag{2-2}$$

式中：K——电阻丝的灵敏度系数，指单位应变所引起的电阻相对变化；

ε_x——轴向应变，$\varepsilon_x=\Delta L/L$。

对于不同的金属材料，K 略微不同，一般为 2 左右。对半导体材料而言，由于其感受到应变时，电阻率 ρ 会发生很大的变化，所以灵敏度比金属材料大几十倍。

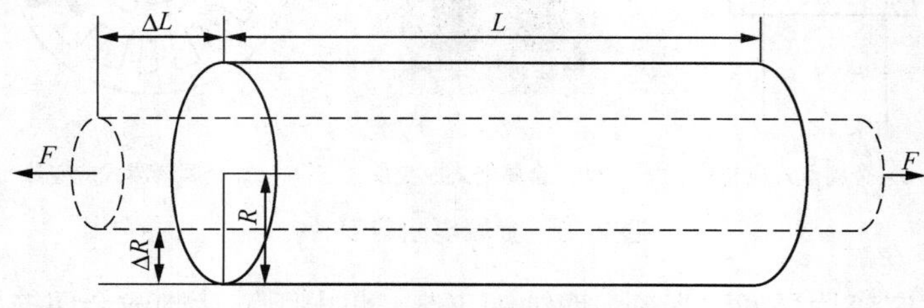

图2-6 金属电阻应变效应

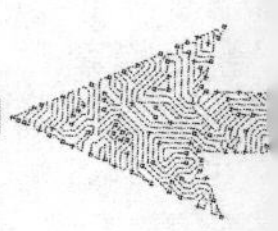

2. 测量原理

电阻应变式传感器的基本原理框图如图 2-7 所示。当被测物理量作用于弹性敏感元件上时，弹性敏感元件在力（F）、力矩（M）或压力（p）等的作用下发生变形，产生相应的应变或位移，然后传递给与之相连的应变片，引起应变片的电阻值变化，最后通过测量电路变成电量输出。输出的电量大小反映被测量的大小。

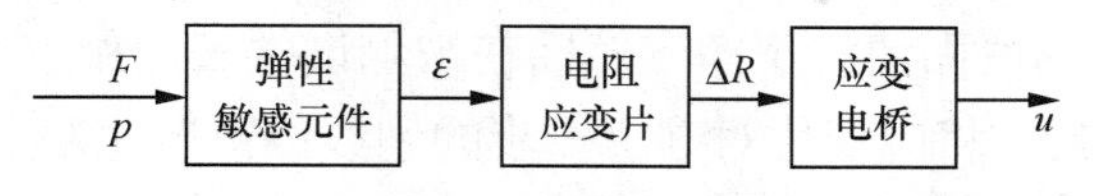

图2-7 电阻应变式传感器的基本原理框图

2.1.4 电阻应变片的主要参数和粘贴

1. 应变片的主要参数

应变片的主要参数有以下 6 项。

（1）标准电阻值（R_0）。标准电阻值指的是应变片在无应变（即无应力）情况下的电阻值，单位为 Ω，主要规格有 60Ω、90Ω、120Ω、150Ω、350Ω、600Ω、1 000Ω 等。其中以 120Ω 最为常用。实际使用的应变片的阻值可能存在一些偏差，因此使用前要进行测量。

（2）灵敏度系数（K）。安装于试件表面的应变片，在其轴线方向的单向应力作用下，应变片阻值的相对变化与试件表面贴片区域的轴向应变之比即称为灵敏度系数。

（3）应变极限（ξ_{max}）。应变极限是指恒温时的指示应变值与真实应变值的相对差值不超过一定数值的最大真实应变值。这种差值一般规定在 10%以内，当指示应变值大于真实应变值的 10%时，真实应变值就称为应变片的应变极限。

（4）允许电流（I_e）。允许电流是指应变片允许通过的最大电流。

（5）机械滞后。机械滞后是指所粘贴的应变片在温度一定时，在增加或减少机械应变过程中真实应变与约定应变（即同一机械应变量下所指示的应变）之间的最大差值。

（6）零漂及蠕变。对于已粘贴好的应变片，在温度恒定且不承受机械应变作用时，应变片的电阻值随时间增加而变化的特性称为零点漂移，简称“零漂”。对于已粘贴好的应变片，在温度恒定并承受恒定机械应变作用时，其电阻值随时间增加而变化的特性称为蠕变。

2. 应变片的粘贴

应变片在使用时通常是用黏合剂粘贴在弹性敏感元件或试件上。正确的粘贴工艺对保证应变片粘贴质量、提高传感器测试精度起着重要作用。应变片的粘贴步骤如下。

（1）应变片的检查与选择

外观检查：观察线栅或箔栅的排列是否整齐、均匀，是否有锈蚀以及短路、断路和折弯现象。

阻值检查：应变片的阻值和精度要符合测量电路对电阻的要求，如桥臂配对用的应变片，电阻值要尽量一致，否则将对传感器的平衡调整带来不便。

（2）试件的表面处理

为了获得良好的黏合强度，必须对试件表面的杂质、油污及疏松层等进行处理。粘贴表面应保持平整、光滑。在表面打光后，可采用喷砂处理，面积为应变片的 3～5 倍。为避免应变片氧化，贴片应尽快进行。如果不立刻贴片，可涂一层凡士林暂作保护。

（3）贴片位置的确定

在应变片上标出敏感栅的纵、横向中心线，粘贴时应使应变片的中心线与试件的定位线对准。

（4）应变片的粘贴

用清洁剂将应变片的底面清洗干净，然后在被测试件表面和应变片底面各涂一层薄而均匀的黏合剂。待稍干后，将应变片对准上一步的划线位置迅速贴上，然后盖一层玻璃纸，用手指或胶辊加压，将多余的胶水和气泡排出。

（5）固化处理和时效处理

贴好应变片后，根据黏合剂的固化工艺要求进行固化处理和时效处理。

（6）粘贴质量检查

首先从外观上检查粘贴位置是否正确，黏合层是否有气泡、漏粘和破损等。然后测量有无短路、断路现象，应变片的电阻值有无较大的变化。

（7）引线焊接与组桥连线

粘贴质量检查合格后即可焊接引线并加以固定，应变片之间电线的连接长度应尽量一致。

2.1.5 电阻应变片的测量转换电路

由于机械应变一般都很小，而且常规的应变片灵敏度系数 K 值较小，因此电阻的相对变化是很小的，如果直接用欧姆表（万用表电阻挡）测量其电阻的变化将十分困难，且误差很大。因此通常用电桥电路将应变片微小的电阻变化转换为易测量的电压或电流信号。通过电桥电路输出的信号可用指示仪表（如电压表）直接测量，也可以通过放大器放大做进一步的信号处理。

电阻应变片的测量转换电路（视频）

按照所采用的激励电源不同，电桥可分为直流电桥和交流电桥。这里主要介绍电阻应变片的直流电桥电路。

1. 直流电桥电路

图 2-8 所示为一直流电桥电路。A、B、C、D 为电桥顶点，它的 4 个桥臂均由电阻组成。E 为直流电源，接于电桥的 A、C 点，电桥的 B、D 点输出电桥电压，R_L 为其负载。

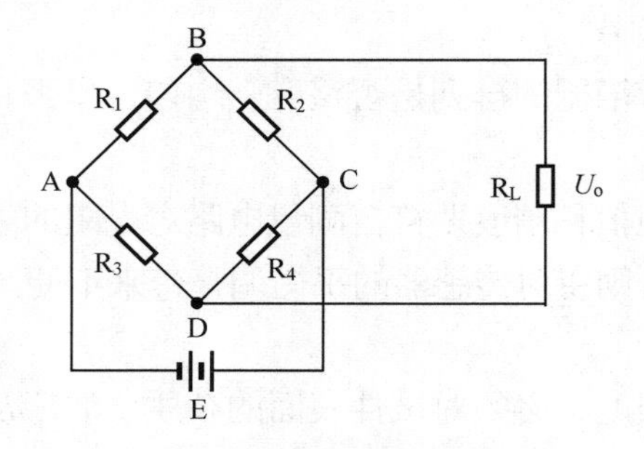

图2-8 直流电桥电路

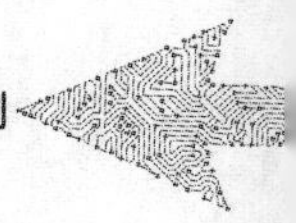

当电桥输出端（B、D）接到一个无穷大负载电阻（实际上只要大到一定数值即可）上时，可认为输出端开路，这时直流电桥称为电压桥，即只有电压输出。当忽略电桥电源 E 的内阻时，输出端电压 U_o 为

$$U_o = U_{AB} - U_{AD} = \left(\frac{R_1}{R_1+R_2} - \frac{R_3}{R_3+R_4}\right)E = \frac{R_1R_4 - R_2R_3}{(R_1+R_2)(R_3+R_4)}E \quad (2\text{-}3)$$

由式（2-3）可得，欲使输出电压 U_o 为零，即电桥平衡，应满足

$$R_1R_4 = R_2R_3 \quad (2\text{-}4)$$

式（2-4）是直流电桥的平衡条件。适当选择各桥臂的电阻值，可使电桥测量前满足平衡条件，输出电压 $U_o = 0$。

实际的测量电桥往往采用全等臂电桥，取 4 个桥臂的初始电阻相等，即

$$R_1 = R_2 = R_3 = R_4 = R \quad (2\text{-}5)$$

2. 电桥的连接方式

在测试技术中，电桥根据在工作时电阻值发生变化的桥臂个数分为单臂电桥、差动半桥和差动全桥 3 种连接方式，如图 2-9 所示。设图中均为全等臂电桥，且电桥初始平衡。根据式（2-3）讨论 3 种电桥连接方式的输出电压。

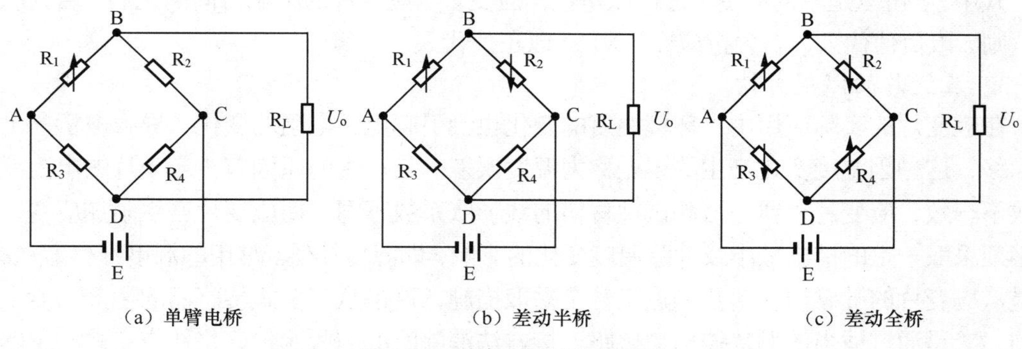

图2-9 直流电桥的连接方式

（1）单臂电桥

单臂电桥只有一个应变片接入电桥的一个桥臂，设 R_1 为接入应变片，其余桥臂均为阻值为 R 的固定电阻。当 R_1 的阻值变化 ΔR 时，根据式（2-3），电桥的输出电压

$$U_o = \frac{R \cdot \Delta R}{2R(2R+\Delta R)}E \quad (2\text{-}6)$$

通常情况下，$\Delta R \ll R$，所以

$$U_o = \frac{E}{4}\frac{\Delta R}{R} \quad (2\text{-}7)$$

根据电阻应变效应，式（2-7）可写成

$$U_o = \frac{E}{4}K\varepsilon \quad (2\text{-}8)$$

（2）差动半桥

差动半桥（动画）

差动半桥有两个应变片接入电桥的相邻两支桥臂，并且两支桥臂的应变片的电阻变化大小相等、方向相反（差动工作）。根据式（2-3）及电阻应变效应，其输出端电压

$$U_o = \frac{E}{2}\frac{\Delta R}{R} = \frac{E}{2}K\varepsilon \quad (2\text{-}9)$$

（3）差动全桥

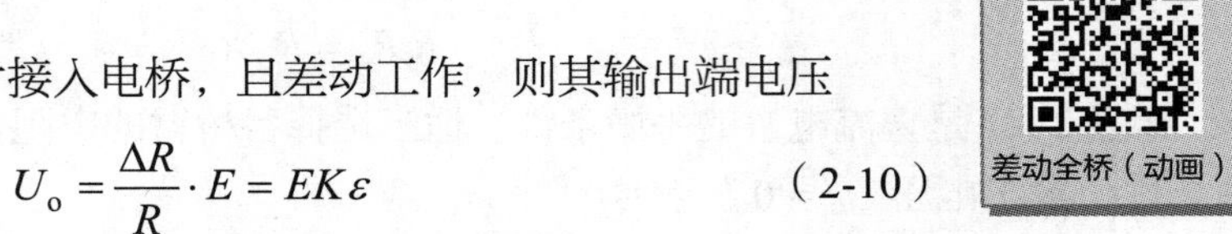
差动全桥（动画）

差动全桥有4个应变片接入电桥，且差动工作，则其输出端电压

$$U_o = \frac{\Delta R}{R}\cdot E = EK\varepsilon \quad (2\text{-}10)$$

由此可见，相同条件下，差动全桥接法工作时输出电压最大，检测灵敏度最高。

设电桥初始平衡，4个桥臂工作，各桥臂应变片电阻变化分别为ΔR_1、ΔR_2、ΔR_3、ΔR_4，代入式（2-3），全桥工作时可得输出电压

$$U_o = \frac{E}{4}\left(\frac{\Delta R_1}{R_1} - \frac{\Delta R_2}{R_2} - \frac{\Delta R_3}{R_3} + \frac{\Delta R_4}{R_4}\right) = \frac{E}{4}K\left(\varepsilon_1 - \varepsilon_2 - \varepsilon_3 + \varepsilon_4\right) \quad (2\text{-}11)$$

式中，ε可以是轴向应变，也可以是径向应变。当应变片的粘贴方向确定后，若为压应变，则ε以负值代入；若为拉应变，则ε以正值代入。

3. *应变片的温度补偿*

在应变片的实际应用中，环境温度的变化也会引起电桥电阻的变化，导致电桥产生零点漂移，这种因温度变化产生的误差称为温度误差。其产生的原因有：应变片的电阻温度系数不一致；应变片材料与被测试件材料的线膨胀系数不同，使应变片产生附加应变，因此必须采取一定的措施减小或消除温度变化的影响，即温度补偿。常用的温度补偿方法有：一是从应变片的敏感栅材料及制造工艺上采取措施，这是从应变式传感器的生产角度上来讲的；二是通过适当的贴片技巧与桥路连接方法消除温度的影响，这是从应变式传感器的应用角度上来讲的。这里主要介绍两种桥路补偿法。

（1）补偿片法

在只有一个应变片工作的桥路中，可用补偿片法。如图2-10所示，欲测量力F作用下试件的应变时，采用两个初始电阻值、灵敏度系数和敏感元件都相同的应变片R_1和R_2。R_1贴在试件的测量点上，R_2贴在补偿块上。所谓补偿块，就是与试件材料、温度相同，但不受力的试块。由于工作应变片R_1和补偿应变片R_2所受温度相同，则两者所产生的热应变相等。因为是处于电桥的两臂，所以不影响电桥的输出。补偿片法的优点是简单、方便，在常温下补偿效果比较好；缺点是温度变化梯度较大时，比较难以掌握。

（2）电桥自补偿法

当测量桥路处于双臂半桥和全桥工作方式时，电桥相邻两臂受温度影响，会同时产生大小相等、符号相反的电阻增量而互相抵消，从而达到桥路温度自补偿的目的。

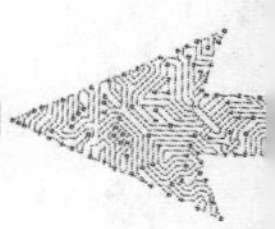

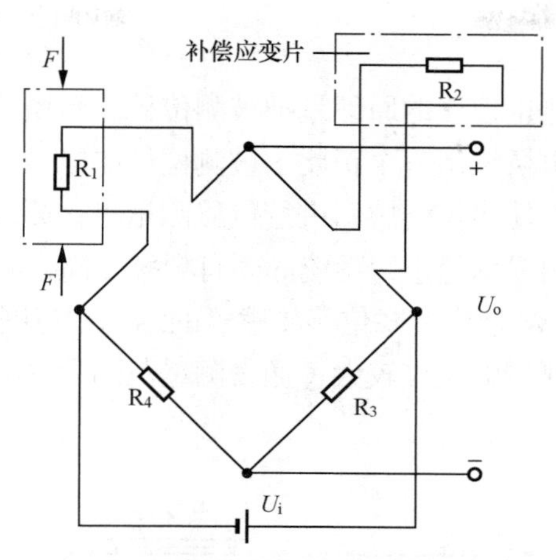

图2-10 补偿应变片的温度补偿

2.1.6 电阻应变片的应用

应变片除可直接用于测量试件的应变外，还可利用其他物理量对被测件应变的影响，制成各种应变式传感器，用于测量力、位移、振动、扭矩、加速度、压力等各种物理量。

1. 力的测量

利用应变式力传感器可以完成力的测量。如图 2-11 所示，把应变片粘贴到弹性敏感元件表面，弹性敏感元件在力 F 的作用下发生应变，应变片也发生应变，两个应变在工程上通常被认为是一致的。由材料力学的知识可以知道试件的应变

$$\varepsilon_x = F / AE \tag{2-12}$$

式中：A——弹性敏感元件的横截面面积；

E——弹性敏感元件的弹性模量。

一旦弹性敏感元件选定后，A 与 E 均是已知的参数，F 与应变成正比，所以利用上述测量应变的方法即可获知弹性敏感元件受力 F 的大小。

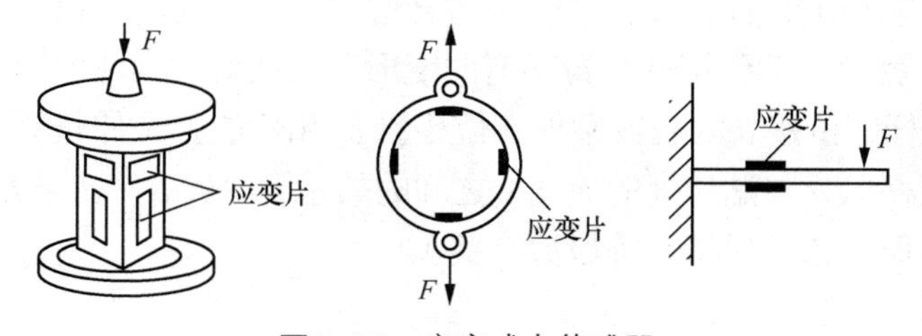

图2-11 应变式力传感器

应变式力传感器的弹性敏感元件，其形式多种多样，常见的有柱式、环形柱式、悬臂梁式等。

在使用应变片进行力的测量时，应变片需要粘贴到弹性敏感元件表面（一般由专业的生产厂家完成），组成一体化的应变式力传感器。应变式力传感器在使用时，被测的力需要作用在弹性敏感元件上而不能直接作用在应变片上，否则会损坏应变片。

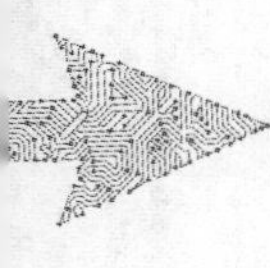

2. 位移测量

用应变式位移传感器测量位移的原理是把被测位移量转换成弹性敏感元件的变形和应变，然后经应变计和应变电桥输出一个正比于被测位移的电量。应变式位移传感器可进行静态与动态的位移量检测。使用该传感器进行位移测量时，要求弹性敏感元件的刚度要尽量小，被测对象的影响反力要尽量小，系统的固有频率要高，动态频率响应特性要好。

图 2-12（a）为国产 YW 型应变式位移传感器的结构示意图。它采用了悬臂梁-螺旋弹簧串联的组合结构，因此测量的位移较大（通常测量范围为 10～100mm）。其工作原理如图 2-12（b）所示。

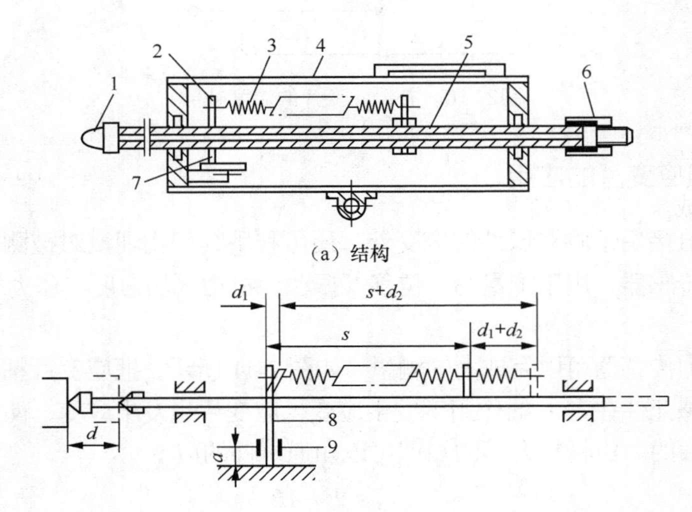

1—测头；2—弹性敏感元件；3—弹簧；4—外壳；5—测量杆；6—调整螺母；7—应变计；8—悬臂梁；9—应变片

图2-12　YW型应变式位移传感器

从图 2-12（b）中可以看出，4 个应变片分别贴在与悬臂梁根部距离为 a 处的正、反两面；拉伸弹簧的一端与测量杆相连，另一端与悬臂梁上端相连。测量时，当测量杆随被测件产生位移 d 时，就会带动弹簧使悬臂梁弯曲变形产生应变。其弯曲应变量与位移量呈线性关系。由于测量杆的位移 d 为悬臂梁根部位移量 d_1 和螺旋弹簧伸长量 d_2 之和，因此，由材料力学可知，位移量 d 与贴片处的应变 ε 之间的关系为 $d = d_1 + d_2 = L\varepsilon$（$L$ 为比例系数，它与弹性敏感元件尺寸和材料特性等参数有关）。

3. 振动测量

测量物体的振动就是测量物体的振动加速度，可使用应变式加速度传感器来测量。该类型的传感器通常由具有弹性的悬臂梁、质量块、应变片和壳体组成，如图 2-13 所示。质量块固定在悬臂梁的一端，悬臂梁的上、下表面粘贴有应变片。测量时，将传感器的壳体与被测对象刚性连接，在一定的频率范围内，质量块产生的加速度与被测加速度相等，因而作用于悬臂梁上的惯性力亦与被测加速度成正比。应变式加速度传感器常用于低频振动测量。

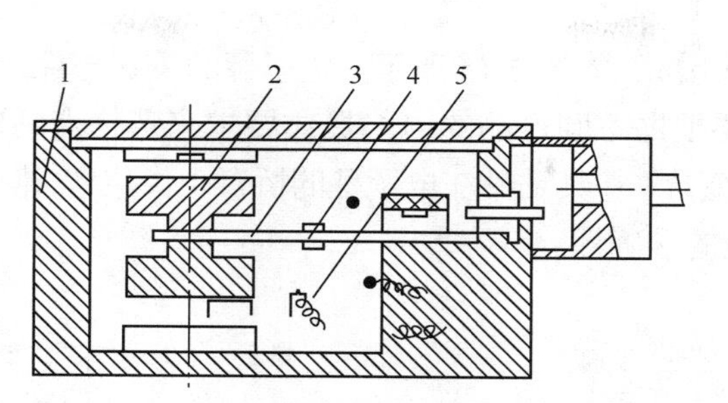

1—壳体；2—质量块；3—悬臂梁；4—应变片；5—阻尼油

图2-13 应变式加速度传感器

4. 扭矩测量

应变式扭矩传感器利用应变片将扭矩产生的剪应变转换为电阻值的变化。弹性敏感元件为整体式薄壁筒，应变片在薄壁筒的同一圆周线上成 45°和 135°方向粘贴，或直接使用测量扭矩的应变片。在实际制作与测量时，沿轴的某断面的圆周方向每隔 90°布置一个应变片，并将它们接成全桥电路，其展开图如图 2-14 所示。这种布置可提高应变式扭矩传感器的输出灵敏度，并消除轴向力和弯曲力的影响。

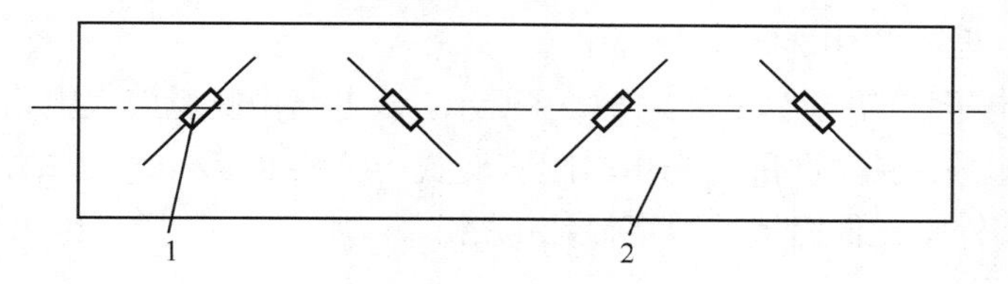

1—应变片；2—薄壁筒

图2-14 应变式扭矩传感器展开图

【学海领航】——学生的“应变感知”

在电阻应变式传感器中，弹性敏感元件是将应力变化转变为应变变化的关键部件，因此“应变感知”是应力与应变的内在转变，而弹性敏感元件的弯曲或伸缩变形由金属的屈伸特性所决定。这个道理引申到学习中同样适用，学生要发奋学习，才能适应不同的环境，并将外部压力转化为奋发图强的内在动力，提高解决问题的能力，才能为社会做出更大的贡献。

我们在制作电阻应变式传感器时，既要对专业理论知识有较深入的理解，也要熟练掌握相关的技术技能，操作要细致认真，严格按工艺要求和步骤完成。学生应该认真负责地做好每一件事情，以认真的态度对待每一个学习任务；同时在工作中要善于思考和创新，从而创造出更有价值和应用前景的新型传感器。

【任务实施】——利用电阻应变片设计制作电子称重仪

利用电阻应变片设计制作电子称重仪（视频）

本任务要求利用电阻应变片设计制作电子称重仪（即电子秤），要求：量程为 0～2kg，精度为 0.001kg，并具有数显功能。

1. 传感器选型

电阻应变式电子秤由传感器桥臂（弹性敏感元件）、应变片、支架、称重托盘、螺钉和底座等组成，如图 2-15 所示。电子秤的关键部件是应变片。由于应变片的种类较多，因此，需要根据不同产品的电路具体要求来选择合适的应变片。本任务选用 E350-2AA 金属箔式应变片，将其粘贴在电子秤的桥臂中央位置，使其变形与传感器桥臂的变形一致，以提高测量的准确性。

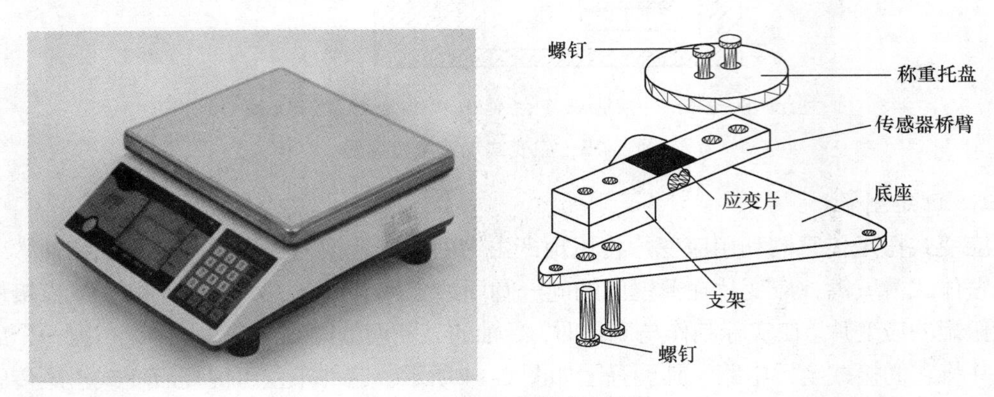

图2-15　电阻应变式电子秤

2. 测量电路及元器件选择

电阻应变式电子秤的电路如图 2-16（a）所示。该电路由测量放大电路、A/D 转换电路、显示或控制电路组成。其主要部分为由电阻应变式传感器 R_1 及 IC_2、IC_3 组成的测量放大电路，以及由 IC_1 和外围元件组成的数字显示电路。

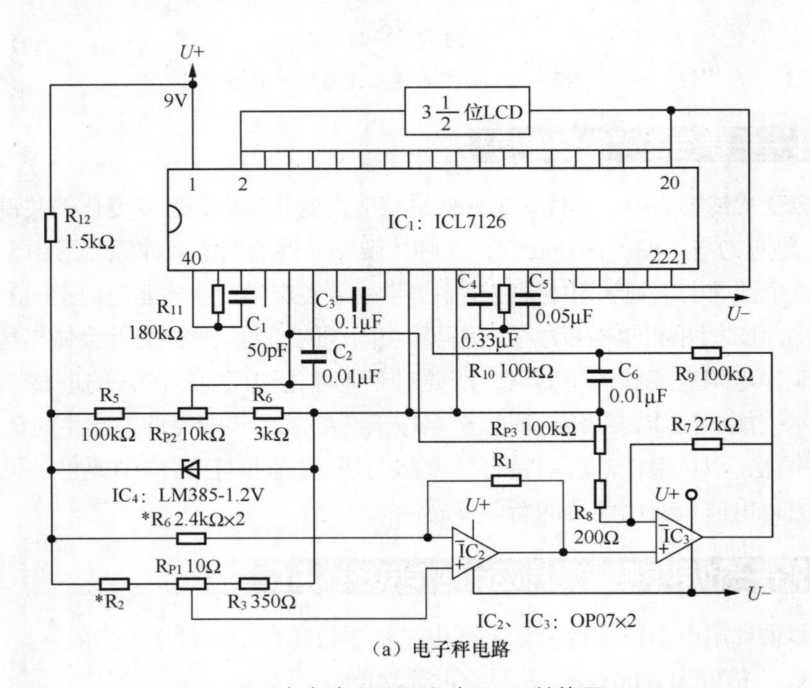

（a）电子秤电路

图2-16　电阻应变式电子秤电路及A/D转换器ICL7126

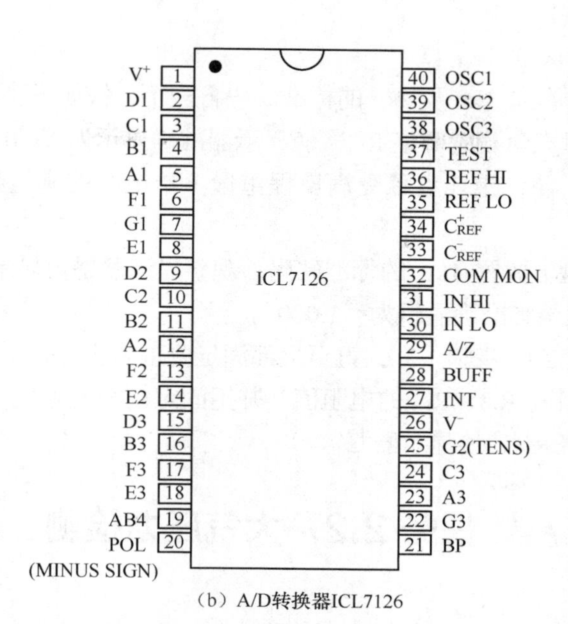

（b）A/D转换器ICL7126

图2-16　电阻应变式电子秤电路及A/D转换器ICL7126（续）

电路中各元器件选择如下。

（1）电子秤电路中的集成电路 IC_1 选用 A/D 转换器 ICL7126[图 2-16（b）]；集成电路 IC_2、IC_3 选用高精度低温标精密运放 OP07；集成电路 IC_4 选用 LM385-1.2V。

（2）电阻应变式传感器 R_1 选用 E350-2AA 金属箔式电阻应变片，其常态阻值为 350Ω。

（3）各电阻元件选用精密金属膜电阻。

（4）R_{P1} 选用精密多圈电位器，R_{P2}、R_{P3} 经调试后可分别用精密金属膜电阻代替。

（5）电容中 C_1～C_6 选用云母电容或瓷介电容。

3. 测量电路工作原理

测量电路将 R_1 产生的电阻应变量转换成电压信号输出。IC_3 将经转换后的弱电压信号进行放大并作为 A/D 转换器 ICL7126 的模拟电压输入。IC_4 提供 1.23V 的基准电压，该电压同时经 R_5、R_6 及 R_{P2} 分压后作为 A/D 转换器的参考电压。A/D 转换器 ICL7126 的参考电压正极端（REF HI）由 R_{P2} 中间触点引入，负极端（REF LO）则由 R_{P3} 的中间触点引入。两端参考电压可对传感器非线性误差进行适量补偿。

4. 电子线路及传感器桥臂的制作

（1）电子线路的制作

根据电阻应变式电子秤电路图，将所选元件焊接在电路板上，并检查正确性。元件布置应横平竖直，间距适当；控制焊点大小，注意避免虚焊。

（2）传感器桥臂（应变梁）的制作

电子秤的应变梁可使用碳钢、合金钢或不锈钢等材料制作。先将应变梁磨平，并在应变较大的位置钻孔，以便灵敏感受托盘上物品重量；然后对应变梁进行淬火和表面处理，即可完成应变梁的制作；最后将称重托盘用螺钉安装在应变梁的顶部，将应变片用黏合剂粘贴于应变梁变形最大的部位，并将应变片接入电桥电路。

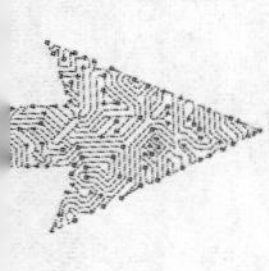

5. 电子秤的调试

在调试过程中，准备 1kg 及 2kg 的标准砝码各一个，按如下步骤操作。

（1）在称重托盘无负载时调整 R_{P1}，使显示器准确显示为“0.000”。

（2）调整 R_{P2}，使称重托盘承受满量程重量（本电路的满量程为 2kg）时显示满量程值。

（3）在称重托盘上放置 1kg 的标准砝码，观察显示器是否显示“1.000”，如有偏差，调整 R_{P3} 的阻值，直至其准确显示为“1.000”。

（4）重复步骤（2）、步骤（3），直至全部满足要求为止。

（5）最后准确测量 R_{P2}、R_{P3} 的电阻值，并用固定精密电阻代替。R_{P1} 可引出进行表外调整。测量前先调整 R_{P1}，使显示器归零。

任务 2.2 大气压力检测

【任务导入】

地球大气层中的物体，都要受到空气分子撞击产生的压力，这个压力称为大气压力。大气压力是随大气高度而变化的，海拔越高，大气压力越小；两地的海拔相差越悬殊，其气压差也越大。气象科学中的气压，是指单位面积上所受大气柱的重量（大气压强），也就是大气柱在单位面积上所施加的压力。天气的变化与大气压力、湿度和温度有关，特别是与气压的关系更为密切。因此，可以通过对大气压力的监测来预报天气。本任务利用压电式传感器来检测大气压力的变化，从而预报天气变化趋势。

【知识讲解】

压电式传感器是一种典型的自发电式传感器。它是以某些晶体受力后在其表面产生电荷的压电效应为转换原理的传感器。它可以测量最终能转换为力的各种非电物理量，例如动态力、动态压力、振动加速度等，但不能用于静态参数的测量。

压电式传感器具有体积小、重量轻、频带宽、灵敏度高等优点。近年来，压电测试技术发展迅速，特别是电子技术的迅速发展，使压电式传感器的应用越来越广泛。

2.2.1 压电式传感器的工作原理

1. 压电效应

压电式传感器的工作原理（视频）

某些电介质，在一定方向受到外力作用时，内部将产生极化现象，相应地在电介质的两个表面产生符号相反的电荷；当外力作用去除时，又恢复到不带电状态，这种现象称为压电效应。当作用力方向改变时，电荷的极性也随之改变。当在电介质极化方向施加电场时，这些电介质会产生几何变形，当去掉外加电场时，电介质的变形会随之消失，这种现象称为逆压电效应（电致伸缩效应）。具有压电效应的物质很多，如石英晶体、压电陶瓷、高分子压

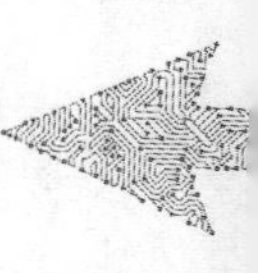

电薄膜等，如图 2-17 所示。

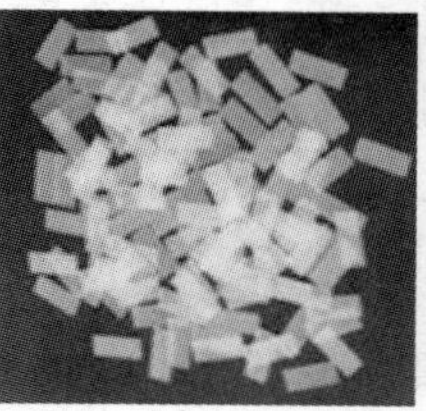
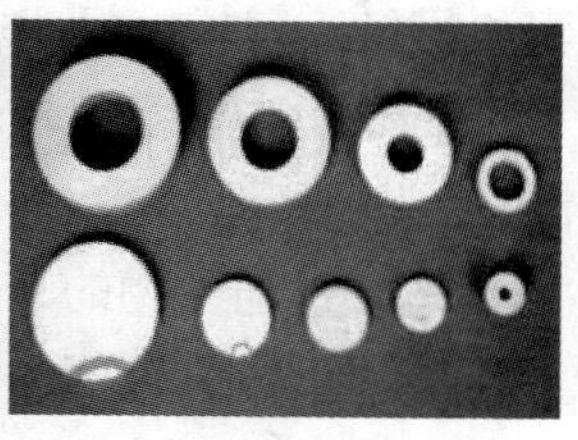

（a）天然石英晶体　（b）石英晶体薄片　（c）压电陶瓷　（d）高分子压电薄膜

图2–17　各种压电材料的外形图

2. 石英晶体的压电效应

石英晶体是一种应用广泛的压电晶体。它是二氧化硅单晶，属于六角晶系。图 2-18（a）是天然石英晶体的外形图，为规则的六角棱柱体。石英晶体各个方向的特性是不同的。石英晶体有 3 个晶轴：z 轴又称光轴，它与晶体的纵轴线方向一致；x 轴又称电轴，它通过六面体相对的两条棱线并垂直于光轴；y 轴又称为机械轴，它垂直于两个相对的晶柱棱面，如图 2-18（b）所示。通常把沿电轴 x 方向的力作用下产生电荷的压电效应称为“纵向压电效应”，把沿机械轴 y 方向的力作用下产生电荷的压电效应称为“横向压电效应”，而沿光轴 z 方向的力作用时不产生压电效应。

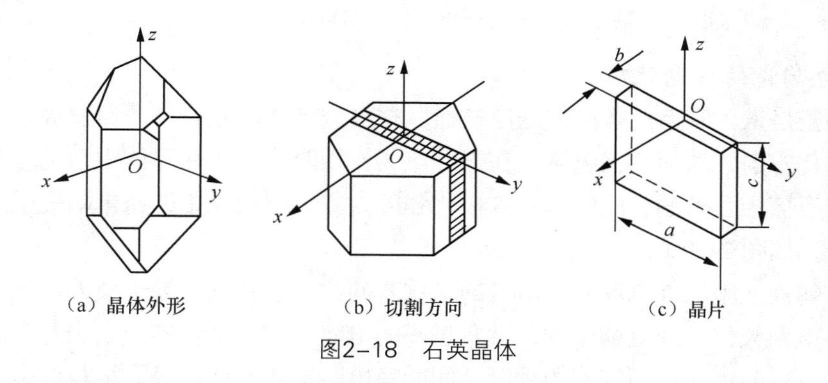

（a）晶体外形　（b）切割方向　（c）晶片

图2–18　石英晶体

若从石英晶体上沿机械轴 y 方向切下一块如图 2-18（c）所示的晶片，当沿电轴 x 方向施加作用力 F_x 时，在与电轴 x 垂直的平面上将产生电荷为

$$Q_x = d_{11} F_x \tag{2-13}$$

式中：d_{11}——x 方向受力的压电常数。

若在同一晶片上，沿机械轴 y 方向施加作用力 F_y，则仍在与 x 轴垂直的平面上产生电荷为

$$Q_y = -d_{11} \frac{a}{b} F_y \tag{2-14}$$

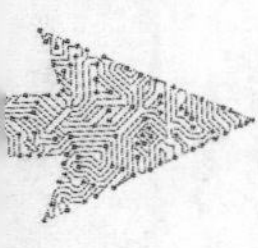

式中：a——石英晶片的长度；

b——石英晶片的厚度。

由式（2-14）可见，沿机械轴 y 方向的力作用在石英晶体上时，产生的电荷与石英晶体切面的几何尺寸有关，式中的负号说明沿机械轴 y 方向的压力引起的电荷极性与沿电轴 x 方向的压力引起的电荷极性恰好相反。

在石英晶片上，产生电荷的极性与受力的方向有关系。若沿石英晶片的 x 轴施加压力 F_x，则在加压的两表面上分别出现正、负电荷，如图 2-19（a）所示。

若沿石英晶片的 y 轴施加压力 F_y，则在加压的表面上不出现电荷，电荷仍出现在垂直于 x 轴的表面上，只是电荷的极性相反，如图 2-19（c）所示。若将 x、y 轴方向施加的压力改为拉力，则产生电荷的位置不变，只是电荷的极性相反，如图 2-19（b）、图 2-19（d）所示。

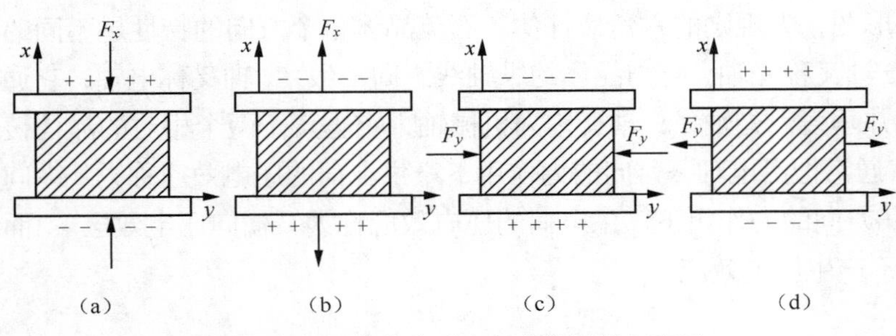

图2-19　石英晶片受力与电荷极性示意图

3. 压电陶瓷的压电效应

压电陶瓷是人工制造的多晶体压电材料。材料内部的晶粒有许多自发极化的电畴，它有一定的极化方向，从而存在电场。在无外电场作用时，电畴在晶体中杂乱分布，它们各自的极化效应被相互抵消，压电陶瓷内极化强度为零，因此原始的压电陶瓷呈中性，不具有压电性质，如图 2-20（a）所示。

在压电陶瓷上施加外电场时，电畴的极化方向会发生转动，趋于按外电场方向排列，从而使材料得到极化。外电场越强，就有越多的电畴更完全地转向外电场方向。让外电场强度大到使材料的极化达到饱和的程度，即所有电畴极化方向都整齐地与外电场方向一致时，去掉外电场，电畴的极化方向基本不变，即剩余极化强度很大，这时的材料才具有压电特性，如图 2-20（b）所示。

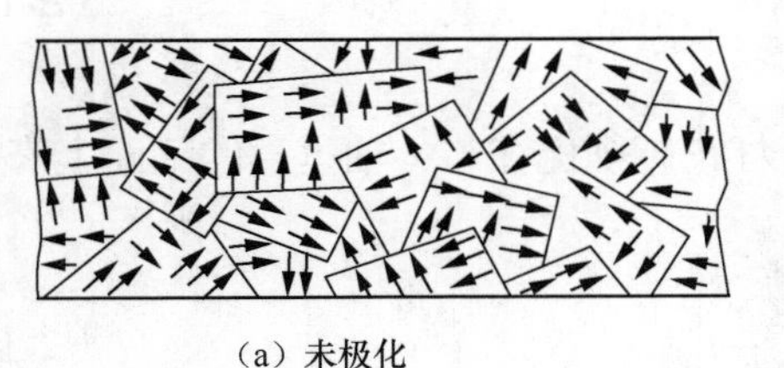

（a）未极化

电场方向

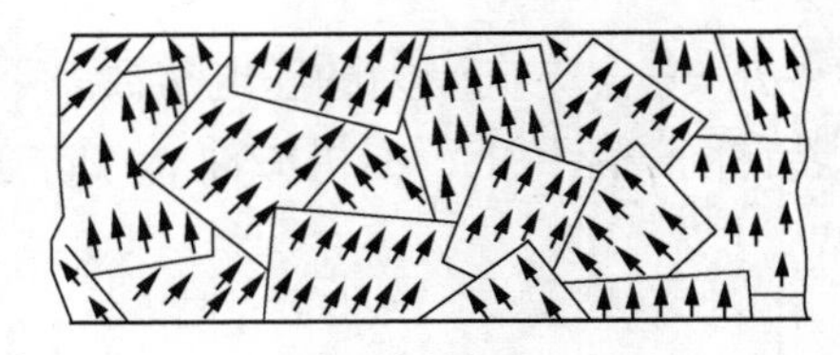

（b）电极化

图2-20　压电陶瓷的极化

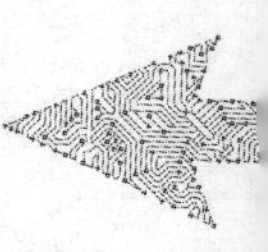

极化处理后的压电陶瓷内部存在很强的剩余极化，当压电陶瓷材料受到外力作用时，电畴的界线发生移动，电畴发生偏转，从而引起剩余极化强度的变化，因而在垂直于极化方向的平面上将出现极化电荷的变化。这种因受力而产生的由机械效应转变为电效应、将机械能转变为电能的现象，就是压电陶瓷的正压电效应。

2.2.2 压电材料的分类

1. 石英晶体

石英晶体是一种性能良好的压电晶体。它的突出优点是性能非常稳定，介电常数与压电系数的温度稳定性好，且居里点高，达到 575℃（即到 575℃时，石英晶体将完全丧失压电性质）。此外，它还具有很高的机械强度和稳定的机械性能，以及绝缘性能好、动态响应快、线性范围宽、迟滞小等优点。但石英晶体的压电常数小（$d_{11} = 2.31 \times 10^{-12}$C / N），灵敏度低，且价格较高，所以只在标准传感器、高精度传感器或高温环境下工作的传感器中作为压电元件使用。石英晶体分为天然与人造晶体两种。天然石英晶体性能优于人造石英晶体，但天然石英晶体价格较贵。

压电材料的分类及压电式传感器的应用（视频）

2. 压电陶瓷

压电陶瓷是人工制造的多晶体压电材料。与石英晶体相比，压电陶瓷的压电系数很高，具有烧制方便、耐湿、耐高温、易于成型等特点，制造成本很低。因此，实际应用中的压电传感器大多采用压电陶瓷材料。压电陶瓷的弱点是，居里点较石英晶体要低 200～400℃，且性能没有石英晶体稳定。但随着材料科学的发展，压电陶瓷的性能正在逐步提高。常用的压电陶瓷材料有以下几种。

（1）锆钛酸铅压电陶瓷（PZT）

锆钛酸铅压电陶瓷是钛酸铅和锆酸铅材料组成的固熔体。它有较高的压电常数 [$d_{11} = (200～500) \times 10^{-12}$C / N]和居里点（300℃以上），工作温度可达 250℃，是目前经常采用的一种压电材料。在上述材料中掺入微量的镧（La）、铌（Nb）或锑（Sb）等，可以得到不同性能的材料。PZT 是工业中应用较多的压电材料。

（2）钛酸钡压电陶瓷（$BaTiO_3$）

钛酸钡压电陶瓷是由 $BaCO_3$ 和 TiO_2 二者在高温下合成的，具有较高的压电常数（$d_{11} = 190 \times 10^{-12}$C / N）和相对介电常数，但居里点较低（约为 120℃），机械强度也不如石英晶体，目前使用较少。

（3）铌酸盐系列压电陶瓷

铌酸铅具有很高的居里点和较低的介电常数。铌酸钾的居里点为 435℃，常用于水声传感器。铌酸锂具有很高的居里点，可用于高温压电式传感器。

（4）铌镁酸铅压电陶瓷（PMN）

铌镁酸铅压电陶瓷具有较高的压电常数[$d_{11} = (800～900) \times 10^{-12}$C / N]和居里点（260℃）。它能在压力大至 70MPa 时正常工作，因此可用于高压下的力传感器。

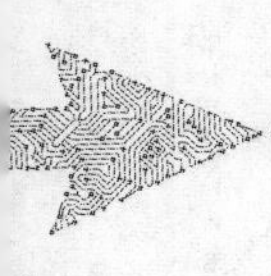

3. 高分子压电材料

某些合成高分子聚合物薄膜经延展拉伸和电场极化后，具有一定的压电性能，这类薄膜称为高分子压电薄膜。目前出现的高分子压电薄膜有聚二氟乙烯（PVF_2）、聚氟乙烯（PVF）、聚氯乙烯（PVC）等。这些是柔软的压电材料，可根据需要制成薄膜或电缆套管等形状。它不易破碎，具有防水性，可以大量连续拉制，制成较大面积或较长的尺度，因此价格便宜。

高分子压电材料的声阻抗约为0.02MPa/s，与空气的声阻抗有较好的匹配，可以制成特大口径的壁挂式低音扬声器。它的工作温度一般低于 100℃。温度升高时，其灵敏度将降低。而且它的机械强度不够高，耐紫外线能力较差，不宜暴晒，以免老化。

如果将压电陶瓷粉末加入高分子压电化合物中，可以制成高分子压电陶瓷薄膜。这种复合材料保持了高分子压电薄膜的柔韧性，又具有压电陶瓷的优点，是一种比较有发展前途的材料。

在选用压电材料时，应考虑其转换特性、机械特性、电气特性、温度特性等几方面的问题，以便获得最好的效果。

2.2.3 压电式传感器的测量转换电路

1. 等效电路

压电式传感器在受外力作用时，其两个电极表面会聚集电荷，且电荷量相等，极性相反，如图 2-10（a）所示。这时它相当于一个以压电材料为电介质的电容器，其电容量

$$C_a = \frac{\varepsilon_r \varepsilon_0 A}{d} \tag{2-15}$$

式中：A——压电元件的电极面面积；

d——压电元件的厚度；

ε_r——压电材料的相对介电常数；

ε_0——真空的介电常数。

因此，可以把压电式传感器等效为一个与电容相串联的电压源，如图 2-21（b）所示，也可以等效成一个与电容相并联的电荷源，如图 2-21（c）所示。

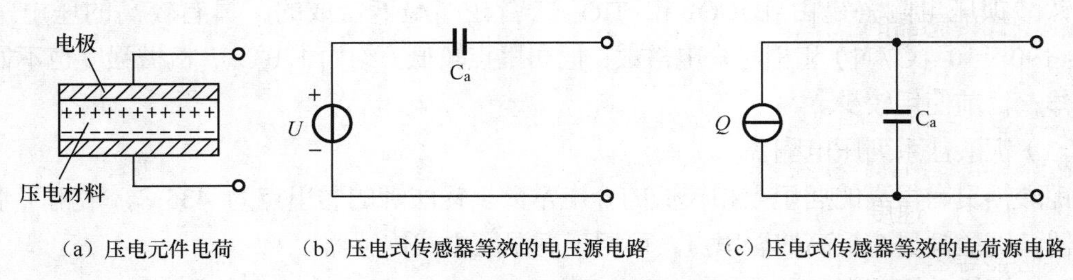

（a）压电元件电荷　（b）压电式传感器等效的电压源电路　（c）压电式传感器等效的电荷源电路

图2-21　压电式传感器等效电路

2. 测量电路

压电式传感器的内阻抗很高，而输出的信号微弱，因此一般不能直接显示和记录。压

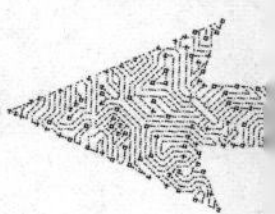

电式传感器要求测量电路的前级输入端要有足够高的阻抗，这样才能防止电荷迅速泄漏而使测量误差变大。压电式传感器的前置放大器有两个作用：一是把传感器的高阻抗输出变换为低阻抗输出；二是把传感器的微弱信号进行放大。压电式传感器的输出可以是电压信号，也可以是电荷信号，因此前置放大器也有两种形式：电压放大器和电荷放大器。由于电压前置放大器的输出电压与电缆电容有关，故目前多采用电荷放大器。

电荷放大器是一种输出电压与输入电荷量成正比的前置放大器。压电元件可以等效为一个电容 C_a 和一个电荷源并联的形式，而电荷放大器实际上是一个具有深度电容负反馈的高增益运算放大器。压电元件与电荷放大器连接的等效电路如图 2-22 所示。

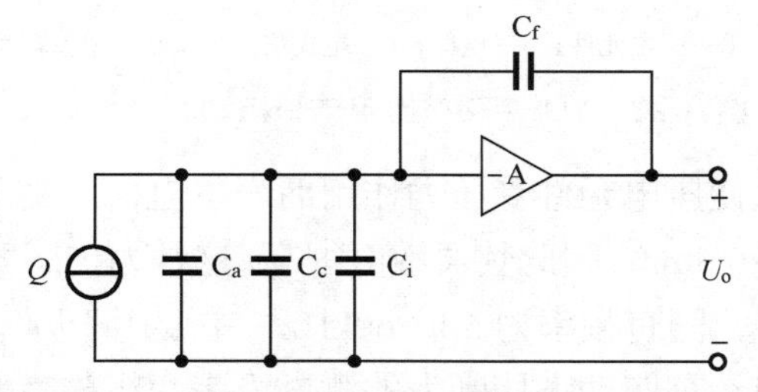

图2–22 压电元件与电荷放大器连接的等效电路

电荷放大器的输出电压 U_o 正比于输入电荷 Q，即

$$U_o = \frac{QK}{C_a + C_c + C_i - C_f(K-1)} = U_m K \tag{2-16}$$

若 $K \geqslant 1$，$C_f K \geqslant C_a + C_c + C_i$，则有

$$U_o = \left|\frac{Q}{C_f}\right| \tag{2-17}$$

由以上公式可以发现，在电荷放大器中，U_o 与电缆电容无关，而与 Q 成正比，这就是电荷放大器的特点。

2.2.4 压电式传感器的应用

压电式传感器的工作原理基于压电效应，但是压电式传感器不能用于静态测量，这是因为当外力作用在压电元件上时，产生的电荷只有在无泄漏的情况下才能保存，这实际上无法实现，所以压电式传感器不能用于静态测量。只有在交变力的作用下，电荷才可以不断补充，瞬时的电荷输出正比于外部作用力，故只能用于动态测量。压电式传感器可用于动态力、压力、速度、加速度、振动等许多非电量的测量，可做成力传感器、压力传感器、振动传感器等。

1. 压电式力传感器

压电式力传感器是以压电元件为转换元件，输出电荷与作用力成正比的力-电转换装置。其常用的形式为荷重垫圈式，它由基座、传力上盖、压电元件、电极及电极引出插头

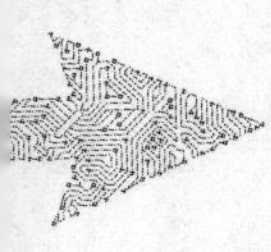

等组成。图 2-23 所示为 YDS-78 型压电式单向动态力传感器的结构。它主要用于变化频率不太高的动态力的测量。测力范围达几十千牛以上，非线性误差小于 1%，固有频率可达数十千赫。

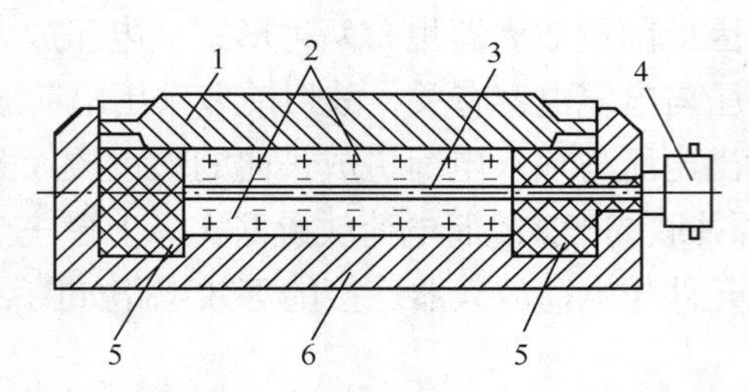

1—传力上盖；2—压电元件；3—电极；4—电极引出插头；5—绝缘材料；6—基座

图2-23　YDS-78型压电式单向动态力传感器

被测力通过传力上盖使压电元件受压力作用而产生电荷。由于传力上盖的弹性形变部分的厚度很薄，只有 0.1～0.5mm，因此其灵敏度很高。这种力传感器的体积小，质量轻（10kg 左右），分辨力可达 10^{-3}g，固有频率为 50～60kHz，主要用于频率变化小于 20kHz 的动态力的测量。其典型应用有：车床动态切削力的测试、表面粗糙度的测量和轴承支座反力的测试。使用时，压电元件的装配必须施加较大的预紧力，以消除各部件与压电元件之间、压电元件与压电元件之间因接触不良而引起的非线性误差，使传感器工作在线性范围。

2. 压电式加速度传感器

压电式加速度传感器是一种常用的加速度传感器，也称加速度计。它主要由压电元件、质量块、预压弹簧、基座和外壳组成，整个部件用螺栓固定，如图 2-24 所示。

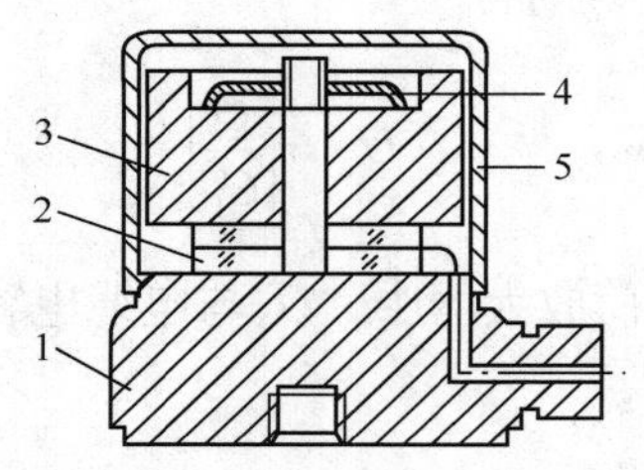

1—基座；2—压电元件；3—质量块；4—预压弹簧；5—外壳

图2-24　压电式加速度传感器结构

测量时，将传感器基座与试件刚性固定在一起。当传感器与被测物体一起受到冲击振动时，由于弹簧的刚度相当大，而质量块的质量相对较小，可以认为质量块的惯性很小，因此质量块与传感器基座感受相同的振动，并受到与加速度方向相反的惯性力的作用，质量块就有一个正比于加速的交变力作用在压电元件上，由于压电元件的压电效应，传感器输出电荷与作用力成正比，即与试件的加速度成正比。输出电量由传感器的输出端引出，输入前置放大器后可以用测量仪器测出试件的加速度。其主要优点为：灵敏度高、体积小、重量轻、测量频率上限高、动态范围大。但它易受外界干扰，在测量前需进行校验。

3. 压电点火器

压电点火器是以压电效应为理论基础，以压电陶瓷为介质而生产的手动点火装置。

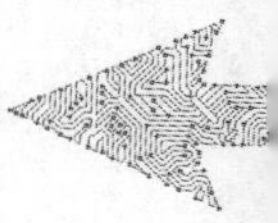

图 2-25（a）为煤气灶电子点火装置示意图。当按压点火开关时，产生的压力冲击压电陶瓷，由于压电效应，在压电陶瓷上产生数千伏高压脉冲，通过电极尖端放电，产生了电火花；将开关旋转，打开燃气阀门，电火花就将燃烧气体点燃了。图 2-25（b）是各种压电点火器。压电陶瓷点火的最大优点是不需要电池。不过点火的成功率与环境湿度有关，湿度大时不易点着。此外，压电陶瓷点火需要按压开关，速度没有电子脉冲点火快。

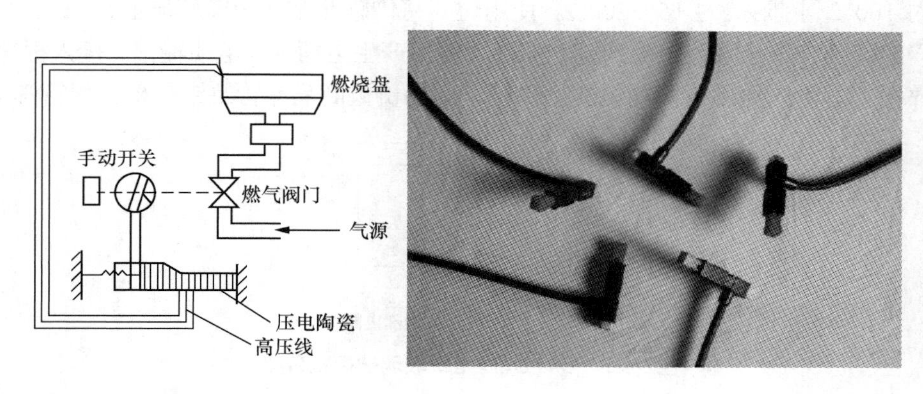

（a）煤气灶电子点火装置示意图　　（b）压电点火器

图2-25　煤气灶电子点火装置

4. 压电式交通监测系统

将长的高分子压电电缆埋在泥土的浅表层，可起到分布式地下麦克风或听音器的作用，可在几十米范围内探测人的步行，对轮式或履带式车辆也可以通过信号处理系统分辨出来。

如图 2-26 所示，将高分子电缆埋在公路上，当车辆经过时，压电电缆受到挤压，产生压电脉冲，根据输出信号可以获取车型分类信息（包括轴数、轴距、轮距、单双轮胎）、车速监测、收费站地磅、闯红灯拍照、停车区域监控、交通数据信息采集（道路监控）及机场滑行道等。

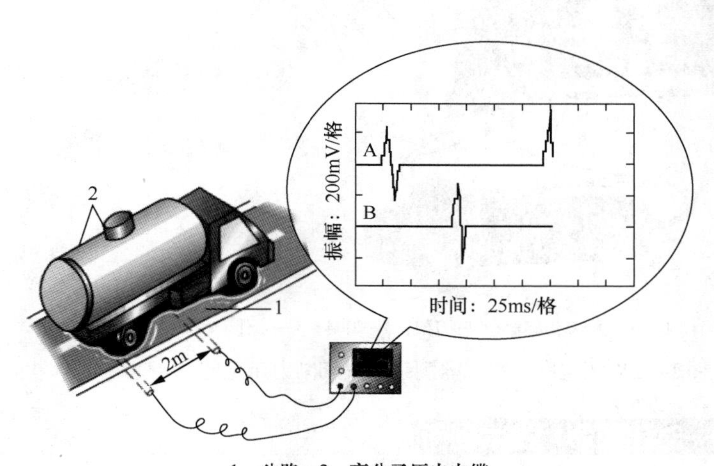

1—公路；2—高分子压电电缆

图2-26　压电式电缆交通监测

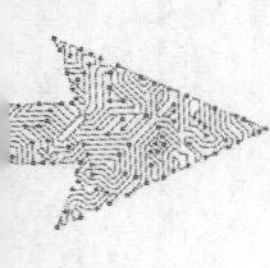

5. 压电式玻璃破碎报警器

BS-D2 压电式玻璃破碎传感器是专门用于检测玻璃破碎情况的一种传感器。它利用压电元件对振动敏感的特性来感知玻璃受撞击和破碎时产生的振动波。传感器把振动波转换成电压输出，输出电压经过放大、滤波、比较等处理后提供给报警系统。BS-D2 压电式玻璃破碎报警器的外形及内部电路如图 2-27 所示。传感器的最小输出电压为 100mV，最大输出电压为 100V，内阻抗为 15～20kΩ。使用时，将传感器贴在门窗玻璃上，在玻璃遭到暴力被打碎的瞬间，压电陶瓷感受到剧烈振动，表面产生电荷，由电缆输出，接入报警电路。玻璃破碎报警器可广泛用于博物馆文物保管、商场贵重商品保管及银行柜台保管等场合。

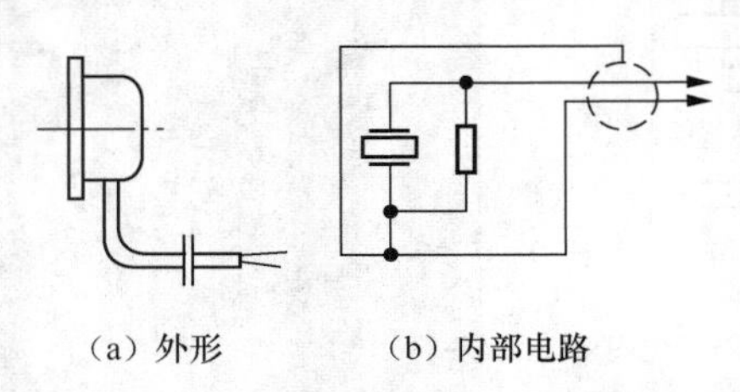

图2-27　BS-D2压电式玻璃破碎报警器

6. 车刀的动态切削力测量

由于压电陶瓷元件的自振频率高，因此特别适合测量变化剧烈的载荷。利用压电陶瓷传感器测量刀具切削力的示意图如图 2-28 所示。图中压电陶瓷传感器位于车刀前部的下方，当进行切削加工时，切削力通过刀具传给压电陶瓷传感器，压电陶瓷传感器将切削力转换为电信号输出，因而记录下电信号的变化便可测得切削力的变化。

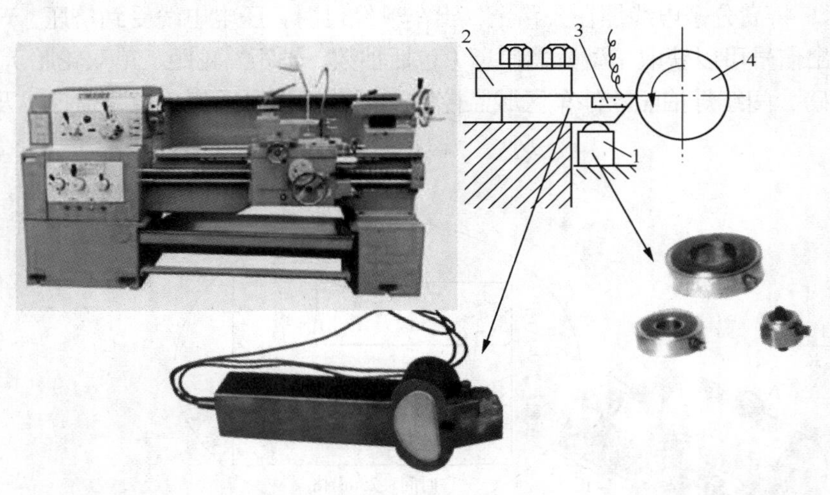

1—压电陶瓷传感器；2—刀架；3—刀具；4—工件

图2-28　压电陶瓷传感器测量刀具切削力示意图

压电式刀具切削力测量（动画）

【学海领航】——时代使命：技术创新

目前我国正处在向科技大国、科技强国迈进的重要关口，在朝着“两个一百年”不断迈进的进程中，要实现创新驱动发展，关键要靠科技创新来带动国家创新能力的全面提升。

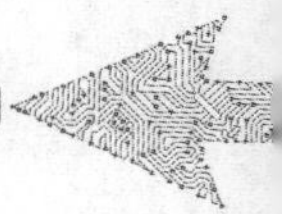

科技报国是青年科技人员的时代使命。

【任务实施】——制作大气压力测量仪

1. 传感器选型

在物理学中，把纬度为 45°地区海平面上的常年平均大气压力规定为 1 个标准大气压（atm）。此标准大气压为一定值：1atm（标准大气压）= 760mmHg（毫米汞柱）= 101 325Pa（帕斯卡）。因此，对大气压力的测量可选用量程为 200kPa 的绝对压力传感器，如 HS20 型压电式压力传感器。其工作电压为 5V，该传感器可将大气压力的变化直接转换为输出电压的变化，并且具有温度漂移小、使用方便、输出线性好等优点，其输出电压与大气压力呈线性关系，如图 2-29 所示。

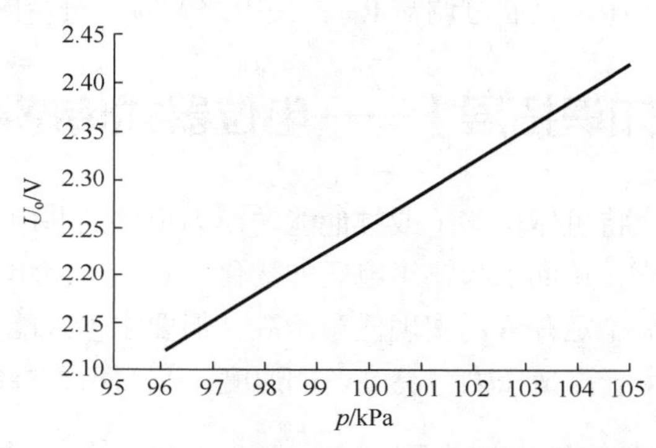

图2-29 输出电压与大气压力线性关系图

2. 测量电路设计

大气压力测量电路由压力传感器、放大器、稳定电源等组成，如图 2-30 所示。

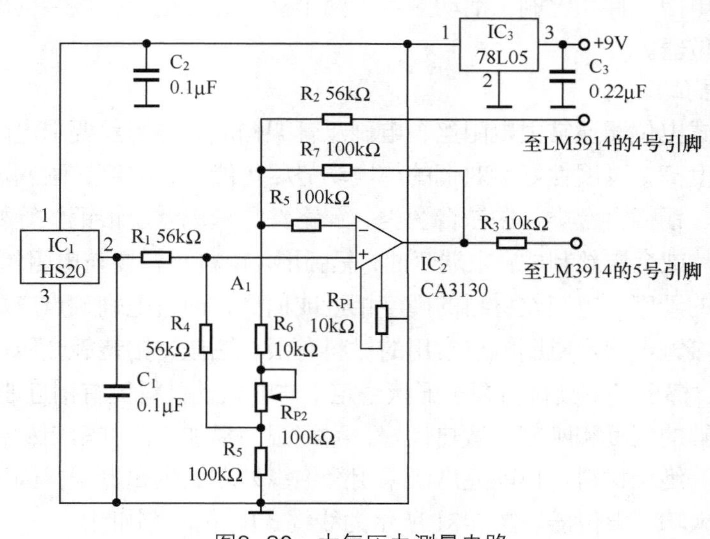

图2-30 大气压力测量电路

压电式压力传感器 IC_1（HS20）的引脚 2 输出与大气压力成正比的信号电压，再送

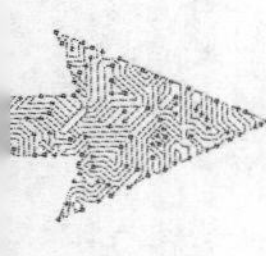

入放大器 IC_2 进行放大。IC_1 由 IC_3（78L05）集成稳压器提供 5V 的稳定电源，以减小其测量误差。放大器 IC_2 采用高输入阻抗的运放 CA3130 接成同相放大器形式，调整 R_{P1} 可使 IC_2 的输出为零。放大倍数由电位器 R_{P2} 调整，故 R_{P2} 可用于校准调节。IC_2 的输出电压送至显示驱动器 LM3914 的输入端引脚 5，经显示驱动和窗口鉴别后输出并显示大气压力值。

3. 电路检查与调试

（1）按照图 2-30 所示电路，将各元件焊接到电路板或实验板上，并检查电路连接情况是否良好。

（2）接通电路电源，调零。将 IC_2 的引脚 2 和引脚 3 暂时短接，调节 R_{P1}，使 IC_2 输出电压 $U_o \approx 0$。

（3）校准。改变大气压力，通过调节 R_{P2}，使电路的输出符合图 2-29 所示关系曲线。

【知识拓展】——电位器式传感器

电位器式传感器可以将机械位移（或其他能转换为位移的非电量）转换为与其有一定函数关系的电阻值的变化，从而引起输出电压的变化。其结构简单、尺寸小、重量轻、精度高、输出信号强、性能稳定并容易实现任意函数；但要求输入能量大，且电刷与电阻元件之间容易磨损，主要用于测量压力、高度、加速度、航面角等参数。

一、电位器式传感器的结构与类型

电位器一种常见的机电元件，广泛应用于各种电气设备和电子设备中。电位器式传感器就是将机械位移通过电位器转换为与之成一定函数关系的电阻或电压输出的传感器。电位器式传感器由电阻元件和电刷（活动触点）两个基本部分组成，按结构形式可分为线绕式和非线绕式电位器。

1. 线绕式电位器

常用的线绕式电位器通常由电阻丝、电刷及骨架构成。电阻丝要求电阻系数高，电阻温度系数小，强度高，延展性好，对铜的热电动势尽可能小，耐磨、耐腐蚀，焊接性好，常用铜镍合金类、铜锰合金类、铂铱合金类、镍铬丝、卡玛丝及银钯丝等材料。电刷由具有弹性的金属薄片或金属丝制成，末端弯曲，呈弧形。电刷材料要与电阻丝材料配合选择，通常使电刷材料的硬度与电阻丝材料的硬度相近或稍高，而且电刷触点应具有良好的抗氧化能力和较小的接触电势。电刷触点常用的材料有银、铂铱、铂铑等金属。常见骨架为矩形、环形、柱形、棒形等。其材料要求形状稳定（与电阻丝材料具有相近的膨胀系数），电气绝缘好，有足够的强度和刚度，散热性好，耐潮湿，易加工。其常用材料有陶瓷、酚醛树脂及工程塑料等绝缘材料。目前还广泛采用经绝缘处理的金属骨架，因为其导热性好且强度大，适用于大功率电位器。图 2-31 所示为线绕式电位器实物图。

图2-31　线绕式电位器实物图

2. 非线绕式电位器

非线绕式电位器有碳膜电位器、金属膜电位器、导电塑料电位器、导电玻璃釉电位器及光电电位器等。

（1）碳膜电位器

碳膜电位器是在绝缘骨架表面喷涂一层均匀的电阻液，经烘干聚合后制成。其优点为分辨率高、耐磨性较好、工艺简单、成本较低、线性度较好，缺点是接触电阻大、噪声大。

（2）金属膜电位器

金属膜电位器是在玻璃或胶木基体上，用高温蒸镀或电镀的方法涂覆一层金属膜而制成。金属膜电位器具有无限分辨力，接触电阻很小，耐热性好，满负荷达 70℃。与线绕式电位器相比，它的分布电容和分布电感很小，特别适合在高频条件下使用。它的噪声仅高于线绕式电位器，但它的耐磨性较差，阻值范围窄，一般在 10～100Ω，因此其使用范围较窄。

（3）导电塑料电位器

导电塑料电位器由塑料粉及导电材料粉（合金、石墨、炭黑等）压制而成，又称为实心电位器。其优点是耐磨性较好、寿命较长、电刷允许的接触压力较大，适合在振动、冲击等

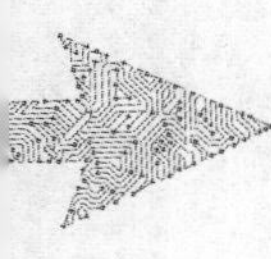

恶劣条件下工作，且阻值范围大，能承受较大的功率；缺点为受温度影响较大、接触电阻大、精度不高。导电塑料电位器的标准阻值有 1kΩ、2kΩ、5kΩ 和 10kΩ，线性度为 0.1%和 0.2%。

（4）导电玻璃釉电位器

导电玻璃釉电位器又称金属陶瓷电位器，它的优点是耐高温性和耐磨性好，有较宽的阻值范围，电阻湿度系数小且抗湿性强；缺点是接触电阻变化大，噪声大，不易保证测量的高精度。

（5）光电电位器

光电电位器是一种非接触式电位器，它以光束代替了常规的电刷，一般采用氧化铝作基体，在其上蒸发一条带状薄膜电阻体（镍铝合金或镍铁合金）和一条导电电极（铬合金或银）。光电电位器的工作原理如图 2-32 所示。

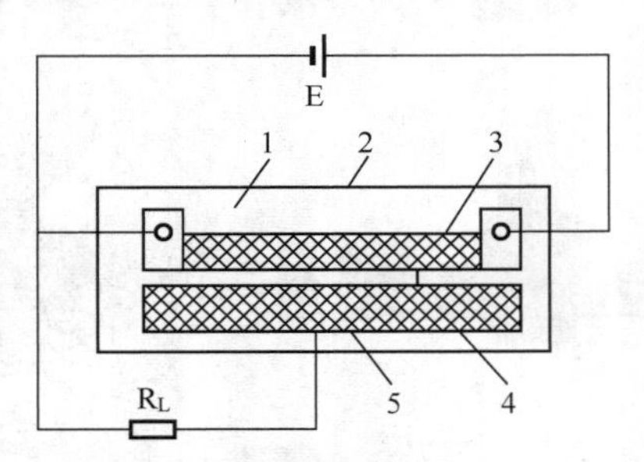

1—光电导层；2—基体；3—薄膜电阻体；4—电刷窄光束；5—导电电极

图2–32　光电电位器的工作原理

平时无光照时，薄膜电阻体和导电电极之间由于光电导层电阻很大而呈绝缘状态。当光束照射在电阻体和导电电极的间隙上时，由于光电导层被照射部位的亮电阻很小，使薄膜电阻体被照射部位和导电电极导通，于是光电电位器的输出端就有电压输出，输出电压的大小与光束位移照射到的位置有关，从而实现了将光束位移转换为电压信号输出。

光电电位器的最大优点是非接触型，不存在磨损问题，不会给传感器系统带来有害的摩擦力矩，因此提高了传感器的精度、寿命、可靠性及分辨率。光电电位器的缺点是接触电阻大，线性度差。由于它的输出阻抗较高，所以需要配接高输入阻抗的放大器。此外，光电电位器需要照明光源和光学系统，其结构较复杂，体积大，质量也较大。尽管光电电位器有不少的缺点，但由于它的优点是其他电位器所无法比拟的，因此在许多重要场合仍得到应用。

二、电位器式传感器的转换原理

电位器式传感器按调节方式可分为滑动式电位器式传感器和旋转式电位器式传感器。

滑动式电位器式传感器的电压转换原理如图 2-33 所示。电位器由滑动端组成分压电路，设直滑电位器电阻体的长度为 l，电阻值为 R，电位器移动端的位移为 x，电位器输入电压为 U_i，则输出电压 U_o 与位移 x 呈线性关系：

$$U_o = \frac{U_i}{l}x \tag{2-18}$$

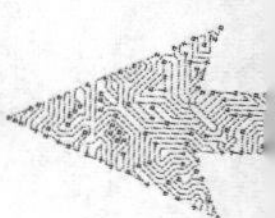

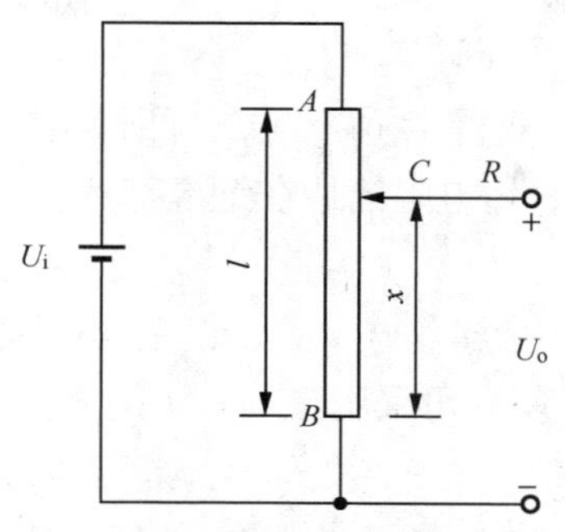

图2–33　滑动式电位器式传感器的电压转换原理

对旋转式电位器式传感器（见图 2-34）来说，其输出电压 U_o 与滑动臂的旋转角度 α 成正比：

$$U_o = \frac{\alpha}{360^\circ} U_i \qquad (2\text{-}19)$$

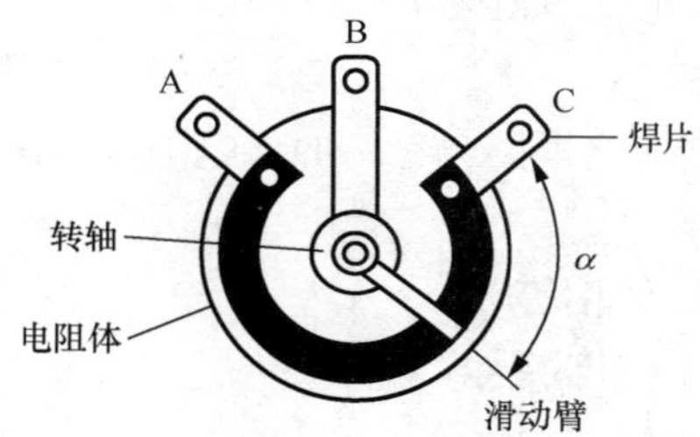

图2–34　旋转式电位器式传感器结构示意图

【项目小结】

力是工业检测的重要参数之一，它不仅会直接影响产品的质量，同时也是生产过程中的一个重要安全指标。

电阻应变式传感器目前广泛应用于力、力矩、压力、加速度、质量等参数测量。它的原理基于电阻应变效应，可由导体或半导体材料制成。常用的电阻应变片的测量电路为直流电桥电路。电阻应变片在实际使用中会产生温度误差，可以采用补偿片法或电桥自补偿法来消除。

压电式传感器是一种典型的自发电式传感器，其工作原理基于压电效应。常见压电材料有压电晶体、压电陶瓷和高分子压电材料等。压电式传感器信号的测量转换常用电荷放大器。压电式传感器的输出电荷 Q 与外力 F 成正比关系，可以进行动态力、动态加速度和振动等的测量，但是不能用于静态力的测量。

【自测试题】

一、单项选择题

1. 应变测量中，希望测量电路灵敏度高，线性好，有温度自补偿功能，应选择（　　）

测量转换电路。

A．单臂半桥　　B．双臂半桥　　C．四臂全桥

2．通过光刻、腐蚀等工艺，将电阻箔片在绝缘基片上制成各种图案而形成的应变片称为（　　）应变片。

A．金属箔式　　B．金属丝式　　C．金属薄膜式

3．为减小或消除非线性误差，可采用（　　）的方法。

A．提高供电电压　　B．提高桥臂比

C．提高桥臂电阻值　　D．提高电压灵敏度

4．全桥差动电路的电压灵敏度是单臂工作时的（　　）。

A．1 倍　　B．2 倍

C．4 倍　　D．6 倍

5．产生应变片温度误差的主要原因有（　　）。

A．电阻丝有温度系数　　B．试件与电阻丝的线膨胀系数相同

C．电阻丝承受应力方向不同　　D．电阻丝与试件材料不同

6．直流电桥平衡的条件是（　　）。

A．相邻两臂电阻的比值相等

B．相对两臂电阻的比值相等

C．相邻两臂电阻的比值不相等

7．压电式传感器目前多用于测量（　　）。

A．静态的力或压力　　B．动态的力或压力

C．位移　　D．温度

8．压电式加速度传感器适合测量（　　）信号。

A．任意　　B．直流

C．缓变　　D．动态

9．石英晶体在沿机械轴 y 方向的力作用下会（　　）。

A．产生纵向压电效应　　B．产生横向压电效应

C．不产生压电效应　　D．产生逆向压电效应

10．在运算放大器放大倍数很大时，压电式传感器输入电路中的电荷放大器的输出电压与（　　）成正比。

A．输入电荷　　B．反馈电容

C．电缆电容　　D．放大倍数

二、填空题

1．电阻应变片由________、________、________、________组成。

2．金属电阻应变片有________、________、________3 种。

3．根据敏感栅材料的不同，应变片主要分为________和________两大类。

4．单位应变引起的________称为电阻丝的灵敏度系数。

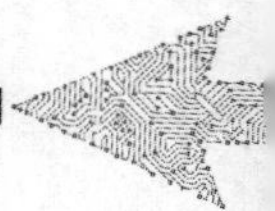

5．直流电桥的电压灵敏度与电桥的供电电压之间是________关系。

6．半导体应变片的工作原理是基于________效应，它的灵敏度系数比金属应变片的灵敏度系数________。

7．压电式传感器是以某些介质的________作为工作基础的。

8．将电能转变为机械能的压电效应称为________。

三、简答题

1．什么叫电阻应变效应？

2．电阻应变片与半导体应变片的工作原理有何区别？它们各有何特点？

3．电阻应变片在应用中为何要进行温度补偿？补偿的方法有哪些？

4．比较石英晶体和压电陶瓷各自的特点。

5．什么是压电效应和逆压电效应？常见的压电材料有哪些？

6．试述压电式加速度传感器的工作原理。

7．写出石英晶体的受力与电荷之间的关系式。

8．压电式传感器中采用电荷放大器有何优点？

9．压电式传感器能测量静态压力吗？为什么？

10．利用压电式传感器设计一个测量轴承支座受力情况的装置。

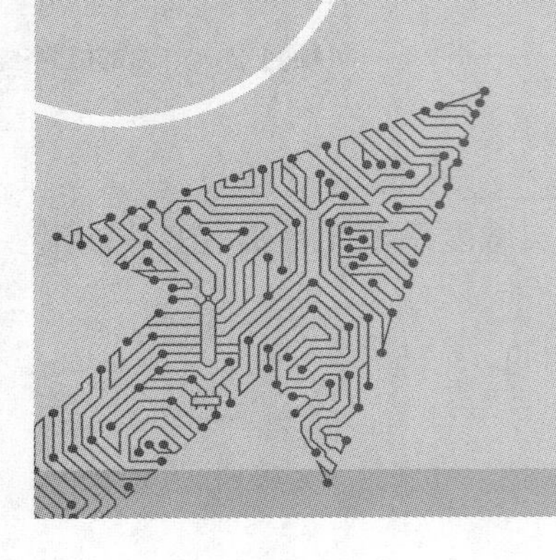

项目3 速度检测

03

【项目描述】

在工业生产中，需要采用各种先进的检测技术对设备的转速或运行速度进行检测，以保证设备的正常运转与安全生产，从而提高生产质量和生产效率。通过对生产设备速度的测量，可以了解整个设备的运转情况，从而根据生产需求及时进行调整。当设备运转速度超出设备额定的运转速度范围时，检测系统能够发出报警，从而保障生产的安全。所以，速度检测装置或系统除了具有测量功能外，还应具有记录、报警或发出控制信号的功能。

在检测系统中，速度的测量主要是通过速度传感器进行的。根据被测对象的不同、检测的条件和环境的差别，对速度进行检测的传感器有许多种。本项目主要学习光电式传感器、磁电式传感器和霍尔传感器的基本知识及应用。

【学习目标】

知识目标：学习光电式传感器、磁电式传感器和霍尔传感器的工作原理和测量电路，熟悉这些传感器在工业中的应用。

技能目标：能使用速度传感器进行速度检测和信号处理，学会选择、使用接近开关。

素质目标：树立正确的人生观、价值观，培养工匠精神。

任务 3.1 机床主轴转速检测

【任务导入】

利用光电式传感器可以对各种车辆的运转速度、各种机械设备的运行转速进行检测。光电式传感器的工作原理是怎样的？

【知识讲解】

机床主轴转速检测（视频）

3.1.1 光电效应

光电式传感器是将光信号转换成电信号的一种传感器。利用这种传感

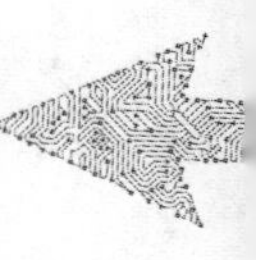

器测量非电量时，只需将非电量的变化转换成电量的变化进行测量。光电式传感器具有结构简单、精度高、响应速度快、非接触等优点，被广泛应用于各种检测技术中。

光电式传感器的工作原理主要体现在不同形式的光电效应。根据光的波粒二象性，我们可以认为光是一种以光速运动的粒子流，这种粒子称为光子。每个光子具有的能量 E 正比于光的频率 υ。每个光子具有的能量为

$$E = h\upsilon \tag{3-1}$$

式中：h——普朗克常量，$h \approx 6.63 \times 10^{-34}\text{J} \cdot \text{s}$。

由此可见，对于不同频率的光，其光子能量是不相同的，频率越高，光子能量越大。用光照射某一物体，可以看作物体受到一连串能量为 $h\upsilon$ 的光子所轰击，组成该物体的材料吸收光子能量而发生相应电效应的物理现象称为光电效应。根据产生电效应的不同，光电效应可以分为以下 3 类。

1. 外光电效应

在光线作用下能使电子逸出物体表面的现象称为外光电效应，也称光电发射效应。基于外光电效应的光电元件有光电管、光电倍增管等，如图 3-1 和图 3-2 所示。

图3–1　光电管外形图

图3–2　光电倍增管外形图

2. 内光电效应

在光线作用下能使物体的电阻率改变的现象称为内光电效应。基于内光电效应的光电元件有光敏电阻、光敏二极管、光敏三极管等，如图 3-3 所示。

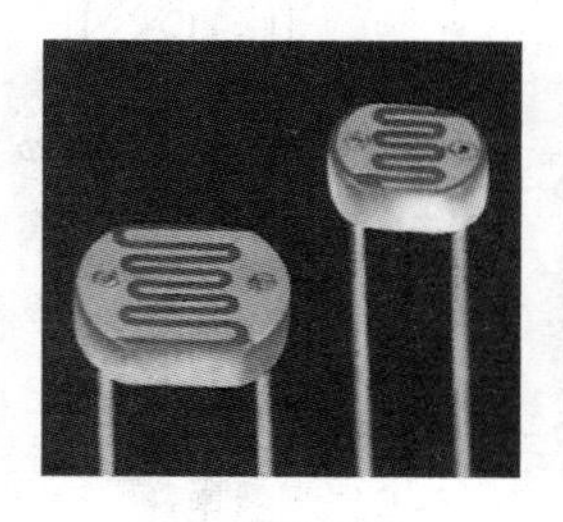

（a）光敏电阻

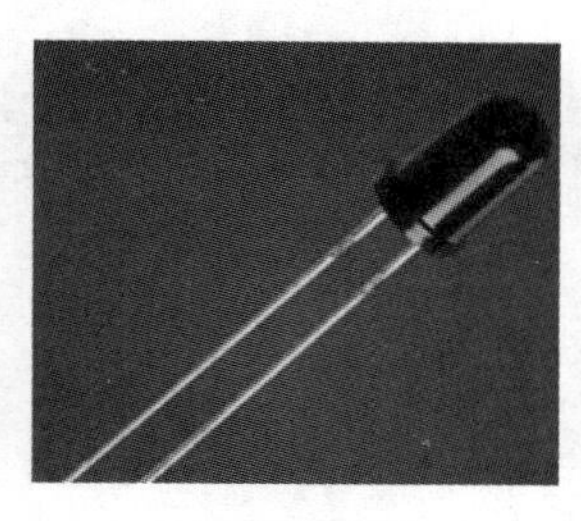

（b）光敏二极管

（c）光敏三极管

图3–3　内光电效应元件外形图

3. 光生伏特效应

在光线作用下，物体产生一定方向电动势的现象称为光生伏特效应。基于光生伏特效

应的光电元件有光电池等，如图 3-4 所示。

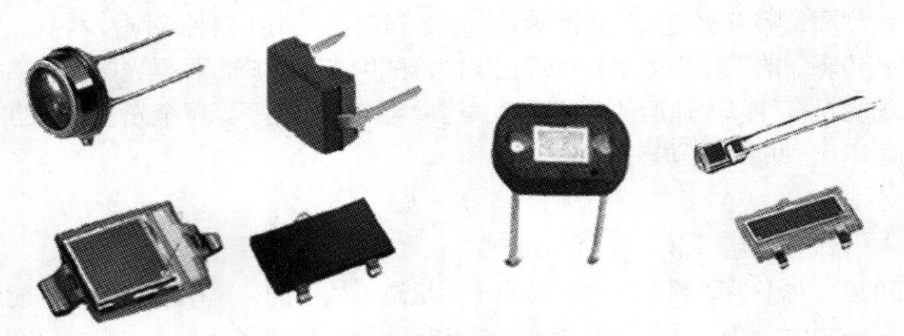

图3-4　各种光电池的外形图

3.1.2　光电元件

1．基于外光电效应的光电元件

（1）光电管

光电管由光电阴极 K 和光电阳极 A 封装在真空玻璃管内制成，如图 3-5 所示。光电阴极用于接受光的照射，它决定了器件的光电特性。光电阳极由金属丝做成，用于收集电子。当适当波长的光线照射到光电阴极上时，由于外光电效应，电子克服金属表面对它的束缚而逸出金属表面，形成电子发射。在电场的作用下，光电子在极间做加速运动，最后被高电位的阳极接收，在阳极电路内就可测出光电流，其大小取决于光照强度和光电阴极的灵敏度等因素。如果在外电路中串入一只适当阻值的电阻 R_L，则电路中的电流便转换为电阻上的电压，如图 3-6 所示。电流或电压的变化与光照强度 Φ 成一定函数关系，从而实现了光电转换。

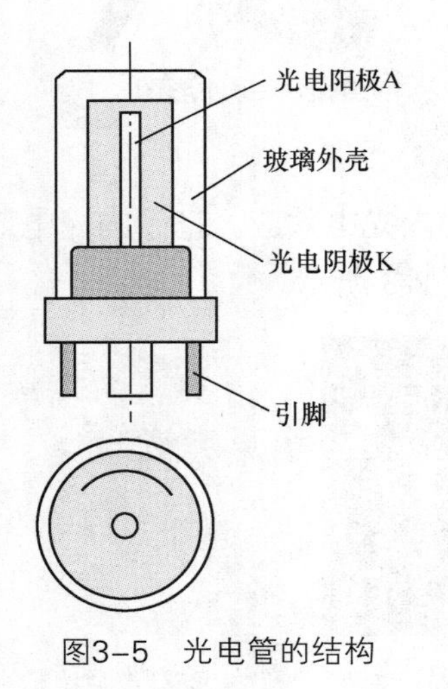

图3-5　光电管的结构

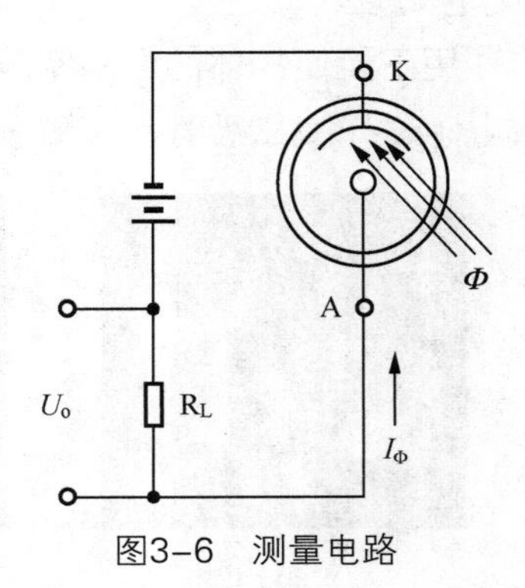

图3-6　测量电路

电子逸出金属表面的速度 v 可由爱因斯坦光电方程确定，即

$$\frac{1}{2}mv^2 = h\upsilon - W \tag{3-2}$$

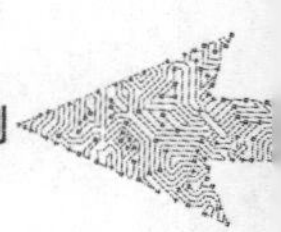

式中：m——电子质量；

W——金属材料（光电阴极）逸出功；

υ——光的频率。

由式（3-2）可知，当光电阴极材料选定后，要使金属表面有电子逸出，入射光的频率有一最低的限度，当 $h\upsilon$小于 W 时，即使光通量很大，也不可能有电子逸出，这个最低限度的频率称为红限。当 $h\upsilon$大于 W 时，光通量越大，撞击到光电阴极的光子数目也越多，逸出的电子数目也越多，光电流 I_{Φ}就越大。

当光电阳极加上适当电压（数十伏）时，从光电阴极表面逸出的电子被具有正电压的光电阳极所吸引，在光电管中形成电流，称为光电流。光电流 I_{Φ}正比于光电子数，而光电子数又正比于光照度。

由于材料的逸出功不同，所以不同材料的光电阴极对不同频率的入射光有不同的灵敏度，人们可以根据检测对象是可见光或紫外光而选择不同阴极材料的光电管。目前紫外光电管在工业检测中多用于紫外线测量、火焰监测等，可见光较难引起光电子的发射。

（2）光电倍增管

光电管的灵敏度较低，因此在微光测量中通常采用光电倍增管。光电倍增管是把微弱的光输入转换成电子，并使电子获得倍增的电真空器件。它有放大光电流的作用，灵敏度非常高，信噪比大，线性好，多用于微光测量。如图 3-7 所示，光电倍增管由真空管壳内的光电阴极 K、光电阳极 A 以及位于其间的若干倍增极（D_1～D_6）构成。工作时在各倍增极上均加有电压，阴极电位最低，从阴极开始，各个倍增极的电位依次升高，阳极电位最高。当光或辐射照射光电阴极时，光电阴极发射光电子，光电子在电场的作用下逐级轰击次级发射倍增极，在末级倍增极形成数量为光电子的 10^6～10^8 倍的次级电子。众多的次级电子最后被光电阳极收集，在光电阳极电路中产生可观的输出电流。通常光电倍增管的灵敏度比光电管要高出几万倍，在微光下就可产生可观的电流，因此可用来探测高能射线产生的辉光等。由于光电倍增管有如此高的灵敏度，因此使用时应注意避免强光照射而损坏光电阴极。但由于光电倍增管是玻璃真空器件，体积大，易破碎，工作电压高达上千伏，所以目前已逐渐被新型半导体光敏元件所取代。

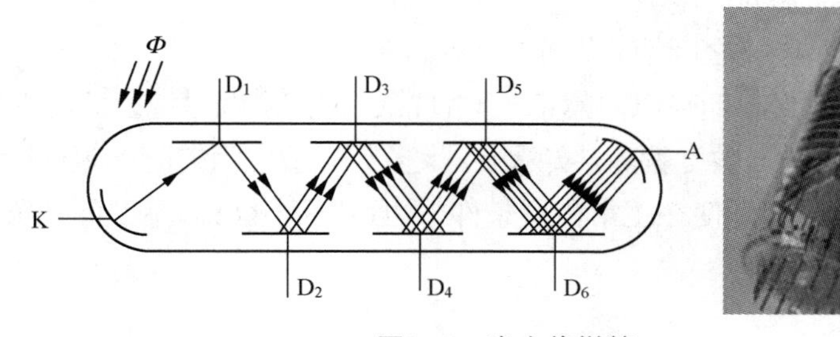

图3-7　光电倍增管

2. 基于内光电效应的光电元件

（1）光敏电阻

光敏电阻又称光导管，是一种均质半导体光电元件。它具有灵敏度高、光谱响应范围

宽、体积小、重量轻、机械强度高、耐冲击、耐振动、抗过载能力强和寿命长等特点，广泛用于自动化技术中。

① 结构与工作原理。光敏电阻的结构较简单，如图 3-8（a）所示。在玻璃底板上均匀地涂上薄薄的一层半导体物质，半导体的两端装上金属电极，使电极与半导体层可靠地电接触，然后将它们压入塑料封装体内。为了防止周围介质的污染，在半导体光敏层上覆盖一层漆膜，漆膜成分的选择应该使它在光敏层最敏感的波长范围内透射率最大。制作光敏电阻的材料种类很多，如金属的硫化物、硒化物和锑化物等半导体材料，目前生产常用的主要是硫化镉，为提高其光灵敏度，可在硫化镉中再掺入铜、银等杂质。

光敏电阻的连接电路如图 3-8（b）所示，在无光照射时，光敏电阻 R_G 呈高阻态，回路中仅有微弱的暗电流通过；在有光照射时，光敏材料吸收光能，使 R_G 电阻率变小，R_G 呈低阻态，从而在回路中有较强的亮电流通过。光照越强，R_G 阻值越小，亮电流越大。如果将该亮电流取出，经放大后即可作为其他电路的控制电流。当光照射停止时，光敏电阻又逐渐恢复原值呈高阻态，电路中又只有微弱的暗电流通过。

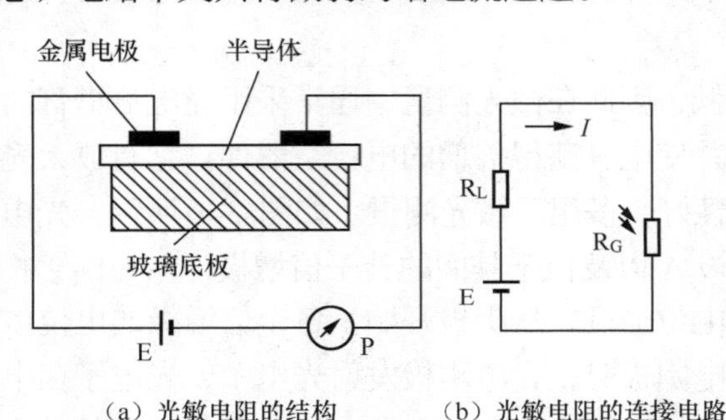

图3-8　光敏电阻结构与连接电路

② 光敏电阻的主要参数。

暗电阻：光敏电阻置于室温、全暗条件下，经一段时间稳定后测得的阻值称为暗电阻。这时在给定的工作电压下测得的电流称为暗电流。

亮电阻：光敏电阻在室温和一定光照条件下测得的稳定电阻值称为亮电阻。这时在给定工作电压下测得的电流称为亮电流。

光电流：亮电流和暗电流之间的差为光电流 I_Φ 。

光敏电阻的暗电阻越大，而亮电阻越小，则性能越好。也就是说，暗电流要小，光电流要大，这样的光敏电阻的灵敏度就高。实际上，大多数光敏电阻的暗电阻往往超过1MΩ，甚至高达100MΩ，而亮电阻即使在正常白昼条件下也可降到1kΩ 以下，可见光敏电阻的灵敏度是相当高的。

（2）光敏二极管

光敏二极管的工作原理基于内光电效应。光敏二极管的结构与一般二极管相似，它们都有一个 PN 结。光敏二极管和普通二极管相比，虽然都属于单向导电的非线性半导体器件，但光敏二极管在结构上有其特殊的地方：为了提高转换效率、大面积受光，光敏二极管的 PN 结面积比一般二极管大。

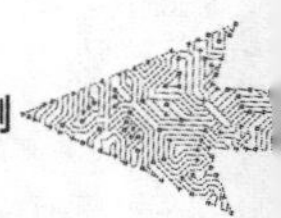

光敏二极管在电路中的符号及基本电路如图 3-9 所示。光敏二极管的 PN 结装在透明管壳的顶部，可以直接受到光的照射。使用时要反向接入电路中，即正极接电源负极，负极接电源正极。即光敏二极管在电路中处于反向偏置状态。无光照时，其与普通二极管一样，反向电阻很大，电路中仅有很小的反向饱和漏电流，即暗电流。

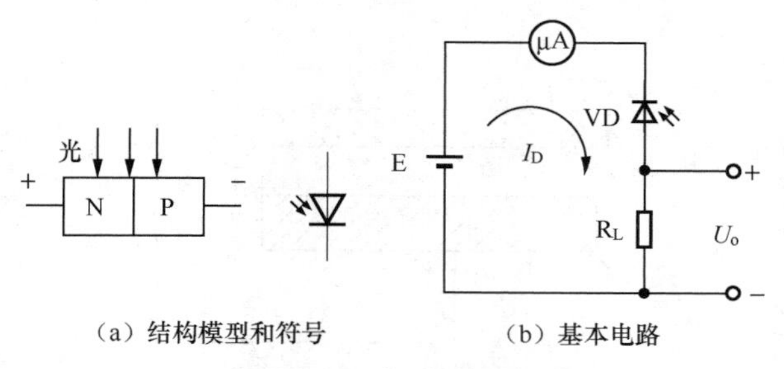

图3-9　光敏二极管

当有光照射时，PN 结受到光子的轰击，激发形成光生电子-空穴对，因此在反向电压作用下，反向电流大大增加，形成光电流。光照越强，光电流越大，即反向偏置的 PN 结受光照控制。光电流方向与反向电流一致。

（3）光敏三极管

光敏三极管和普通三极管的结构相类似，但与普通三极管不同的是，光敏三极管是将基极-集电极结作为光敏二极管，集电结（集电区和基区之间的 PN 结）作为受光结，而发射极的尺寸较大，以扩大光照面积，如图 3-10 所示。

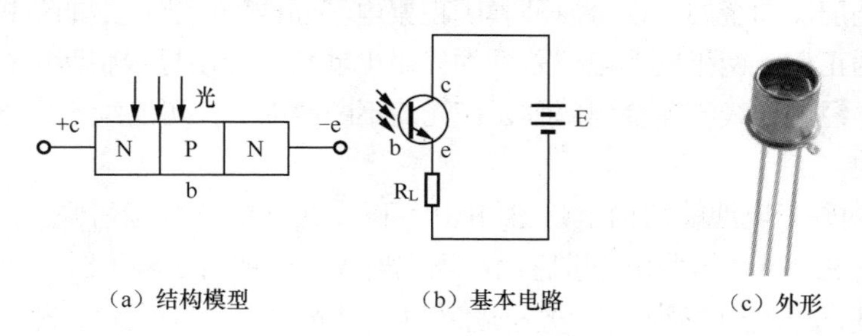

图3-10　光敏三极管

光敏三极管结构同普通三极管一样，有 PNP 型和 NPN 型。在电路中，光敏三极管与普通三极管的放大状态一样，集电结反偏，发射结（发射区和基区之间的 PN 结）正偏。当光照在集电结时，就会在集电结附近产生电子-空穴对，光生电子被拉到集电极，基区留下空穴，被正向偏置的发射结发生自由电子填充，形成光电流，同时空穴使基极与发射极间的电压升高，因此有大量发射区的电子流向集电极，形成输出电流，且集电极电流为光电流的 β 倍，所以光敏三极管有放大作用，比光敏二极管有着更高的灵敏度。

3. 基于光生伏特效应的光电元件

光电池的工作原理基于光生伏特效应，当光照射到光电池上时，可以直接输出光电流。光电池的种类很多，有硅光电池、锗光电池、硒光电池、氧化亚铜光电池等。下面简单介绍硒光电池、硅光电池的结构、工作原理和特性。

（1）硒光电池

硒光电池的结构示意图如图 3-11 所示。在 1～2mm 厚的镀铁或铝板制成的底板上覆盖一层 P 型硒半导体材料，再浅镀一层半透明的金属薄膜（如黄金）。这层金属薄膜和底板就组成硒光电池的两个电极。

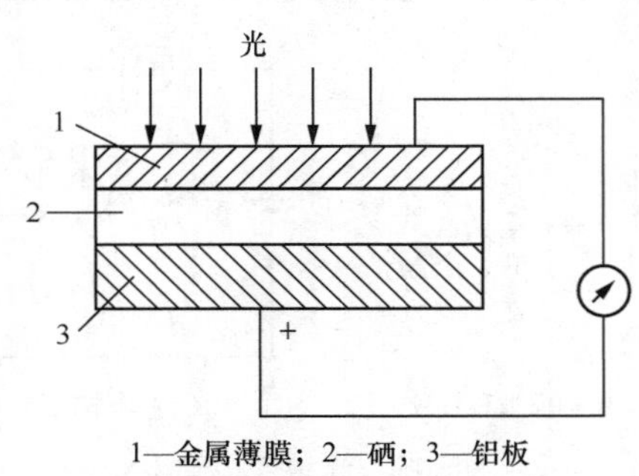

1—金属薄膜；2—硒；3—铝板

图3-11　硒光电池的结构示意图

金属与硒半导体接触经热处理后，在分界面附近形成阻挡层。若把金属看成 N 型半导体，则该阻挡层形成的原理与半导体 PN 结中阻挡层（耗尽层、空间电荷区）形成的原理相同。该阻挡层中的内电场对 P 型半导体中的空穴（多数载流子）和金属中的电子起阻碍扩散的作用，但对 P 型半导体中的电子（少数载流子）却有促使它们向金属进行漂移的作用。当光透过金属薄膜照射在硒半导体上时，只要光子有足够的能量，半导体中的价电子就可在吸收光子能后被激发产生光生电子-空穴对，由于阻挡层的存在，只有硒半导体中的光生电子通过阻挡层漂向金属，使金属薄膜因积累电子而成为硒光电池的负极，而硒半导体因积累空穴成为正极，两极间的电位差即为光生电动势。若用导线将两电极连接起来，电流将从硒半导体经过导线流向金属薄膜，在光的不断照射下，可连续产生电流。

（2）硅光电池

图 3-12 所示为硅光电池的结构示意图与图形符号。通常是在 N 型衬底上渗入 P 型杂质形成一个大面积的 PN 结，作为光照敏感面。当入射光子的能量足够大时，即光子能量 $h\upsilon$ 大于硅的禁带宽度，P 型区每吸收一个光子就产生一对光生电子-空穴对，光生电子-空穴对的浓度从表面向内部迅速下降，形成由表及里扩散的自然趋势。由于 PN 结内电场的方向是由 N 区指向 P 区，因此使扩散到 PN 结附近的电子-空穴对分离，光生电子被推向 N 区，光生空穴被留在 P 区，从而使 N 区带负电，P 区带正电，形成光生电动势。若用导线连接 P 区和 N 区，电路中就有电流流过。

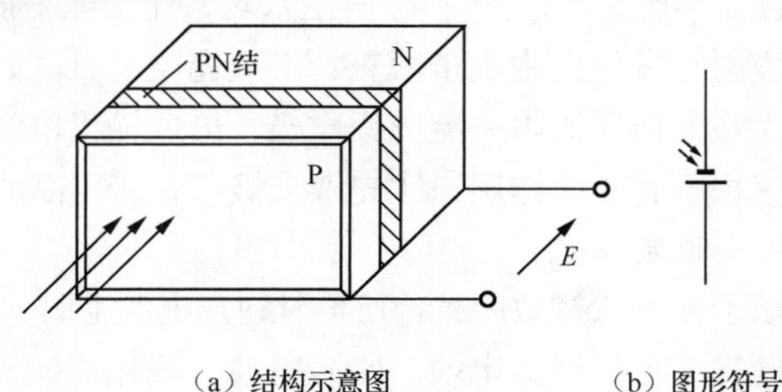

（a）结构示意图　　（b）图形符号

图3-12　硅光电池的结构示意图与图形符号

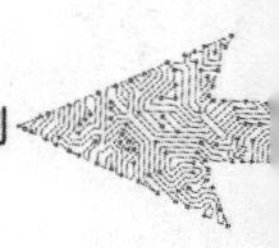

3.1.3 光电式传感器的类型及应用

1. 光电式传感器的类型

光电式传感器由光源、光通路和光电元件组成光路系统，结合相应的测量转换电路而构成，如图3-13所示。常用的光源有各种白炽灯、发光二极管和激光等，常用的光电元件有各种反射镜、透镜和半反半透镜等。

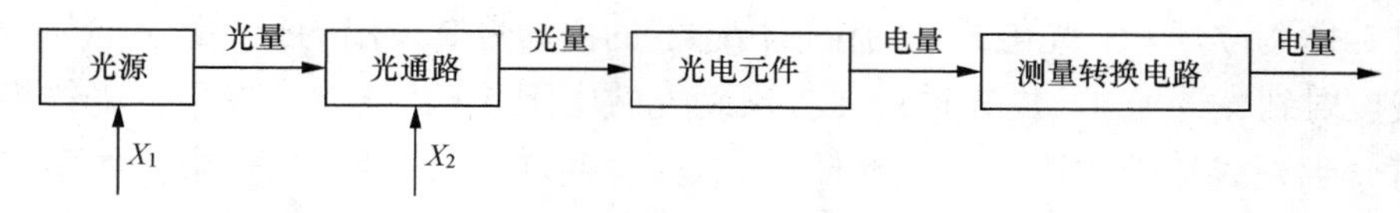

图3-13 光电式传感器组成框图

按照被测物、光源、光电元件三者之间的关系，光电式传感器通常有以下4种类型。

（1）光源本身是被测物，如图3-14（a）所示，被测物发出的光投射到光电元件上，光电元件的输出反映了某些物理参数。光电高温比色温度计、照相机照度测量装置、光照度表等运用了这种原理。

（2）恒定光源发出的光通量穿过被测物，如图3-14（b）所示，其中一部分被吸收，另一部分投射到光电元件上，吸收量取决于被测物的某些参数。透明度、混浊度的测量即运用了这种原理。

（3）恒定光源发出的光通量投射到被测物上，然后从被测物反射到光电元件上，如图3-14（c）所示。反射光的强弱取决于被测物表面的性质和形状。这种原理可应用在测量纸张的粗糙度、纸张的白度等方面。

（4）被测物处在恒定光源与光电元件的中间，被测物遮挡住一部分光通量，从而使光电元件的输出反映了被测物的尺寸或位置，如图3-14（d）所示。这种原理可用于检测工件的尺寸大小、工件的位置、振动等场合。

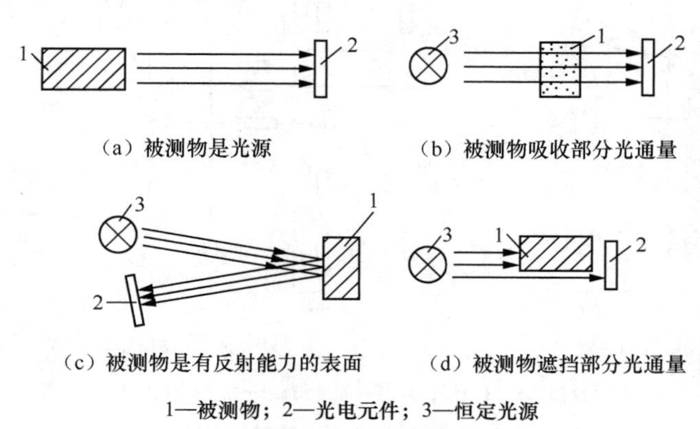

（a）被测物是光源　（b）被测物吸收部分光通量

（c）被测物是有反射能力的表面　（d）被测物遮挡部分光通量

1—被测物；2—光电元件；3—恒定光源

图3-14 光电式传感器的几种形式

2. 光电式传感器的应用

（1）光电式带材跑偏检测仪

带材跑偏检测仪用来检测带型材料在加工过程中偏离正确位置的大小与方向，从而为

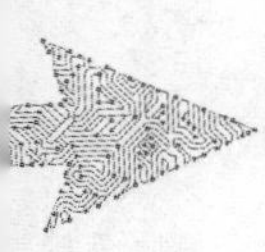

纠偏控制电路提供纠偏信号。例如，在冷轧带钢厂中，某些工艺采用连续生产方式，如连续酸洗、退火、镀锡等，带钢在上述运动过程中，很容易产生带材走偏。在其他很多工业部门的生产工艺，如纸张、电影胶片、印染、录像带、录音带、喷绘等的生产过程中也存在类似情况。带材走偏时，其边沿与传送机械发生接触摩擦，造成带材卷边、撕边或断裂，出现废品，同时也可能损坏传送机械。因此，在生产过程中必须有带材跑偏检测仪。光电式带材跑偏检测仪由光电式边沿位置传感器、测量电桥和放大电路组成。

如图 3-15（a）所示，光电式边沿位置传感器的白炽灯 2 发出的光线经光透镜 3 会聚为平行光线投射到光透镜 4，由光透镜 4 会聚到光敏电阻 5（R_1）上。在平行光线投射的路径中，有一半光线被带材遮挡，从而使光敏电阻接收的光通量减少一半。如果带材发生了往左（或往右）跑偏，则光敏电阻接收的光通量将增加（或减少）。图 3-15（b）是测量电路简图。R_1、R_2 为同型号的光敏电阻，R_1 作为测量元件安置在带材边沿的下方，R_2 用遮光罩罩住，起温度补偿作用。当带材处于中间位置时，由 R_1、R_2、R_3、R_4 组成的电桥平衡，放大器输出电压 u_o 为零。当带材左偏时，遮光面积减少，光敏电阻 R_1 的阻值随之减小，电桥失去平衡，放大器将这一不平衡电压加以放大，输出负值电压 u_o，反映出带材跑偏的大小与方向。反之，带材右偏，放大器输出正值电压 u_o。输出电压可以用显示器显示偏移的方向与大小，同时将偏移量提供给执行机构，以纠正带材的跑偏。R_P 为微调电桥的平衡电阻。

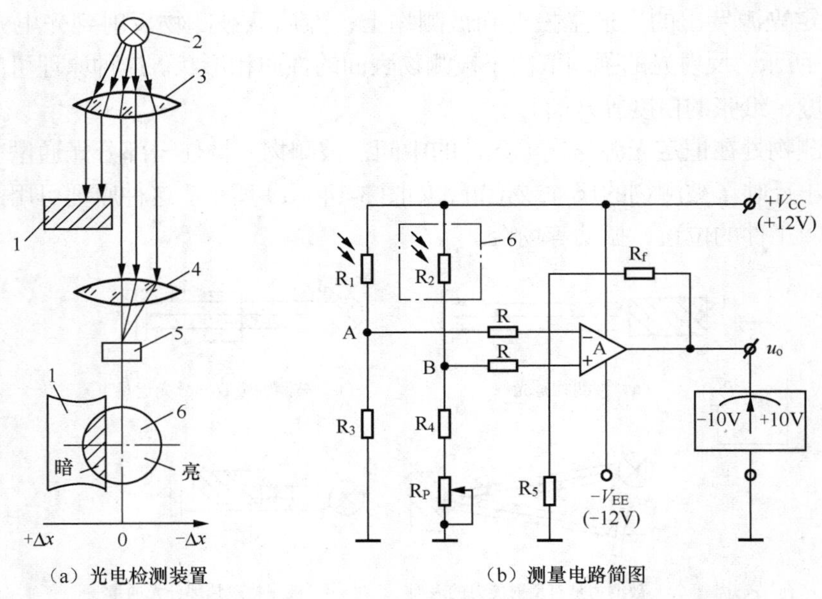

（a）光电检测装置　　（b）测量电路简图

1—被测带材；2—白炽灯；3、4—光透镜；5—光敏电阻；6—遮光罩

图3-15　光电式带材跑偏检测仪

（2）光电比色仪

光电比色仪是一种用于化学分析的仪器，如图 3-16 所示。光源 1 发出的光分为左、右两束相等强度的光线。其中一束穿过光透镜 2，经滤色镜 3 把光线提纯，再通过标准样品 4

投射到光电池 7 上；另一束光线通过同样的方式穿过被检测样品 5 到达光电池 6。两光电池产生的电信号同时输送给差动放大器 8，差动放大器输出端的放大信号经指示仪表 9 指示出两样品的差值。由于被检测样品在颜色、成分或浑浊度等方面与标准样品不同，导致两光电池接收的透射光强度不等，从而使光电池转换出来的电信号大小不同，经差动放大器放大后，用指示仪表显示出来，由此被检测样品的某项指标即可被检测出来。

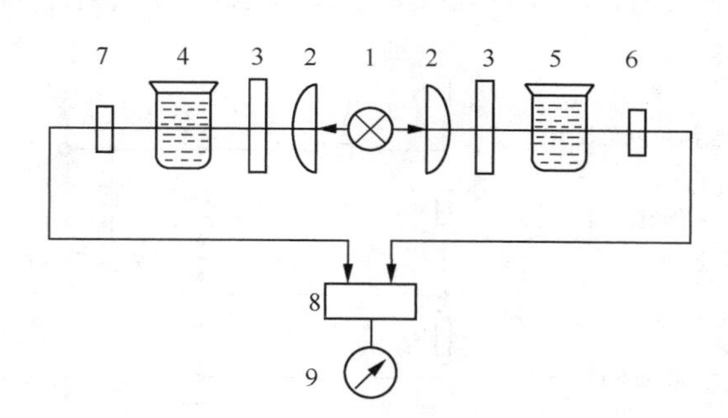

1—光源；2—光透镜；3—滤色镜；4—标准样品；5—被检测样品；

6、7—光电池；8—差动放大器；9—指示仪表

图3-16　光电比色仪原理图

由于使用公共光源，不管光线强弱如何，光源光通量不稳定带来的变化可以被抵消，故其测量精度高。但两光电池的性能不可能完全一样，由此会带来一定误差。

（3）光电式烟尘浓度计

工厂烟囱烟尘的排放是造成环境污染的主要原因之一，为了控制和减少烟尘的排放量，对烟尘浓度的监测是必要的。图 3-17 所示为光电式烟尘浓度计工作原理图。

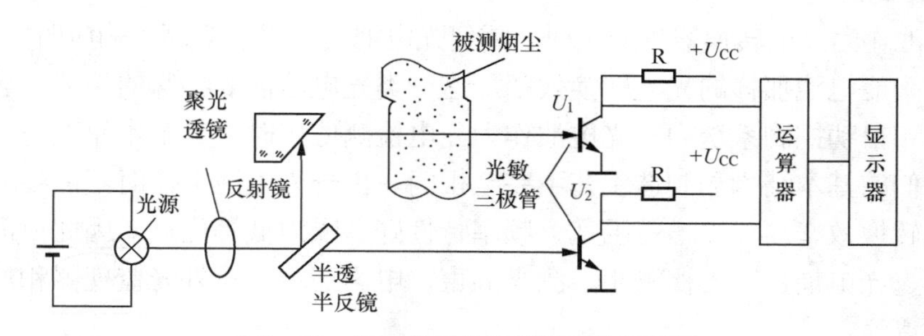

图3-17　光电式烟尘浓度计工作原理图

光源发出的光线经半透半反镜分成两束强度相等的光线，一束光线直接到达光敏三极管，产生作为被测烟尘浓度的参比信号；另一束光线被反射镜反射后穿过被测烟尘到达另一个光敏三极管，其中一部分光线被烟尘吸收或折射，烟尘浓度越高，光线的衰减量越大，到达光敏三极管的光通量就越小。两路光线均转换成电压信号 U_1、U_2，由运算器计算出 U_1、U_2 的比值，并进一步算出被测烟尘的浓度。

采用半透半反镜及光敏三极管作为参比通道的好处是：当光源的光通量由于种种原因有所变化或因环境温度变化引起光敏三极管灵敏度发生改变时，由于两个通道结构完全一

样，所以在最后运算 U_1/U_2 值时，上述误差可自动抵消，减小了测量误差。根据这种测量方法也可以制作烟雾报警器，从而及时发现火灾。

（4）反射式烟雾报警器

图 3-18 为反射式烟雾报警器原理及电路图，在没有烟雾时，由于有光隔板，烟雾室内又涂有黑色吸光材料，所以白炽灯发出的光无法到达光敏电阻，烟雾进入烟雾室后，烟雾的固体粒子对白炽灯光线产生漫反射，使部分光线到达光敏电阻 R_G，有光电流输出，电路导通，电铃发出警报。

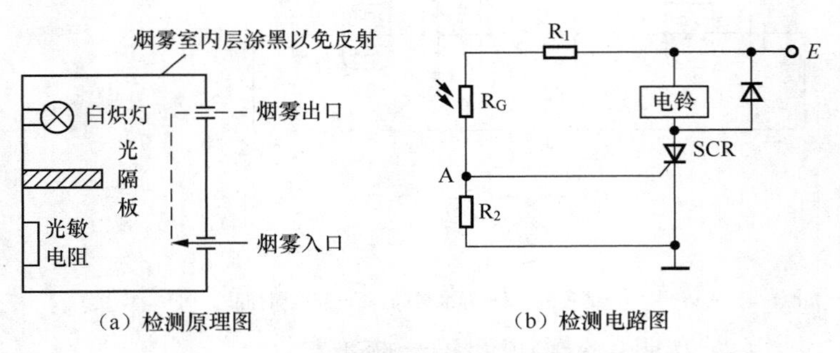

图3-18　反射式烟雾报警器原理及电路图

（5）光电池的应用

光电池主要有两大类型的应用，分别是作为光伏器件使用和作为光电转换器件使用。

将光电池作为光伏器件使用时，可利用光电效应直接将太阳能转换成电能，即太阳能电池。太阳能电池已在太阳能电池地面发电站、日常生活、交通事业、宇宙开发、航空和通信设施中得到广泛应用。随着太阳能电池技术的不断发展，其制作成本会逐渐下降，从而获得更广泛的应用。

将光电池作为光电转换器件应用时，需要光电池具有灵敏度高、响应时间短等特性，但无需像太阳能电池那样的光电转换效率。这一类光电池需要特殊的制造工艺，主要用于光电检测和自动控制系统中。光电池作为光电检测使用时，其基本原理与光敏二极管相同，但它们的基本结构和制造工艺不完全相同。由于光电池工作时不需要外加电压，且具有光电转换效率高、光谱范围宽、频率特性好、噪声低等优点，因此目前已广泛用于光电读出、光电耦合、光栅测距、激光准直、电影还音、紫外光监视器和燃气轮机的熄火保护装置等。

【学海领航】—— 保护环境，实现可持续发展

人类社会的可持续发展面临着环境恶化、资源短缺的严峻挑战。随着社会的快速进步和发展，人类对能源的需求量越来越大，即便是导致环境恶化等诸多“恶果”的常规能源，也面临着枯竭的危险。因此，新能源的开发和利用被很多国家都列为国家战略，太阳能成为新能源的首选之一。相比常规一次能源，太阳能发电十分清洁，不会对环境造成任何不利影响。因此，应大力发展清洁能源，加强环保意识，保护环境，造福社会。

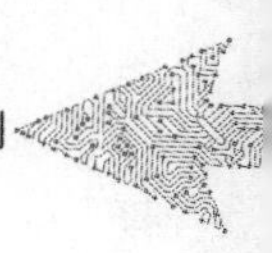

【任务实施】——测量机床主轴转速

1. 光电断续器测量工作原理

测量机床主轴的转速，可使用光电断续器。光电断续器将光电发射器、光电接收器放置于一个体积很小的塑料壳体中，两者能可靠地对准，根据结构不同，可将其分为遮断型和反射型两类，如图 3-19 所示。

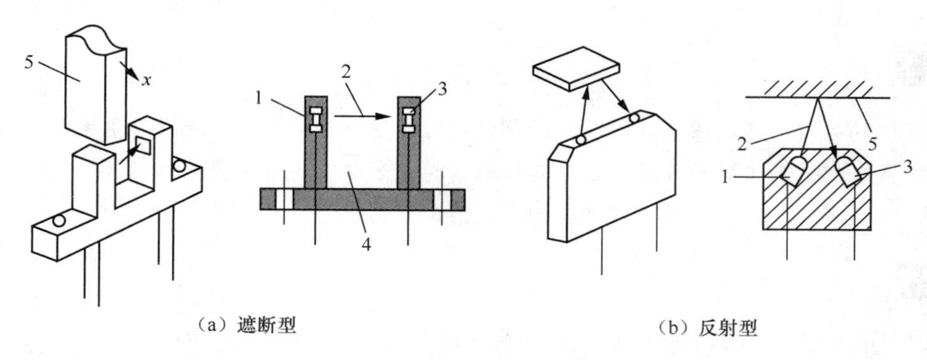

1—发光二极管；2—红外光；3—光电元件；4—槽；5—被测物

图3-19 光电断续器

2. 光电式传感器的安装与测试

（1）遮断型转速测量

在机床转轴上固定一个带孔的转盘，转盘的一边由发光管产生恒定光，透过转盘小孔照射在光敏二极管或光敏三极管上，转换成电信号输出，经放大整形电路输出电脉冲信号，脉冲频率的大小即反映了转速的大小，如图 3-20（a）所示。

（2）反射型转速测量

在待测转速轴上固定一个涂有黑白相间条纹的圆盘，不同颜色的条纹具有不同的反射率，当转轴转动时，反光与不反光交替出现，如图 3-20（b）所示。光敏二极管通过转盘反射接收光信号，并转换为电脉冲信号。脉冲频率的大小即反映了转速的大小。

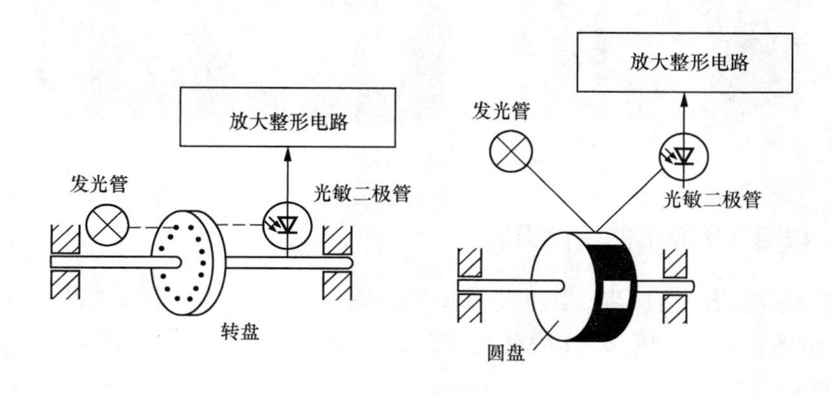

（a）遮断型转速测量　　（b）反射型转速测量

图3-20 光电式传感器转速测量原理图

3. 光电式传感器测量注意事项

使用光电式传感器可以进行非接触测量，但要求被测轴径大于3mm。当转速不高时，可以用反射式光电开关对准被测轴进行测量，此时轴上需粘贴白色或黑色标记。

任务3.2 转子转速检测

【任务导入】

在各种车辆的运转、机械设备的运行中，都需要对转速进行检测，可选择磁电式传感器进行测量。磁电式传感器的工作原理是什么？其结构、特点如何？这就是我们本任务的主要学习内容。

【知识讲解】

磁电式传感器转子转速检测（动画）

磁是人们所熟悉的一种物理现象，磁传感器具有古老的历史。磁电感应式传感器又称磁电式传感器，是利用电磁感应原理将被测量（如振动、位移、转速等）转换成电信号的一种传感器。它不需要辅助电源，就能把被测对象的机械能转换成易于测量的电信号，是一种只适合进行动态测量的有源传感器。由于它有较大的输出功率，配用电路较简单，零位及性能稳定，工作频带一般为10～1 000Hz，所以在工程中得到普遍应用。其外形如图3-21所示。

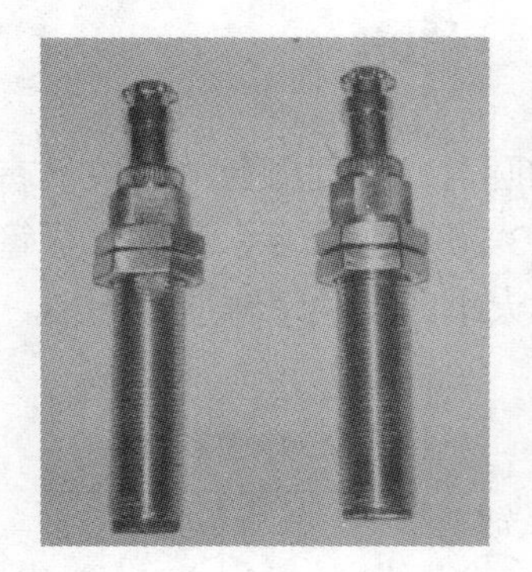

图3–21 磁电式传感器的外形图

3.2.1 磁电式传感器的工作原理

磁电式传感器的工作原理（视频）

根据法拉第电磁感应原理，当匝数为N的线圈在磁场中运动而切割磁力线，或通过闭合线圈的磁通量Φ发生变化时，线圈中将产生感应电动势

$$e = -N\frac{\mathrm{d}\Phi}{\mathrm{d}t} \tag{3-3}$$

根据以上原理，可以设计出两种磁电式传感器结构：恒磁通式和变磁通式。

1. 恒磁通式磁电传感器

恒磁通式磁电传感器由永久磁铁、线圈、弹簧、极掌、磁轭、壳体等组成，如图 3-22 所示。磁路系统产生恒定的直流磁场，磁路中的工作气隙固定不变，因而气隙中磁通也是恒定不变的。恒磁通式磁电传感器根据运动部件的不同可分为动圈式和动铁式。如果运动部件是线圈，则称为动圈式，如图 3-22（a）所示；如果运动部件是磁铁，则称为动铁式，如图 3-22（b）所示。

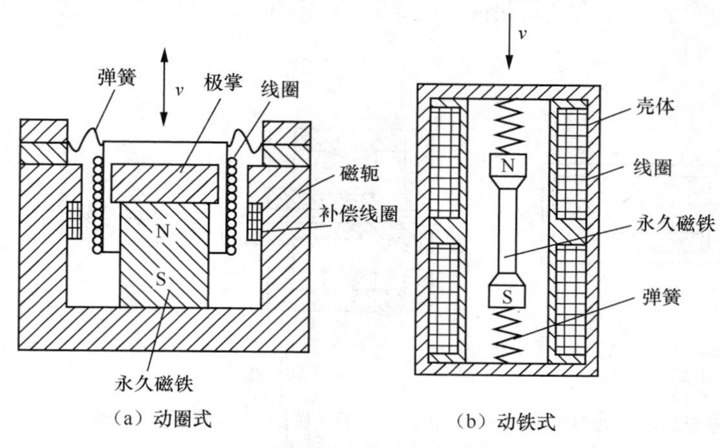

图3–22 恒磁通式磁电传感器结构

动圈式和动铁式的工作原理是相同的。当壳体随被测振动体一起振动时，由于弹簧较软，运动部件质量相对较大。当振动频率足够高（远大于传感器固有频率）时，运动部件惯性很大，来不及随振动体一起振动，近乎静止不动，振动能量几乎全被弹簧吸收，永久磁铁与线圈之间的相对运动速度接近于振动体振动速度，磁铁与线圈的相对运动切割磁力线，从而产生感应电动势

$$e=-NBlv \tag{3-4}$$

式中：l——每匝线圈的平均长度；

B——线圈所在磁场的磁感应强度。

式（3-4）表明，当 B、N 和 l 恒定不变时，便可以根据感应电动势 e 的大小计算出被测线速度 v 的大小。

2. 变磁通式磁电传感器

变磁通式磁电传感器的线圈和磁铁均是静止的，传感器的运动部件用导磁材料制成，且与被测物连接。导磁的运动部件随被测物体运动，改变了磁路中的磁阻，使通过线圈的磁通量发生变化，因而在线圈中产生感应电动势。其又可分为开磁路式和闭磁路式两种。

（1）开磁路变磁通式传感器

开磁路变磁通式传感器的线圈和磁铁均静止不动，测量齿轮安装在被测旋转体上，随被测体一起转动，如图 3-23（a）所示。每转动一个齿，齿的凹凸引起磁路的磁阻变化一次，磁通也就变化一次，线圈中就会产生感应电动势。其变化频率等于被测转速与测量齿轮上齿数的乘积。

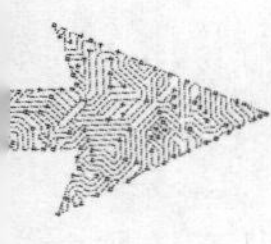

这种传感器结构简单，但输出信号较弱，且在高速轴上加装齿轮较危险，因此不宜在测量高转速的场合使用。

（2）闭磁路变磁通式传感器

闭磁路变磁通式传感器由装在转轴上的内齿轮、外齿轮、永久磁铁和感应线圈组成，如图 3-23（b）所示。内、外齿轮的齿数相同，当转轴连接到被测转轴上时，外齿轮不动，内齿轮随被测轴转动，内、外齿轮的相对转动使气隙磁阻产生周期性变化，从而引起磁路中磁通的变化，线圈因此产生周期性变化的感应电动势，感应电动势的频率与被测转速成正比。

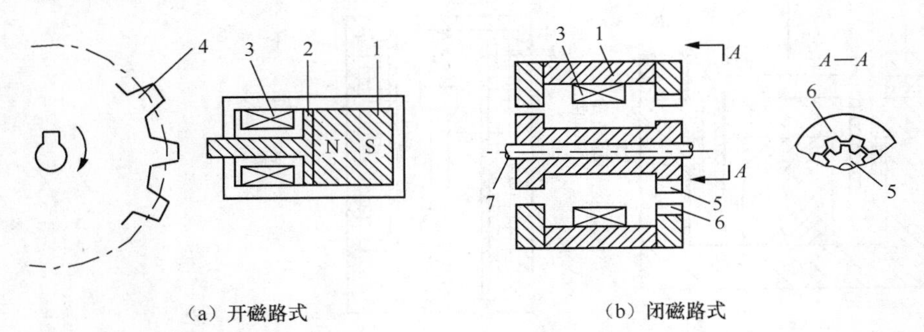

（a）开磁路式　　　　（b）闭磁路式

1—永久磁铁；2—软磁铁；3—感应线圈；4—测量齿轮；5—内齿轮；6—外齿轮；7—转轴

图3-23　变磁通式磁电传感器结构

3.2.2　磁电式传感器的测量电路

磁电式传感器直接输出感应电动势，且传感器通常具有较高的灵敏度，不需要高增益放大器。但磁电式传感器是速度传感器，若要获取被测位移或加速度信号，则需要配用积分电路或微分电路。图 3-24 所示为磁电式传感器测量原理框图。

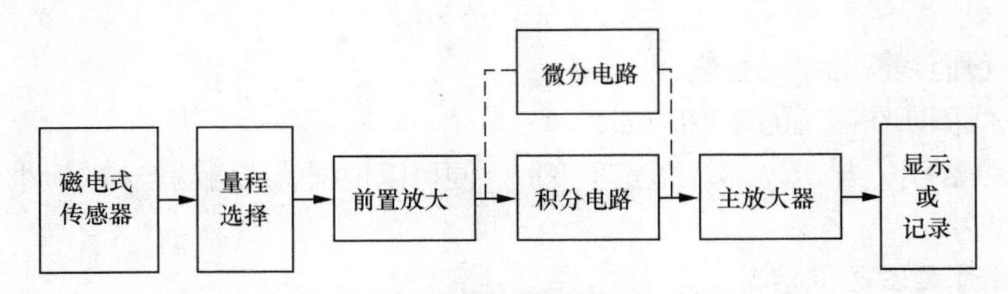

图3-24　磁电式传感器测量原理框图

3.2.3　磁电式传感器的特点

磁电式传感器具有如下特点。

（1）具有很强的抗干扰性，能够在烟雾、油气、水汽等环境中工作。

（2）输出的信号强、测量范围广，可测量齿轮、曲轴、轮辐等转动部件。

（3）工作维护成本较低，运行过程无须供电。

（4）传感器的结构紧凑、体积小、安装使用方便，可以和二次仪表搭配使用。

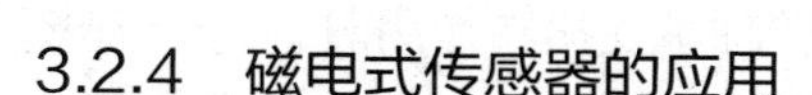

3.2.4 磁电式传感器的应用

1. 磁电式振动传感器

磁电式振动传感器主要由永久磁铁、工作线圈、芯轴、壳体、铝支架、阻尼环等组成，如图 3-25 所示。铝支架 4 将永久磁铁 5 与壳体 2 固定在一起。芯轴 1 两端通过阻尼环 7 支撑工作线圈 6，且从永久磁铁 5 中间的孔穿过。壳体 2 通过圆形膜片 3 支撑芯轴，使芯轴架空。引线 8 连接传感器的测量电路。

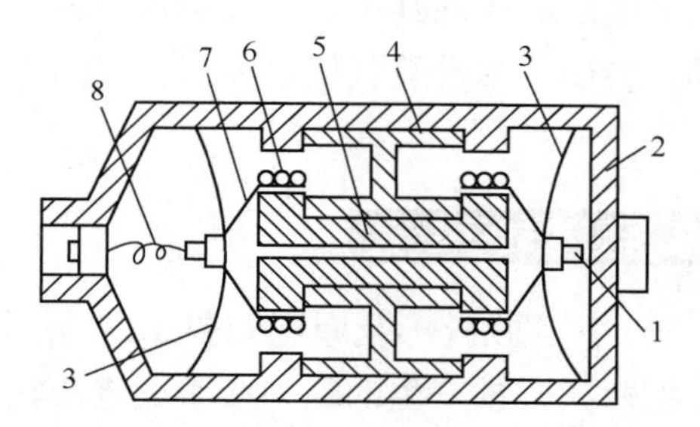

1—芯轴；2—壳体；3—圆形膜片；4—铝支架；5—永久磁铁；6—工作线圈；7—阻尼环；8—引线

图3-25　磁电式振动传感器

振动测量时，传感器与被测物体刚性连接。当物体振动时，传感器壳体和永久磁铁随之振动，而架空的芯轴、阻尼环和工作线圈因惯性作用并不随之振动。因此，工作线圈与永久磁铁产生相对运动，工作线圈因切割磁力线而产生正比于振动速度的感应电动势。该传感器测量的是振动的速度参数，若在测量电路中接入微分电路，则其输出电动势与加速度成正比；若在测量电路中接入积分电路，则其输出电动势与位移成正比。

2. 磁电式扭矩传感器

磁电式扭矩传感器的结构及工作原理如图 3-26（a）所示，在驱动源和负载之间的扭转轴的两侧分别安装齿形圆盘，并在其相对的位置安装两个磁电式传感器。当扭转轴没有承

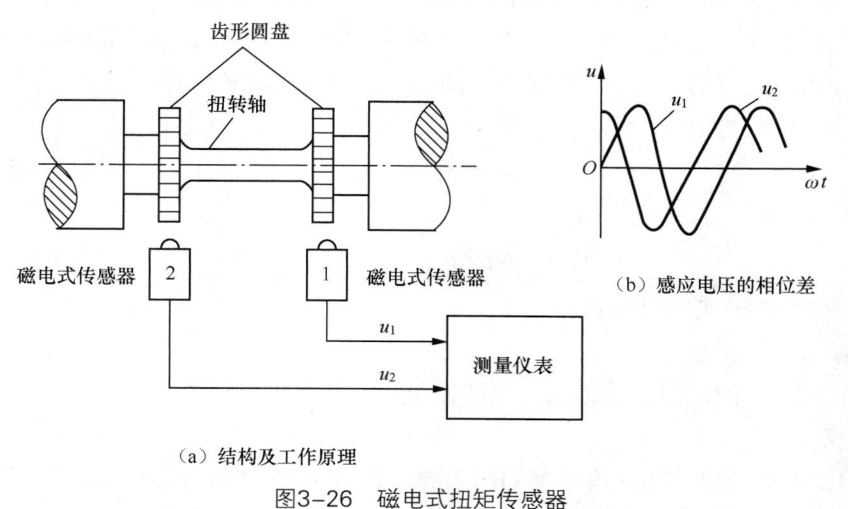

（a）结构及工作原理

（b）感应电压的相位差

图3-26　磁电式扭矩传感器

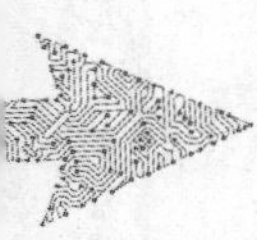

受扭转作用时，两个齿形圆盘转过的角度相同；当扭转轴承受扭转作用时，两个齿形圆盘转过的角度各不相同，此角度差与扭转轴的扭转角成正比。因此，两个磁电式传感器输出的感应电压 u_1 和 u_2 存在相位差 [图 3-26（b）]，这个相位差同样也与扭转轴的扭转角成正比。这样，传感器就可以把扭矩引起的扭转角转换成相位差的电信号。

【学海领航】——锲而不舍，金石可镂

磁电式传感器的工作原理基于电磁感应定律，几代科学家经过锲而不舍的努力，接续完成了电磁学理论的构建，成为人类电磁时代的开拓者，推动人类进入了电磁时代。他们每一个人，都有着自己鲜明的精神和特质，激励着我们诸多有志向的青年学子投入到无尽的探索和建设中去。

【任务实施】——使用磁电式传感器测量转子转速

用于测速的变磁通式磁电传感器，其实物外形及原理如图 3-27 所示。使用开磁路变磁通式磁电传感器，在安装时要注意把永久磁铁产生的磁力线所通过的软磁铁端部对准齿轮的齿顶，这样在齿轮旋转时，齿的凹凸使空气间隙产生变化，从而使磁路磁阻变化，引起磁通量变化，进而产生感应电动势。

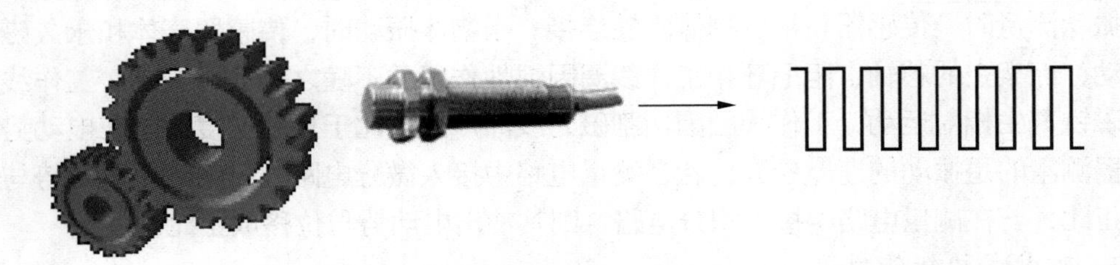

图3–27　变磁通式磁电传感器

1. 磁电式转速传感器的测量原理

测试任务中，使用的是磁电式转速传感器，它属于开磁路变磁通式。其输出特性由磁电式传感器的工作原理可知，感应电动势的频率 f 与被测转速 n 成正比，采用测频的方法可以得到频率 f，在齿数确定的情况下，传感器线圈输出的感应电动势的频率 f 正比于齿轮的转速 n，其关系为

$$f = n \cdot z/60 \tag{3-5}$$

因此，有

$$n = 60 \times f/z \tag{3-6}$$

式中：n——被测齿轮转速，单位为 r/s；

z——齿轮被等分的齿数；

f——磁电式传感器的输出信号频率，单位为 Hz。

2. 转速测量实验

转速测试实验台上的磁电式转速传感器的探头固定在转轴的一侧，被测齿轮安装在转轴上，能与转轴一起转动，探头与齿轮有一个微小的间隙，如图 3-28 所示。被测齿轮的齿

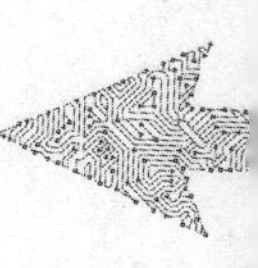

形为梯形，共有 16 个齿；传感器探头的引出线接入转速测试实验台模块通道中，内部有信号处理模块。信号处理后可以在计算机上显示，从而能直接观察转轴的转动信息。

图3–28　转速测试实验台及磁电式转速传感器

启动实验台，让转轴开始转动，观察计算机上转速监控系统的波形，改变转轴的转速，记录并观察实验结果，如图 3-29 所示。

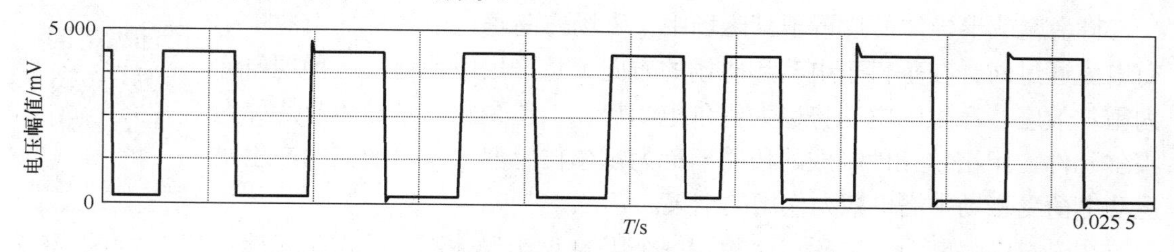

图3–29　转速测量结果

由图 3-29 可知，磁电式转速传感器的输出波形为电压脉冲信号，波形的横轴是时间（单位为 s），纵轴是电压幅值（单位为 mV），转速监控系统计算并显示电压脉冲信号的频率，以及测量齿轮的转速，即要测量的转轴的转速。

任务 3.3　汽车车速检测

【任务导入】

汽车用速度及里程仪表中的速度传感器是十分重要的部件。在汽车行驶过程中，控制器不断接收来自速度传感器的脉冲信号并进行处理，得到车辆瞬时速度并累计行驶路程。在这个系统中，常用霍尔式接近开关传感器（霍尔传感器的一种）作为车轮转速传感器，它也是汽车行驶过程中的实时速度采集器。

【知识讲解】

霍尔传感器是基于霍尔效应的一种传感器。1879 年，美国物理学家霍尔首先在金属材料中发现了霍尔效应，但由于金属材料的霍尔效应太弱而没有得到应用。1948 年以后，随着半导体技术的发展，开始用半导体材料制成霍尔元件。用霍尔元件制成的传感器是目前应用最为广泛的一种磁电式传感器。霍尔传感器广泛用于检测磁场、压力、加速度、转速、流量，也可以制成高斯计、电流表、接近开关等。图 3-30 所示为各种霍尔传感器的外形图。

图3-30　各种霍尔传感器的外形图

3.3.1　霍尔元件的工作原理

1. 霍尔效应

将金属或半导体薄片置于某磁场中，磁场方向垂直于薄片，当薄片中有电流通过时，在垂直于电流和磁场的方向上将产生电动势，这种现象称为霍尔效应，产生的电动势称为霍尔电动势，上述金属或半导体薄片称为霍尔元件，用霍尔元件制成的传感器称为霍尔传感器。霍尔效应的产生是运动电荷受磁场中洛伦兹力作用的结果。

霍尔元件的工作原理（视频）

在磁感应强度为 B 的磁场中放置一个用 N 型半导体制成的霍尔元件，使之垂直于磁场方向，霍尔元件长为 L、宽为 b、厚为 d，如图 3-31 所示。

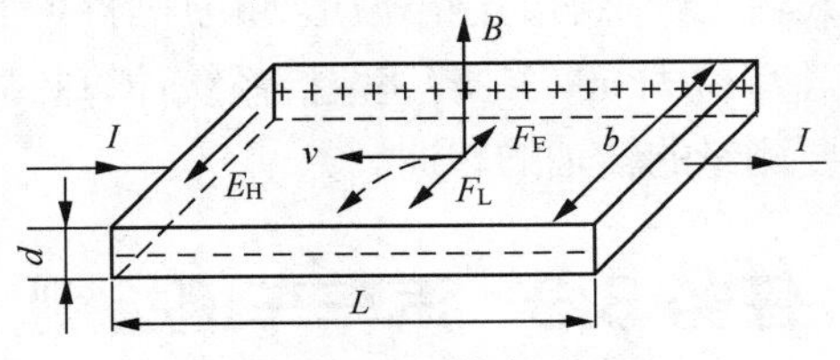

图3-31　霍尔效应原理图

在霍尔元件左右两端通以控制电流 I，霍尔元件的自由电子运动方向与电流 I 方向相反，其受力方向判定可用左手定则：伸出左手，让磁力线穿过掌心，四指指向电流方向，则拇指的指向即为电子所受洛伦兹力 F_L 的方向。由于洛仑兹力 F_L 的作用，自由电子会向一侧发生偏转（如图 3-31 中带箭头的虚线所示），其结果是：在霍尔元件的前端面因积累电子而带负电，后端面因缺少电子而带正电，前、后端面间因此形成电场，而该电场产生的电场力 F_E 则阻止电子继续偏转。当 F_E 和 F_L 相等时，电子积累达到动态平衡。这时，在霍尔元件前、后端面之间（即垂直于电流和磁场方向）形成的电场称为霍尔电场 E_H，相应的电动势称为霍尔电动势 U_H。

假设自由电子以图 3-31 所示方向匀速运动，则在磁感应强度为 B 的磁场作用下，每个电子所受到的洛伦兹力

$$F_L = evB \tag{3-7}$$

式中：F_L——洛伦兹力，单位为 N；

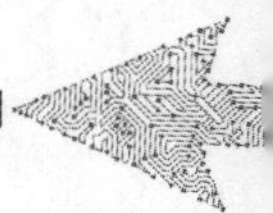

e——电子的电量，$e = 1.602 \times 10^{-19}$C；

v——霍尔元件中电子的运动速度，单位为 m/s；

B——磁感应强度，单位为 Wb/m^2。

此时，每个电子所受电场力

$$F_E = eE_H = e\frac{U_H}{b} \tag{3-8}$$

式中：F_E——电场力，单位为 N；

E_H——霍尔电场强度，单位为 V/m；

U_H——霍尔电动势，单位为 V；

b——霍尔元件的宽度，单位为 m。

当 $F_L = F_E$，即电子积累达到动态平衡时，由式（3-7）和式（3-8）得

$$U_H = vBb \tag{3-9}$$

对于 N 型半导体，通入霍尔元件的电流可表示为

$$I = jbd = nevbd \tag{3-10}$$

式中：j——电流密度（$j=nev$），单位为 A/m^2；

d——霍尔元件的厚度，单位为 m；

n——N 型半导体的电子浓度，单位为 1/m^3。

由式（3-10）可得

$$v = \frac{I}{nebd} \tag{3-11}$$

将式（3-11）代入式（3-9）可得

$$U_H = \frac{IB}{ned} = K_H IB \tag{3-12}$$

式中：$K_H = \frac{1}{ned}$为霍尔元件的乘积灵敏度（以下简称“灵敏度”），其含义为：在单位控制电流和单位磁感应强度下的霍尔电动势。

由式（3-12）可见，霍尔元件的输出电压即霍尔电动势 U_H 与灵敏度 K_H 成正比关系，当 I、B 恒定时，K_H 越大，则霍尔元件的输出电动势越大。

霍尔元件的灵敏度 K_H 与 n、e、d 成反比关系，金属的电子浓度 n 较高，使得 K_H 太小；而绝缘体的 n 很小，但需施加极高的电压才能产生很小的电流 I，故这两种材料都不宜用来制作霍尔元件。只有半导体的 n 适中，而且可通过掺杂杂质来获得所希望的电子浓度 n，因此霍尔元件采用半导体材料制成。此外，d 越小则 K_H 越高，但同时霍尔元件的机械强度下降，且输入、输出电阻增加，因此，霍尔元件不能做得太薄。

2. 霍尔元件的结构

霍尔元件由霍尔片、4 根引线和壳体组成，如图 3-32（a）所示。霍尔元件是一块矩形半导体单晶薄片，一般尺寸为 4mm × 2mm × 0.1mm。通常，引线 A、B（一般为红色）接

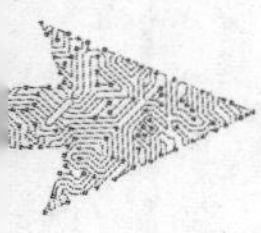

入控制电流 I_C，引线 C、D（一般为绿色）为霍尔电动势 U_H 输出线。霍尔元件壳体由非导磁金属、陶瓷或环氧树脂封装而成。霍尔元件常用的材料有锗（Ge）、硅（Si）、锑化铟（InSb）、砷化铟（InAs）和砷化镓（GaAs）等。

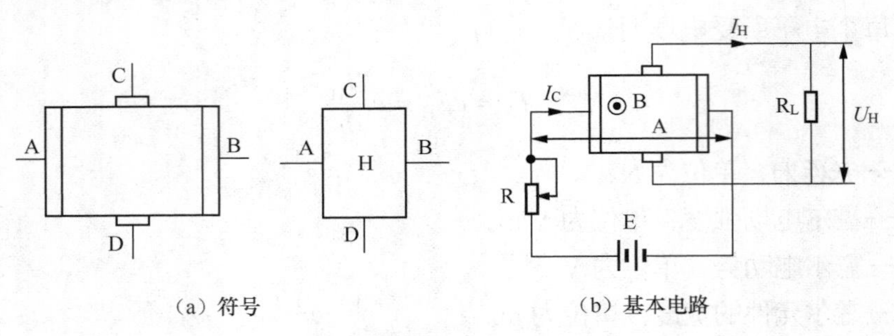

（a）符号　　（b）基本电路

图3-32　霍尔元件

3.3.2　霍尔元件的测量电路

1. 基本电路

霍尔元件的基本电路如图 3-32（b）所示，控制电流 I_C 由电源 E 提供；R 是调节电阻，用以根据要求改变 I_C 的大小；霍尔电动势输出端的负载电阻 R_L，可以是放大器的输入电阻或表头电阻等；所施加的外磁场 B 一般与霍尔元件的平面垂直。

在实际测量中，可以把 I_C 或 B 单独作为输入信号，也可以把二者的乘积作为输入信号，通过霍尔电动势输出得到测量结果。

2. 霍尔元件的误差及其补偿

（1）霍尔元件温度误差及其补偿

霍尔元件的材料为半导体，因此其许多参数都具有较大的温度系数。当温度变化时，霍尔元件的载流子浓度、迁移率、电阻率及霍尔系数都将发生变化，因而使霍尔元件产生温度误差。为减小该误差，可选用温度系数小的元件，或采用恒温措施，也可以采用以下温度补偿等方法。

① 输入回路并联电阻补偿法。温度的变化引起霍尔元件的输入电阻 R_i 变化，如采用稳压源供电，则励磁电流会发生变化产生误差。为减小这种误差，一般采用恒流源提供励磁电流，如图 3-33 所示。

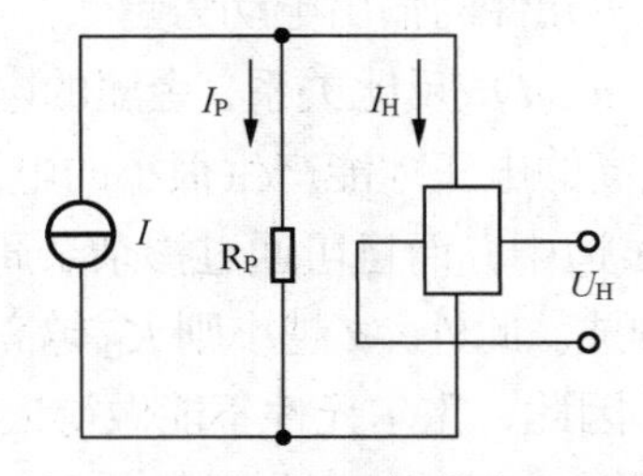

图3-33　输入回路并联电阻补偿法的温度补偿电路

由于元件的灵敏度系数 K_H 是温度的函数，输入电阻 R_i 也是温度的函数，对于具有正温度系数的霍尔元件，欲进一步提高 U_H 的温度稳定性，可在其输入回路中并联一个分流补

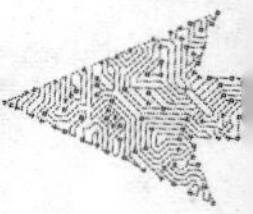

偿电阻 R_P，其值满足

$$R_P = R_i \frac{\beta - \alpha - \gamma}{\alpha} \tag{3-13}$$

式中：α——霍尔元件的温度系数；

β——霍尔元件的输出电阻温度系数；

γ——补偿电阻 R_P 的温度系数。

对于霍尔元件而言，α、β、γ 均为已知量，所以，只需选择适当的补偿电阻 R_P，使输入电阻 R_i 和 γ 满足条件，就可以在输入回路中得到温度误差的补偿。

② 负载电阻选择补偿法。霍尔元件的输出电阻阻值为 R_o，当霍尔元件接有负载电阻 R_L 时，要使负载上的电压 U_L 不受温度变化的影响，则需满足

$$R_L = R_o \frac{\beta - \alpha}{\alpha} \tag{3-14}$$

对于确定的霍尔元件，可以方便地获得 α、β 和 R_o 的值，因此只要使负载电阻值 R_L 满足式（3-14），即可在输出回路完成对温度误差的补偿。虽然 R_L 通常是放大器的输入电阻或者表头内阻，其值是一定的，但是可以通过串、并联电阻来调整 R_L 的阻值，不过会降低灵敏度。

③ 温度补偿元件补偿法。这是最常用的温度误差补偿方法，常用的补偿元件有具有负温度系数的热敏电阻 R_t，具有正温度系数的电阻丝 R_T 等。图 3-34 所示为几种温度补偿元件的连接方式。图 3-34（a）～图 3-34（c）中的霍尔元件材料为锑化铟，其霍尔输出具有负温度系数的温度误差。图 3-34（d）为用 R_T 补偿霍尔输出具有正温度系数的温度误差。使用时，热敏元件要尽量靠近霍尔元件，使之具有相同的温度环境。

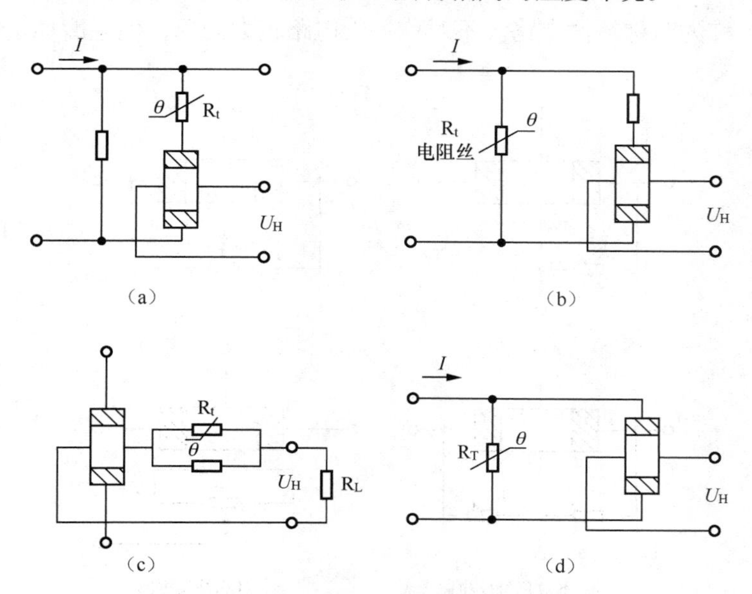

图3-34　温度补偿元件的连接方式

霍尔元件因输入控制电流而使温度升高，从而影响元件内阻和霍尔输出。因此要考虑

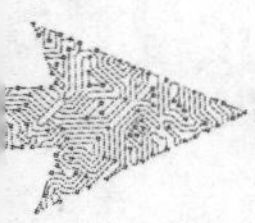

霍尔元件的散热问题，尽可能选用面积大的霍尔元件。

（2）不等位电势及其补偿

霍尔元件的零位误差主要有不等位电势和寄生直流电势等，其中不等位电势 U_M 是霍尔元件零位误差中最主要的一种。产生不等位电势的原因是制造工艺没有将两个霍尔电极对称地焊在霍尔片的两侧，致使两电极点不能完全位于同一等位面上。此外，霍尔片的电阻率不均匀、厚薄不均匀或控制电流电极接触不良都将使等位面歪斜（见图 3-35），致使霍尔电极不在同一等位面上而产生不等位电势。霍尔元件的等效电路如图 3-36 所示。

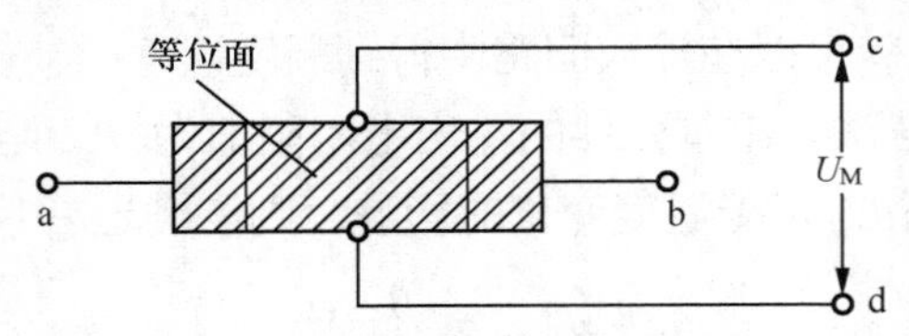

图3–35　电阻率不均造成不等位电势示意图

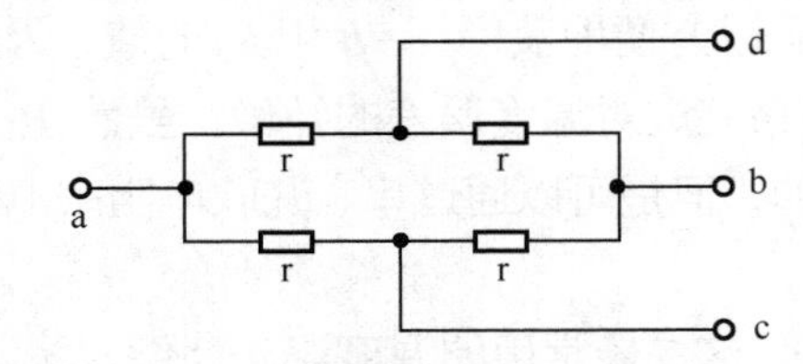

图3–36　霍尔元件的等效电路

霍尔元件的不等位电势补偿电路有很多种形式，图 3-37 所示为两种常见电路，其中 R_P 是调节电阻。图 3-37（a）是在不平衡电桥的电阻值较大的一个桥臂上并联 R_P，通过调节 R_P 使电桥达到平衡状态，称为不对称补偿电路；图 3-37（b）则相当于在两个电桥臂上并联调节电阻，称为对称补偿电路。不对称补偿电路较为简单，但温度稳定性不如对称补偿电路。

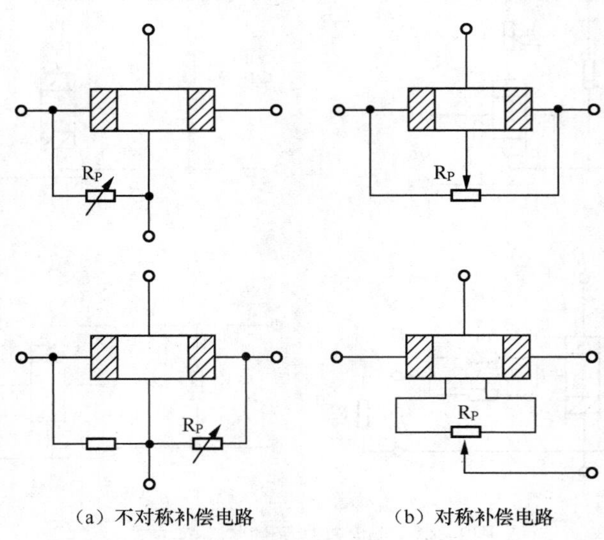

（a）不对称补偿电路　　（b）对称补偿电路

图3–37　不等位电势的补偿电路

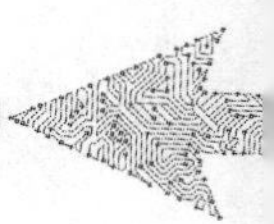

3.3.3 霍尔集成传感器

将霍尔元件、放大器、温度补偿电路及稳压电源等集成于一个芯片上可构成霍尔传感器。有些霍尔传感器的外形与双列直插式（DIP）封装的集成电路相同，故也称霍尔集成传感器。它可分为线型霍尔集成传感器和开关型霍尔集成传感器。

1. 线型霍尔集成传感器

线型霍尔集成传感器的输出电压与外加磁场强度在一定范围内呈线性关系，广泛用于位置、力、重量、厚度、速度、磁场、电流等的测量、控制。这种传感器有单端输出和双端输出（差动输出）两种电路，如图 3-38 所示。

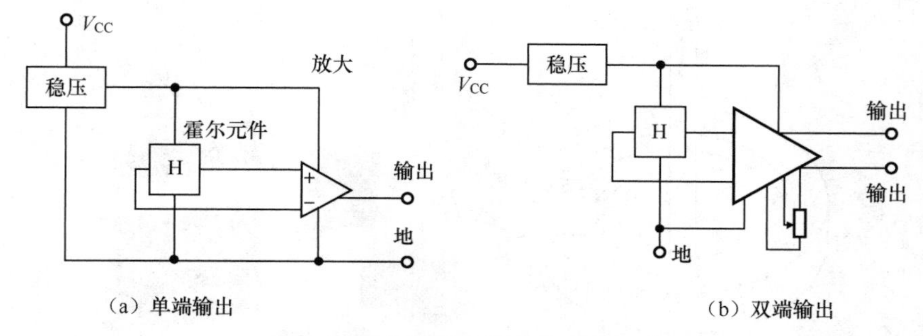

图3-38 线型霍尔集成传感器电路

2. 开关型霍尔集成传感器

开关型霍尔集成传感器由霍尔元件、放大器、施密特整形电路和开路输出等组成，其内部结构如图 3-39 所示。对于开关型霍尔集成传感器，不论是集电极开路输出还是发射极输出，开关型霍尔集成传感器的输出端均应接负载电阻，负载电阻的取值一般以负载电流适合参数规范为佳。开关型霍尔集成传感器由于内设有施密特整形电路，开关特性具有时滞，因此有较好的抗噪声效果。

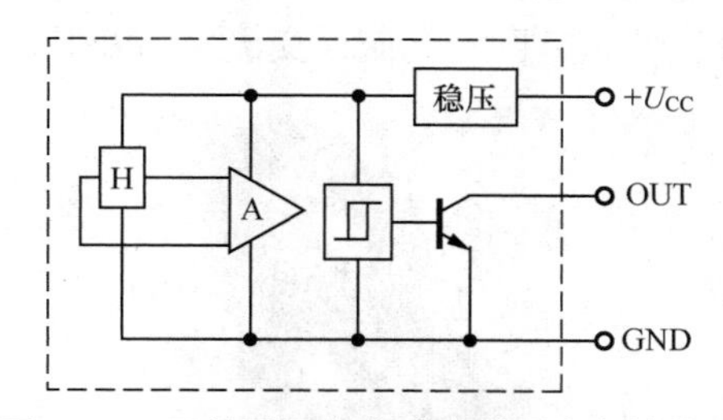

图3-39 开关型霍尔集成传感器内部结构图

3.3.4 霍尔传感器的应用

霍尔电动势是关于 I、B 两个变量的函数，即 $U_H = K_H IB$，只要通过测量电路测出 U_H，那么 B 和 I 两个参数中，一个参数已知就可求出另一个参数，因而任何可转换成 B 和 I 的未知量均可利用霍尔元件进行测量，此外，可转换成 B 和 I 乘积的未知量亦可进行测

量。霍尔传感器结构简单、工艺成熟、体积小、寿命长、线性好、频带宽，因而得到广泛的应用。

1. 霍尔电流传感器

由霍尔元件构成的电流传感器具有测量为非接触式、测量精度高、测量时不必切断电路电流、测量的频率范围广（从零到几千赫兹）、本身几乎不消耗电路功率等特点。霍尔电流传感器的工作原理及外形如图 3-40 所示，用一环形（有时也可以是方形）导磁材料制成铁芯，套在被测电流流过的导线（也称电流母线）上，将导线中电流产生的磁场聚集在铁芯中。在铁芯上开有与霍尔传感器厚度相等的气隙，将线型霍尔集成传感器紧紧地夹在气隙中央。电流母线通电后，磁力线就集中通过铁芯中的线型霍尔集成传感器，线型霍尔集成传感器就输出与被测电流成正比的输出电压或电流。

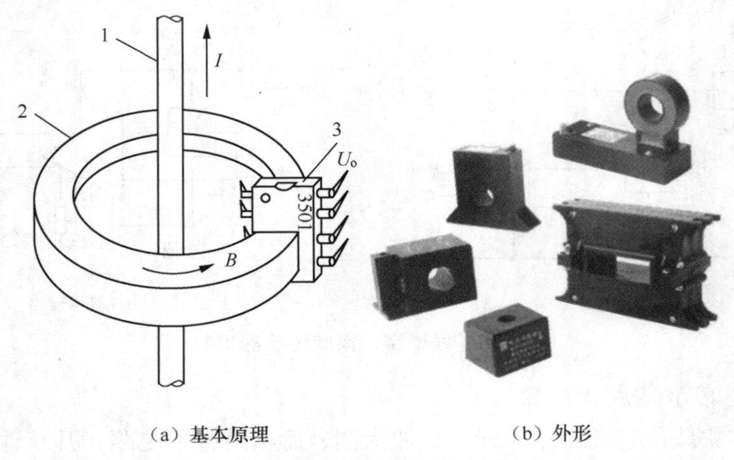

（a）基本原理　　（b）外形

1—被测电流母线；2—铁芯；3—线型霍尔集成传感器

图3-40　霍尔电流传感器的工作原理及外形

当磁场恒定时，霍尔电压与控制电流之间呈线性关系，可用它直接测量电流。霍尔钳形电流表如图 3-41 所示。霍尔钳形电流表可以在不断开电路的情况下测量负荷电流，而且无测量插入损耗，线性度好，可测量直流电流、交流电流及脉冲电流。

图3-41　霍尔钳形电流表

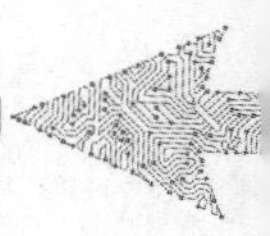

2. 磁场测量（微磁场测量）

磁场测量的方法有很多，其中应用比较普遍的是以霍尔元件作探头的特斯拉计（或高斯计、磁强计），锗（Ge）和砷化镓（GaAs）霍尔元件的霍尔电动势温度系数小、线性范围大，适于作测量磁场的探头。把探头放在待测磁场中，探头的磁敏感面要与磁场方向垂直。控制电流由恒流源（或恒压源）供给，用电表或电位差计来测量霍尔电动势。根据 $U_H = K_H I_C B$，若控制电流 I_C 不变，则霍尔输出电动势 U_H 正比于磁场 B，故可以利用它来测量磁场。利用霍尔元件测量弱磁场的能力，可以构成磁罗盘，在宇航和人造卫星中得到应用。

3. 测量位移

将霍尔传感器放置在呈梯度分布的磁场中，并通以恒定的控制电流。当霍尔传感器发生位移时，霍尔元件上感知的磁场的大小随位移发生变化，从而使其输出的 U_H 也产生变化，且与位移成比例。从原理上来分析，磁场梯度越大，霍尔输出电动势 U_H 对位移变化的灵敏度就越高；磁场梯度越均匀，则 U_H 对位移的线性度就越好。这一原理可用于测量压力。国产 YSH-1 型霍尔压力变送器便是基于这种原理设计的，其转换机构如图 3-42 所示。霍尔传感器安装在膜盒上，被测压力的变化经弹性元件转换成霍尔传感器的位移，再由霍尔元件将位移转换成 U_H 输出，U_H 与被测压力成比例。

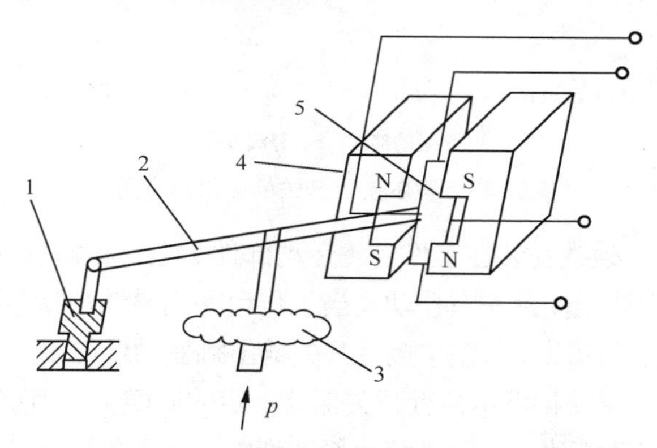

1—调节螺钉；2—杠杆；3—膜盒；4—磁钢；5—霍尔元件

图3-42 YSH-1型霍尔压力变送器的转换机构

4. 无触点开关

键盘是电子计算机系统中的一个重要的外部设备，早期的键盘都采用机械接触式；在使用过程中容易产生抖动噪声，系统的可靠性较差。采用无触点开关，每个键上都有两小块永久磁铁，键按下，磁铁的磁场加在键下方的开关型霍尔集成传感器上，形成开关动作。由于开关型霍尔集成传感器具有滞后效应，故工作十分稳定可靠。而且这类键盘开关的功耗很低，动作过程中传感器与机械部件之间没有机械接触，使用寿命特别长。

5. 霍尔接近开关

用霍尔接近开关也能实现接近开关的功能，但它只能用于铁磁材料，并且还需要建立一个较强的闭合磁场。霍尔接近开关的应用示意图如图 3-43 所示。其外形如图 3-43（a）所示。在图 3-43（b）中，磁极的轴线与霍尔接近开关的轴线在同一直线上。当磁铁随运动

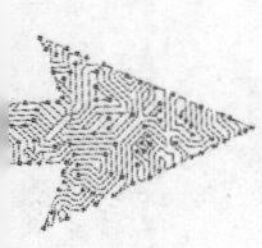

部件移动到距霍尔接近开关几毫米时，霍尔接近开关的输出由高电平变为低电平，经驱动电路使继电器吸合或释放，控制运动部件停止移动（否则将撞坏霍尔接近开关），从而起到限位的作用。

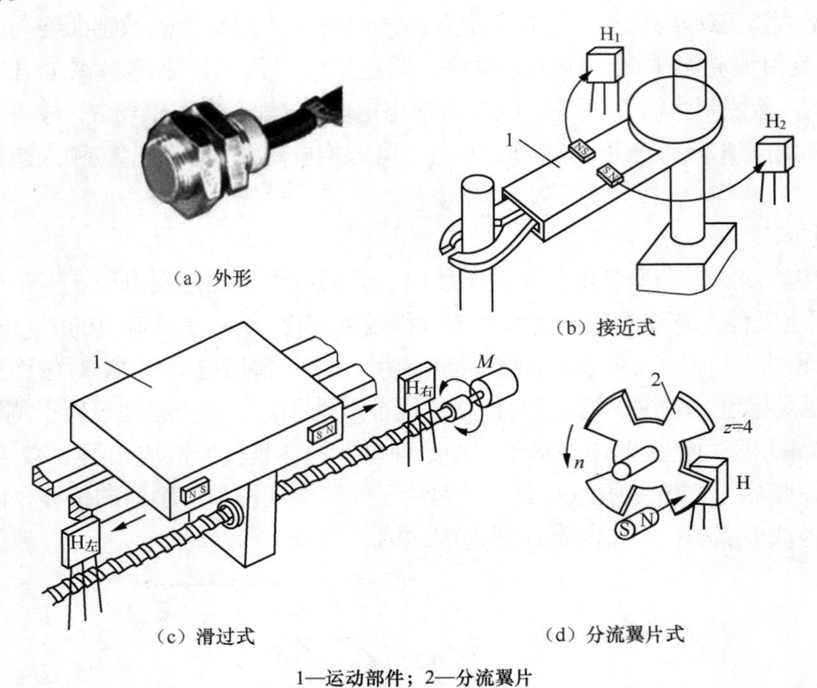

（a）外形　（b）接近式　（c）滑过式　（d）分流翼片式

1—运动部件；2—分流翼片

图3-43　霍尔接近开关的应用示意图

在图 3-43（c）中，磁铁安装在工作台（运动部件）上，和霍尔开关保持一定的距离，驱动电动机通过丝杠驱动工作台左右移动。当工作台移到磁铁与霍尔接近开关之间时，磁力线通过霍尔接近开关，所以此时霍尔接近开关输出跳变为低电平。

在图 3-43（d）中，磁铁和霍尔接近开关保持一定的间隙，均固定不动。由导磁材料制作的分流翼片与运动部件联动。当分流翼片移动到磁铁与霍尔接近开关之间时，磁力线被屏蔽（分流），无法到达霍尔接近开关，所以此时霍尔接近开关输出跳变为高电平。改变分流翼片的宽度可以改变霍尔接近开关的高电平与低电平的占空比。

6. 霍尔汽车无触点点火器

传统的汽车气缸点火装置使用机械式的分电器，存在点火时间不准确、触点易磨损等缺点。采用霍尔开关无触点晶体管点火装置可以克服上述缺点，提高燃烧效率。四缸汽车点火装置如图 3-44 所示，磁轮鼓代替了传统的凸轮及白金触点。发动机主轴带动磁轮鼓转动时，霍尔元件感受的磁场极性交替改变，输出一连串与气缸活塞运动同步的脉冲信号去触发晶体管功率开关，点火线圈两端产生很高的感应电压，使火花塞产生火花放电，完成气缸点火过程。

霍尔传感器的用途还有很多，例如利用霍尔元件制作的转速传感器、霍尔式高斯计和霍尔式无刷电动机等。

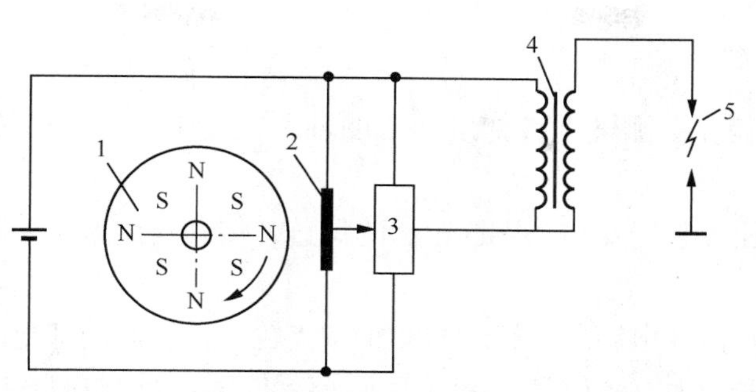

1—磁轮鼓；2—开关型霍尔集成电路；3—晶体管功率开关；4—点火线圈；5—火花塞

图3-44　四缸汽车点火装置示意图

【学海领航】——传承工匠精神

半导体技术的发展，使霍尔传感器得到广泛应用。高水平传感器的研制，离不开新理念、新姿态、新一代的能工巧匠。在校学生，应传承工匠精神，融合前沿学科知识，加强研发设计，通过对质量、规则、标准、流程的执着追求，不断提升传感器的品质。匠人精神的第一要素是乐趣和热情；第二要素是坚持不懈；第三要素是坚强和忍耐。

【任务实施】——用霍尔转速传感器测量汽车转速

1. 霍尔转速传感器的测量原理

在汽车上，常用霍尔转速传感器（也称霍尔转速计）进行转速测量。如图 3-45 所示，汽车用霍尔转速传感器是在霍尔接近开关线性电路背面偏置一个永磁体构成的。其可以通过检测铁磁物体的缺口进行计数，也可以通过检测齿轮的齿数进行计数。霍尔元件的输出通过检测电路可以测出齿轮的转速。图 3-46 为霍尔接近开关线性电路检测齿口的线路。

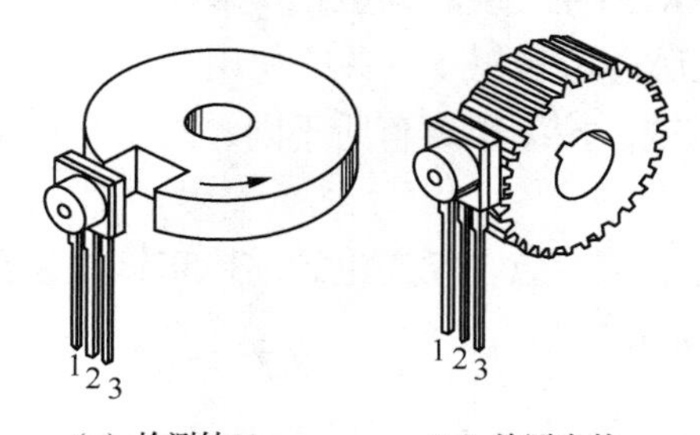

图3-45　用霍尔接近开关线性电路检测铁磁物体

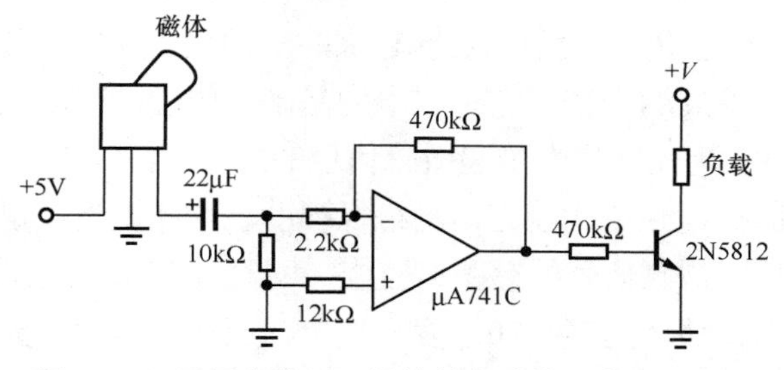

图3-46　用霍尔接近开关线性电路检测齿口的线路

2. 测量步骤

（1）将齿轮安装在被测轴上，如发动机曲轴、凸轮轴、变速器输入轴或输出轴，如图 3-47 所示。

（2）将霍尔转速传感器安装在靠近轮齿的位置，传感器测量端（磁铁）与轮齿齿顶间隙为 0.5～2mm。

（3）连接电路并接通电源后，转动被测轴或齿轮，传感器内部检测电路将霍尔元件产生的霍尔电压信号转换为方波信号，用万用表或示波器观察方波信号的频率。

（4）根据转轴上齿轮的齿数 z（或齿槽数 z'）及方波的频率 f，通过公式 $n = 60f/z$ 即可计算出被测轴转速的大小。

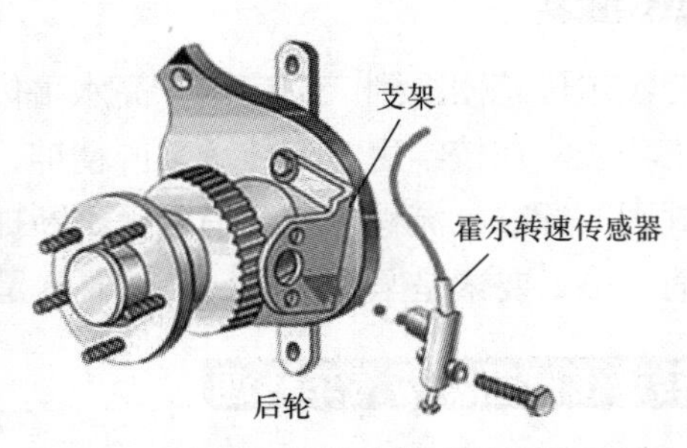

图3-47　汽车霍尔转速传感器安装示意图

3. 霍尔转速传感器使用注意事项

（1）过高的电压会引起内部霍尔元件升温而变得不稳定，而过低的电压容易让外界的温度变化影响磁场强度特性，从而引起电路误动作。

（2）当使用霍尔开关驱动感性负载时，应在负载两端并入续流二极管，否则会因感性负载长期动作时的瞬态高压脉冲影响霍尔开关的使用寿命。

（3）采用不同磁性的磁铁，检测距离有所不同，建议采用的磁铁直径和产品检测直径相等。

（4）为了避免意外发生，用户应在接通电源前检查接线是否正确，核定电压是否为额定值。

【知识拓展】——光纤传感器

光纤传感器是 20 世纪 70 年代中期发展起来的一种基于光导纤维的新型传感器。它是光纤和光通信技术迅速发展的产物，它与以电为基础的传感器有本质区别。光纤传感器用光作为敏感信息的载体，用光纤作为传递敏感信息的媒质。它具有极高的灵敏度和准确度、固有的安全性、良好的抗电磁干扰能力、高绝缘强度、耐高温性、耐腐蚀性、轻质、柔韧性、宽频带，容易实现对被测信号的远距离监控，同时具有光纤及光学测量的特点。

光纤传感器可测量位移、速度、加速度、液位、应变、压力、流量、振动、温度、电流、电压、磁场等物理量。

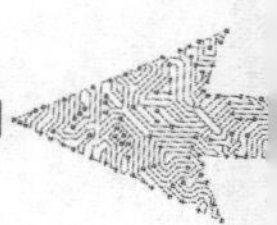

一、光纤的结构

光纤是用光透射率高的电介质（如石英、玻璃、塑料等）构成的光通路。光纤的结构如图 3-48 所示，它由圆柱形纤芯和包层组成。纤芯的折射率略大于包层的折射率。纤芯是由玻璃或塑料制成的圆柱体，直径为 5～100μm。光主要在纤芯中传输。围绕着纤芯的部分称为包层，也是由玻璃或塑料制成。包层外面涂敷硅树脂之类的缓冲层，最外层包有起保护及屏蔽作用的尼龙套管。光纤按纤芯和包层材料的性质，可分为玻璃光纤和塑料光纤两类。

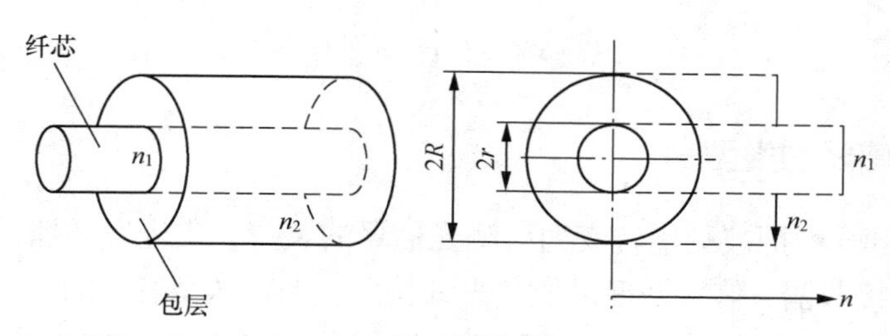

图3-48 光纤的结构

二、光纤的导光

1. 光的全反射

当一束光线以一定的入射角 θ_1 从介质 1 射到介质 2 的分界面时，一部分能量反射回介质 1；另一部分能量则透过分界面，在介质 2 内继续传播，称为折射光，如图 3-49（a）所示。反射光与折射光之间的相对比例取决于两种介质的折射率 n_1、n_2 的比例。

当 $n_1 > n_2$ 时，若减小 θ_1，则进入介质 2 的折射光与分界面的夹角 θ_2 也将相应减小，折射光束将趋向界面。当入射角进一步减小时，将导致 $\theta_2 = 0°$，则折射波只能在介质分界面上传播，如图 3-49（b）所示。对 $\theta_2 = 0$ 极限值时的 θ_1 角，定义为临界角 θ_c。当 $\theta_1 < \theta_c$ 时，入射光线将发生全反射，能量不再进入介质 2，如图 3-49（c）所示。光纤就是利用全反射的原理来高效地传输光信号的。

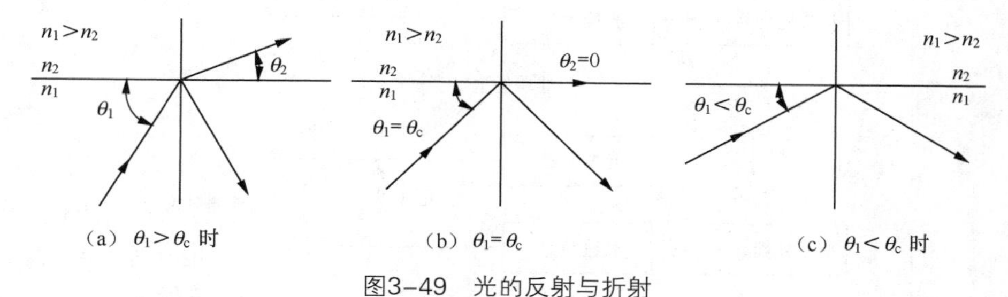

图3-49 光的反射与折射

2. 光纤导光原理

光的全反射现象是光纤导光原理的基础。根据几何光学原理，光线以不同的角度入射到光纤端面时，在端面发生折射后进入光纤，如图 3-50 所示。光线以入射角 θ_1 由折射率 n_1 较大的光密介质（纤芯）射向折射率 n_2 较小的光疏介质（包层）。

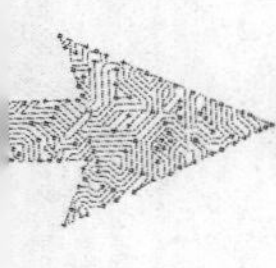

当入射角 $\theta_1<\theta_c$ 时，光线将不再折射入介质 2（包层），而在介质 1（纤芯）内产生连续向前的全反射，直至由终端面射出。这就是光纤导光的原理。

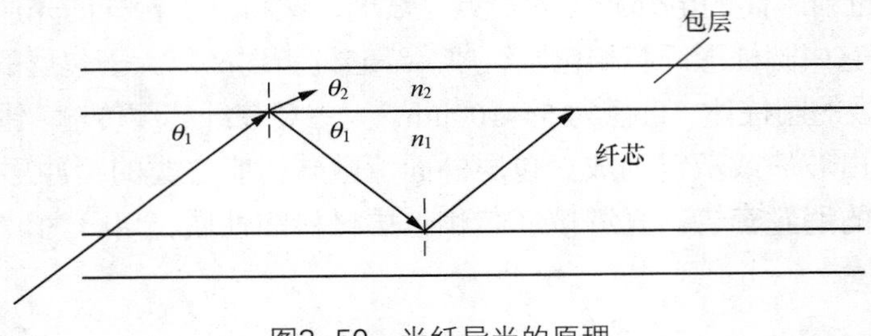

图3-50　光纤导光的原理

三、光纤传感器的类型

光纤传感器是一种把被测量转变为可测光信号的装置，由光发送器、光敏感元件（光纤或非光纤）、光接收器、信号处理系统及光纤构成。光发送器发出的光经入射光纤引导到敏感元件，在这里，光的某一性质受到被测量的调制。已调光经出射光纤耦合到光接收器，使光信号变成电信号，再经信号处理，得到被测量的值。

光纤传感器的分类方法很多，可按光纤在传感器中的作用、光参量调制种类、所应用的光学效应和检测的物理量进行分类。按光纤在传感器中的作用，其可分为功能型、非功能型和拾光型三大类，如图 3-51 所示。

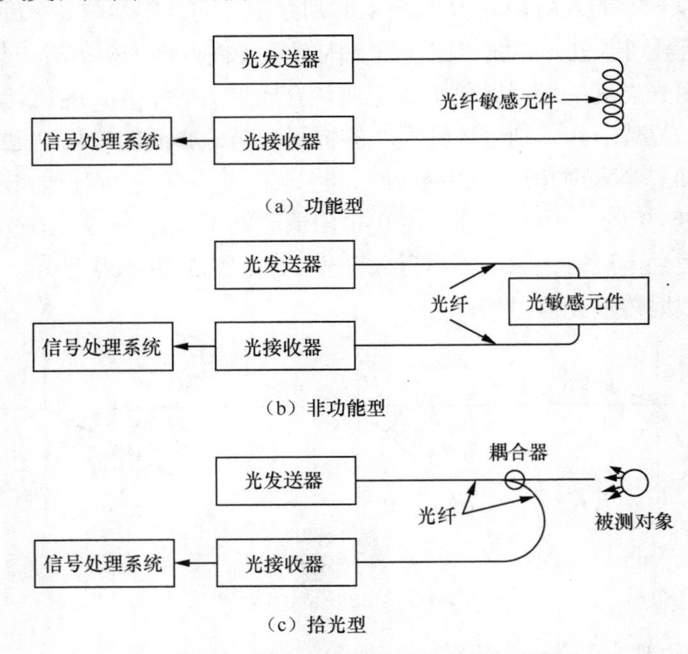

图3-51　按光纤在传感器中的作用分类

1. 功能型（全光纤型）光纤传感器

功能型光纤传感器中，光纤不仅是导光媒质，同时也是敏感元件，光在光纤内受被测

量调制。它结构紧凑、灵敏度高，但是须用特殊光纤，因此成本高。光纤陀螺、光纤水听器为功能型光纤传感器。

2. 非功能型（传光型）光纤传感器

非功能型光纤传感器中，光纤仅起导光作用，光照在光纤型敏感元件上受被测量调制。其无需特殊光纤及其他特殊技术，比较容易实现，成本低，但灵敏度较低。实用的光纤传感器大都是非功能型的光纤传感器。

3. 拾光型光纤传感器

拾光型光纤传感器用光纤作为探头，接收由被测对象辐射的光或被其反射、散射的光。光纤激光多普勒速度计、辐射式光纤温度传感器就是拾光型传感器。

四、光纤传感器的应用举例

1. 光纤传感器涡轮流量计

光纤传感器涡轮流量计，就是把涡轮叶片进行改进，使其叶片端面适宜反射光线，利用反射型光纤传感器及光电转换电路检测涡轮叶片的旋转，从而测量出流量。

传统的内磁式传感器受其结构限制只能检测叶片的转速，由于反射型光纤传感器体积细小，因而将两个反射型光纤传感器并列装配在涡轮流量计上，就可以使两个传感器检测同一涡轮叶片不同位置的反射信号，且两个传感器信号互不干扰，如图 3-52 所示。传感器输出的 f_{o1} 信号和 f_{o2} 信号经相位鉴别电路后可输出流量计正向流动计量信号和反向流动计量信号。

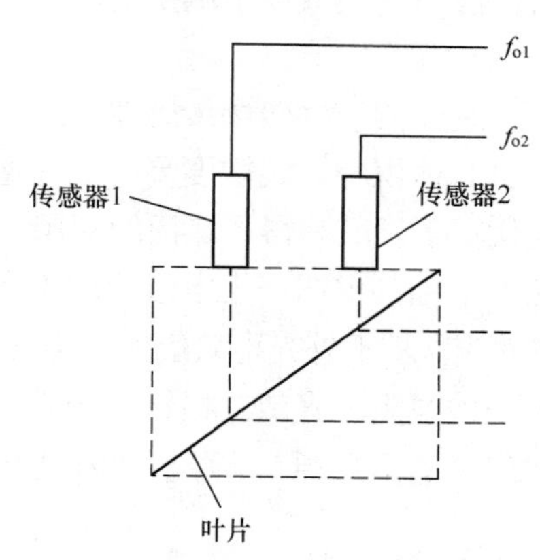

图3–52　光纤传感器涡轮流量计双向测量原理

由于光纤传感器不存在内磁式传感器在低流速时与涡轮叶片产生磁阻而引起的误差，也克服了内磁式传感器在高流量区信号产生饱和的问题，其调制光参数还可以随总体设计的要求而变化，为涡轮的设计创造了方便条件。另外，光纤传感器具有防爆、无电气信号直接与流量计接触的特点，因而适宜煤气、轻质油料等透明介质的流量测量。

2. 光纤加速度传感器

光纤加速度传感器的组成结构如图 3-53 所示。它是一种简谐振子的结构形式。激光束通过分光板后分为两束光：透射光作为参考光束，反射光作为测量光束。当传感器接收加速度时，由于质量块 M 对光纤的作用，光纤被拉伸，从而引起光程差的改变。相位改变的

激光束由单模测量光纤射出后与参考光束会合产生干涉效应。激光干涉仪的干涉条纹的移动可由光电接收装置转换为电信号，经过信号处理电路处理后便可正确地测出加速度值。

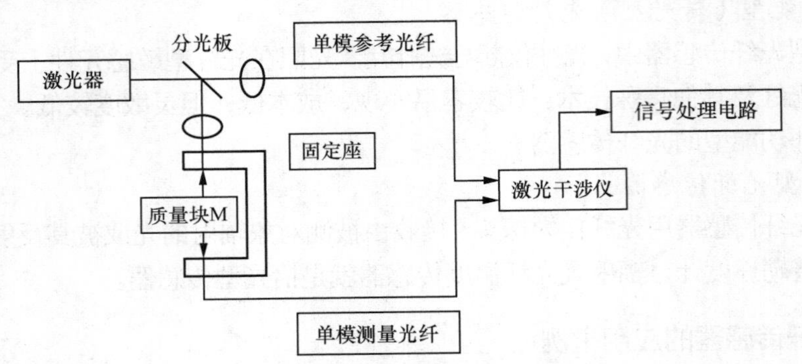

图3–53　光纤加速度传感器的组成结构

【项目小结】

速度检测可分为线速度、转速、加速度检测。位置检测在生产生活中应用广泛，目前主要使用各种接近开关。

磁电式传感器是利用电磁感应原理将被测量转换成电信号的一种传感器。它不需要辅助电源，就能把被测对象的机械能量转换成易于测量的电信号，是一种只适合进行动态测量的有源传感器。

霍尔传感器是根据霍尔效应制作的一种磁场传感器，在使用中要注意进行温度补偿和不等位电势补偿。霍尔传感器具有体积小、灵敏度高、响应速度快、精确度高等特点，在工业生产、日常生活中以及现代军事领域获得了广泛的应用。

光电式传感器以光电效应为基础，根据产生电效应的不同，光电效应可以分为外光电效应、内光电效应和光生伏特效应。基于外光电效应的光电元件有光电管、光电倍增管等；基于内光电效应的光电元件有光敏电阻、光敏二极管、光敏三极管等；基于光生伏特效应的光电元件有光电池。光电式传感器由光源、光学元件和光电元器件组成光路系统，结合相应的测量转换电路而构成。

接近开关又称无触点行程开关。它能在一定的距离（几毫米至几十毫米）内检测有无物体靠近。当物体进入其设定距离范围时，就发出“动作”信号。该信号属于开关信号（高电平或低电平）。接近开关能直接驱动中间继电器。常用的接近开关有电涡流式、电容式、磁性干簧开关、霍尔式、光电式、微波式、超声波式等。

【自测试题】

一、单项选择题

1. 下列光电器件中（　　）是根据外光电效应做出的。

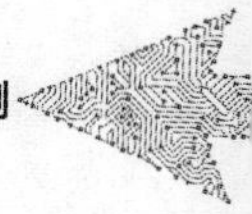

A．光电管　　　　B．光电池

C．光敏电阻　　　　D．光敏二极管

2．当光电管的阳极和阴极之间所加电压一定时，光通量与光电流之间的关系称为光电管的（　　）。

A．伏安特性　　　　B．光照特性

C．光谱特性　　　　D．频率特性

3．下列光电器件中基于光导效应的是（　　）。

A．光电管　　　　B．光电池

C．光敏电阻　　　　D．光敏二极管

4．光敏电阻的相对灵敏度与入射波长的关系称为（　　）。

A．伏安特性　　　　B．光照特性

C．光谱特性　　　　D．频率特性

5．磁电式传感器测量电路中引入积分电路是为了测量（　　）。

A．位移　　　　B．速度

C．加速度　　　　D．光强

6．磁电式传感器测量电路中引入微分电路是为了测量（　　）。

A．位移　　　　B．速度

C．加速度　　　　D．光强

7．霍尔电动势与（　　）成反比。

A．激励电流　　　　B．磁感应强度

C．霍尔元件宽度　　　　D．霍尔元件长度

8．霍尔元件不等位电势产生的主要原因不包括（　　）。

A．霍尔电极安装位置不对称或不在同一等电位上

B．半导体材料不均匀造成电阻率不均匀或几何尺寸不均匀

C．周围环境温度变化

D．激励电极接触不良造成激励电流不均匀分配

二、填空题

1．磁电作用主要分为________和________两种情况。

2．磁电式传感器是利用________原理将运动速度转换成________信号输出。

3．当载流导体或半导体处于与电流相垂直的磁场中时，在其两端将产生电位差，这一现象被称为________。

4．霍尔效应的产生是由于运动电荷受________作用。

5．霍尔元件的灵敏度与________和________有关。

6．霍尔效应是导体中的载流子在磁场中受________作用发生________的结果。

三、简答题

1．简述变磁通式磁电传感器和恒磁通式磁电传感器的工作原理。

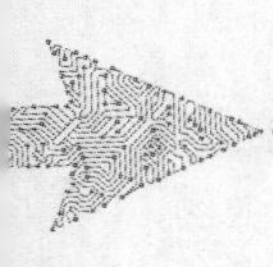

2．为什么说磁电式传感器是一种有源传感器？

3．简述霍尔电动势产生的原理。

4．磁电式传感器主要用于测量哪些物理参数？

5．霍尔元件能够测量哪些物理参数？温度补偿的方法有哪几种？

6．霍尔传感器的应用场合有哪些？

7．霍尔电动势与哪些因素有关？如何提高霍尔传感器的灵敏度？

8．为什么说只有半导体材料才适于制造霍尔片？

9．结合图 3-54 说明磁电式传感器产生非线性误差的原因。

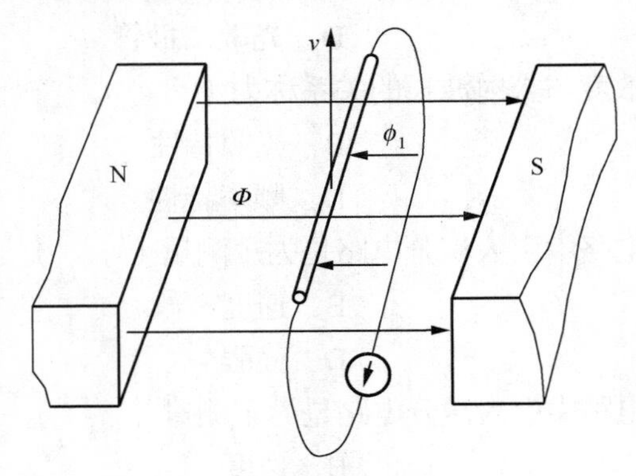

图3-54　磁电式传感器原理图

10．结合图 3-55 说明霍尔式微位移传感器是如何实现微位移测量的。

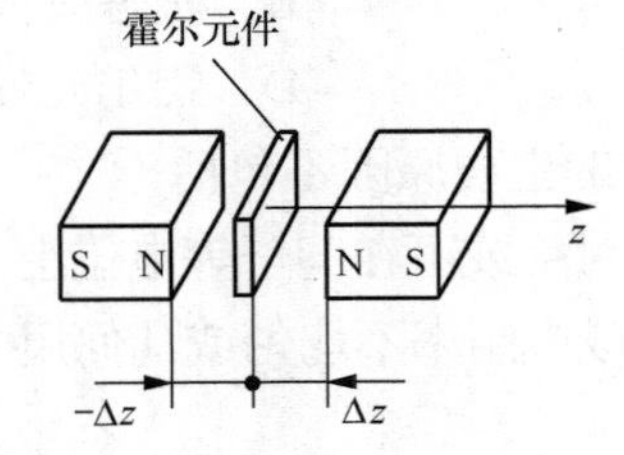

图3-55　霍尔式微位移传感器原理图

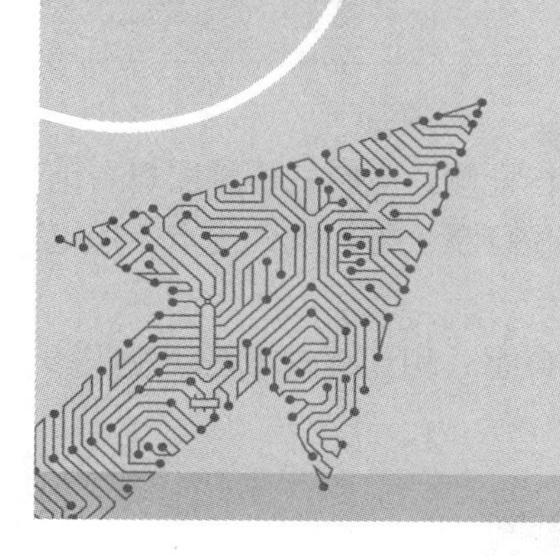

项目4 位移检测

04

【项目描述】

自动化生产与工程自动控制中经常需要测量位移。测量时应当根据不同的测量对象选择测量点、测量方向和测量系统，其中位移传感器对保证测量的精度起着重要的作用。

位移测量从被测量的角度可分为线位移测量和角位移测量；从测量参数特性的角度可分为静态位移测量和动态位移测量。许多动态参数，如力、扭矩、速度、加速度等都是以位移测量为基础的。本项目主要围绕电感式传感器、光栅和光电编码器进行学习和训练。

【学习目标】

知识目标：掌握电感式传感器、光栅和光电编码器的工作原理、使用方法及应用。

技能目标：掌握最常用的位移检测元件的使用方法，了解位移检测系统，解决简单的位移检测问题。

素质目标：增强爱国情怀和责任感。

任务4.1 轴承滚柱直径检测

【任务导入】

某些机械零件需要精确测量，并根据测量结果进行分拣。如在装配轴承滚柱时，为保证轴承的质量，一般要先对滚柱的直径进行分选，而各滚柱直径的误差仅几微米，因此要进行微位移检测。在自动检测系统中，往往要用到测量精度较高的电感式位移传感器进行测量。电感式位移传感器的工作原理是什么？

【知识讲解】

电感式传感器是利用电磁感应原理，将被测非电量的变化转换成线圈的电感（或互感）变化的一种机电转换装置。利用电感式传感器可以把连续变化的线位移或角位移转换成线圈的自感或互感的连续变化，经过一定的转换电路再变成电压或电流信号以供显示。它除了可以对线位移或角位移进行直接测量外，还可以通过一定的弹性敏感元件对一些能够转换成位移量的其他非电量，如振动、压力、应变、流量等进行检测。电感式传感器具有结构简单、工作可靠、灵敏度高、分辨率大（可分辨 0.1μm 的位移量）等一系列优点，但电感式传感器自身频率响应低，不适用于快速动态测量。

电感式传感器的种类很多，按转换原理的不同，可分为自感式和互感式（差动变压器式）两大类，如图 4-1 所示。

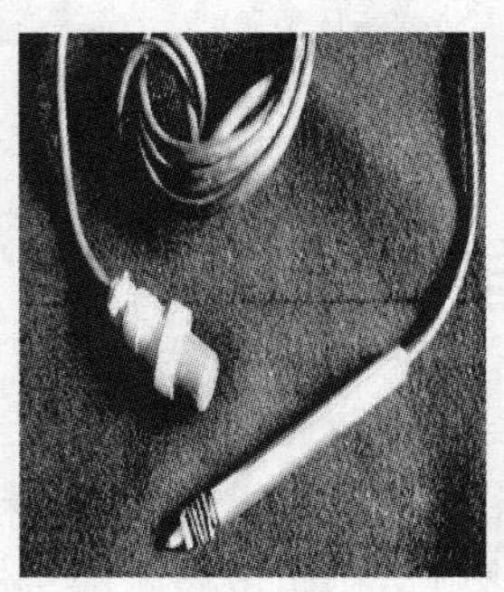
（a）自感式

（b）互感式

图4–1　电感式传感器

4.1.1　自感式传感器

自感式传感器是利用自感量随气隙变化而改变的原理制成的，用来测量位移。

1. 自感式传感器的工作原理

图 4-2 所示为变磁阻式传感器的结构，它是一种典型的自感式传感器。它由线圈、铁芯和衔铁 3 部分组成。铁芯和衔铁由导磁材料如硅钢片或坡莫合金制成，在铁芯和衔铁之间有气隙，气隙厚度为 δ，传感器的运动部分与衔铁相连。当衔铁移动时，气隙厚度 δ 发生改变，引起磁路中磁阻变化，从而导致电感线圈的电感量变化，因此只要能测出这种电感量的变化，就能确定衔铁位移量的大小和方向。

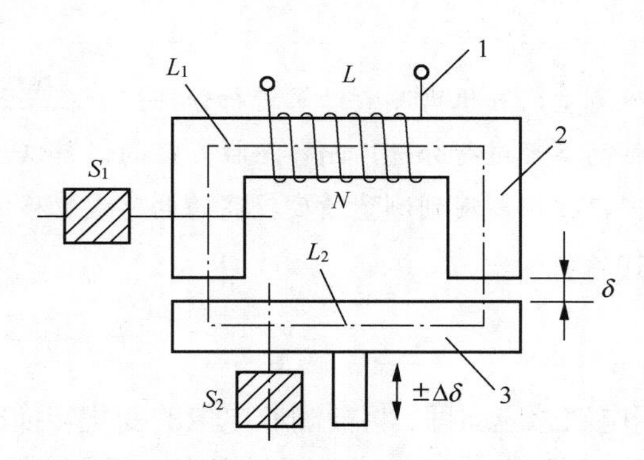

1—线圈；2—铁芯（定铁芯）；3—衔铁（动铁芯）

图4–2　变磁阻式传感器的结构

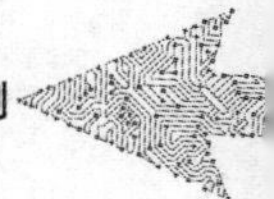

根据电感的定义，线圈中的电感量可由下式确定：

$$L=\frac{\Psi}{I}=\frac{N\Phi}{I} \tag{4-1}$$

式中：Ψ——线圈总磁链；

I——通过线圈的电流；

N——线圈的匝数；

Φ——穿过线圈的磁通。

由磁路欧姆定律，得

$$\Phi=\frac{IN}{R_{\mathrm{m}}} \tag{4-2}$$

式中：R_{m}——磁路总磁阻。对于变气隙式传感器，因为气隙很小，所以可以认为气隙中的磁场是均匀的。若忽略磁路磁损，则磁路总磁阻

$$R_{\mathrm{m}}=\frac{L_1}{\mu_1 S_1}+\frac{L_2}{\mu_2 S_2}+\frac{2\delta}{\mu_0 S_0} \tag{4-3}$$

式中：μ_1——铁芯材料的磁导率；

μ_2——衔铁材料的磁导率；

L_1——磁通通过铁芯的长度；

L_2——磁通通过衔铁的长度；

S_1——铁芯的截面积；

S_2——衔铁的截面积；

μ_0——空气的磁导率；

S_0——气隙的截面积；

δ——气隙的厚度。

通常气隙磁阻远大于铁芯和衔铁的磁阻，则式（4-3）可近似为

$$R_{\mathrm{m}}=\frac{2\delta}{\mu_0 S_0} \tag{4-4}$$

联立式（4-1）、式（4-2）及式（4-4）可得

$$L=\frac{N^2}{R_{\mathrm{m}}}=\frac{N^2\mu_0 S_0}{2\delta} \tag{4-5}$$

式（4-5）表明，当线圈匝数 N 为常数时，电感量 L 仅仅是磁路中磁阻 R_{m} 的函数，只要改变 δ 或 S_0 均可导致电感变化，因此电感式传感器又可分为变气隙厚度 δ 的传感器和变气隙截面积 S_0 的传感器。前者可用于测量直线位移，后者则可测量角位移。

自感式传感器常见的形式有变气隙式、变截面式和螺线管式 3 种，如图 4-3 所示。

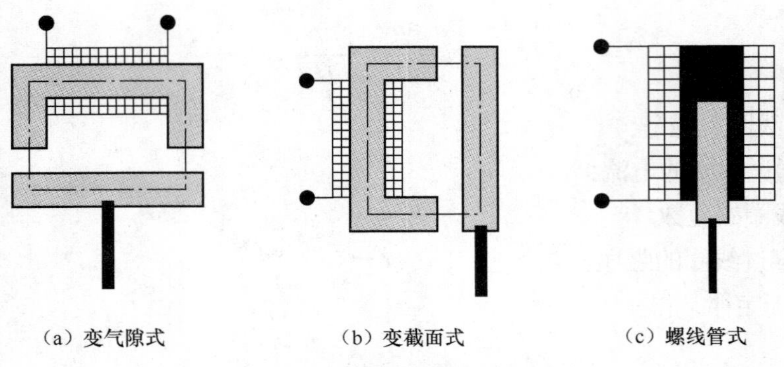

（a）变气隙式　　（b）变截面式　　（c）螺线管式

图4-3　自感式传感器常见形式

（1）变气隙式自感传感器

变气隙式自感传感器由线圈、铁芯、衔铁及弹簧等组成，其工作原理如图 4-4 所示。

由式（4-5）可知，变气隙式自感传感器的线性度差、示值范围窄、自由行程小，但在小位移下灵敏度很高，常用于小位移的测量。图 4-4（a）所示为测量衔铁 3 的位移 x 的工作原理。为了扩大示值范围和减小非线性误差，可采用差动结构，即将两个线圈接在电桥的相邻臂，构成差动电桥，如图 4-4（b）所示，Δl 为衔铁 B 的位移，l_B 为衔铁 B 距电磁铁芯 A_1 和 A_2 的距离。当衔铁 B 向左移动时，电磁线圈 L_1 电感增加，而 L_2 电感减少；反之 L_1 电感减少，而 L_2 电感增加。因此，差动结构不仅可使灵敏度提高一倍，而且可使非线性误差大大减小。

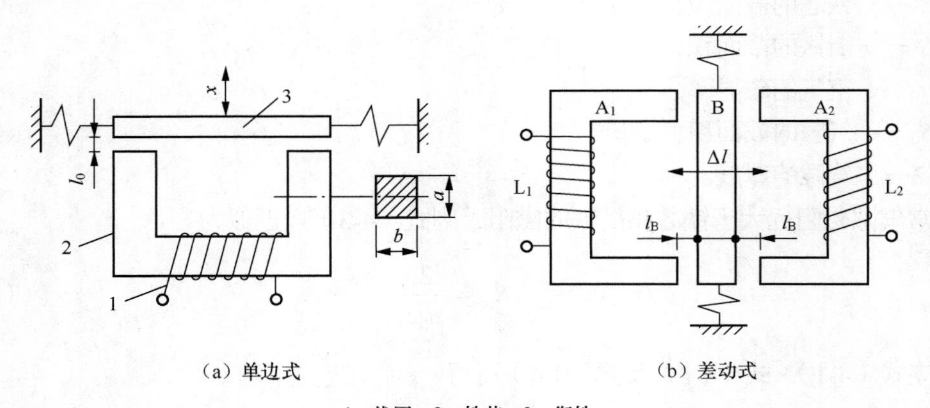

（a）单边式　　（b）差动式

1—线圈；2—铁芯；3—衔铁

图4-4　变气隙式自感传感器

（2）变截面式自感传感器

如果自感式电感传感器的气隙长度不变，铁芯与衔铁之间的相对覆盖面积随被测量的变化而改变，从而导致线圈的电感量发生变化，则称为变截面式自感传感器。通过式（4-5）可知，变截面式自感传感器具有良好的线性度，自由行程大，示值范围宽，但灵敏度较低，通常用来测量比较大的位移。

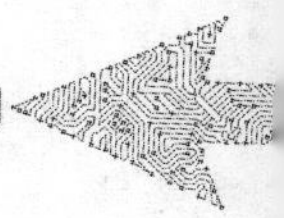

（3）螺线管式自感传感器

图 4-3（c）为螺线管式自感传感器的结构示意图。当活动衔铁随被测物体移动时，线圈磁力线路径上的磁阻发生变化，线圈电感量也因此而变化。线圈电感量的大小与衔铁插入线圈的深度有关。需要注意的是，在有限长的螺线管内部，磁场沿轴线非均匀分布，中间强，两端弱。因此在使用时，插入铁芯的长度不宜过短也不宜过长，一般以铁芯与线圈长度比为 1∶2、半径比趋于 1∶1 为宜。

螺线管式自感传感器结构简单，装配容易，自由行程大，示值范围宽；缺点是灵敏度较低，易受外部磁场干扰。目前，该类传感器随放大器性能提高而得以广泛应用。

以上 3 种自感式传感器在实际使用中，常采用两个完全相同的线圈共用一个活动衔铁构成差动式自感传感器，这样可以提高传感器的灵敏度，减小测量误差。图 4-5 所示是变气隙式、变截面式及螺线管式 3 种类型的差动式自感传感器。

差动式自感传感器的结构要求两个导磁体的几何尺寸及材料完全相同，两个线圈的电气参数和几何尺寸完全相同。

差动式结构除了可以改善线性度、提高灵敏度外，对温度变化、电源频率变化等的影响也可以进行补偿，从而减少了外界影响造成的误差。

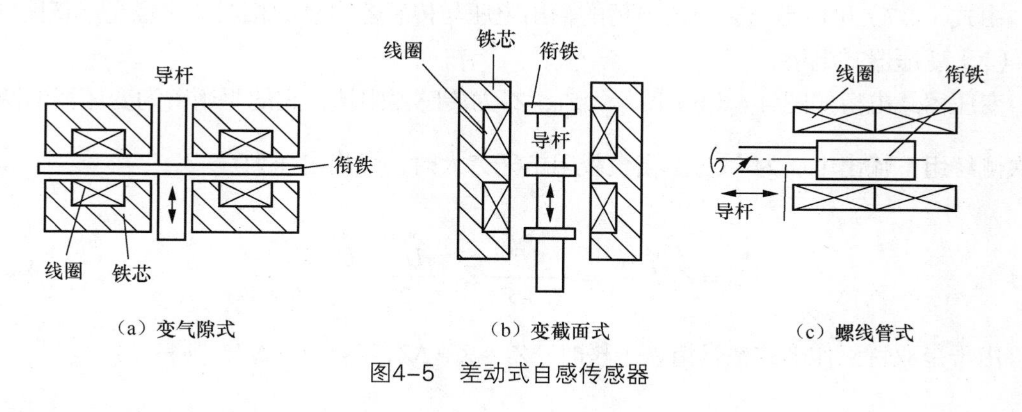

图4–5　差动式自感传感器

2. 自感式传感器测量电路

自感式传感器的测量电路用来将电感量的变化转换成相应的电压或电流信号，以供放大器进行放大，然后用测量仪表显示或记录。交流电桥是其主要测量电路，有电阻平衡臂电桥和变压器式电桥两种形式。

（1）电阻平衡臂电桥

电阻平衡臂电桥如图 4-6（a）所示。Z_1、Z_2 为传感器阻抗，$Z_1 = R_1' + L_1$，$Z_2 = R_2' + L_2$，Z_C 为负载阻抗。由 $R_1' = R_2' = R'$，$L_1 = L_2 = L$，则有 $Z_1 = Z_2 = Z = R' + j\omega L$，另有 $R_1 = R_2 = R$。由于电桥工作臂是差动形式，因此在工作时，$Z_1 = Z + \Delta Z$ 和 $Z_2 = Z - \Delta Z$，当 $ZL \to \infty$ 时，电桥的输出电压

$$\dot{U}_o = \frac{Z_1}{Z_1 + Z_2}\dot{U} - \frac{R_1}{R_1 + R_2}\dot{U} = \frac{Z_1 \times 2R - R(Z_1 + Z_2)}{Z_1 + Z_2}\dot{U} = \frac{\dot{U}}{2}\frac{\Delta Z}{Z} \qquad (4\text{-}6)$$

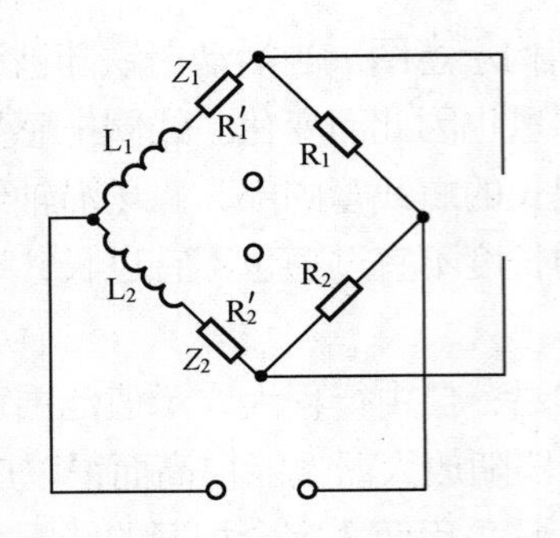

（a）电阻平衡臂电桥

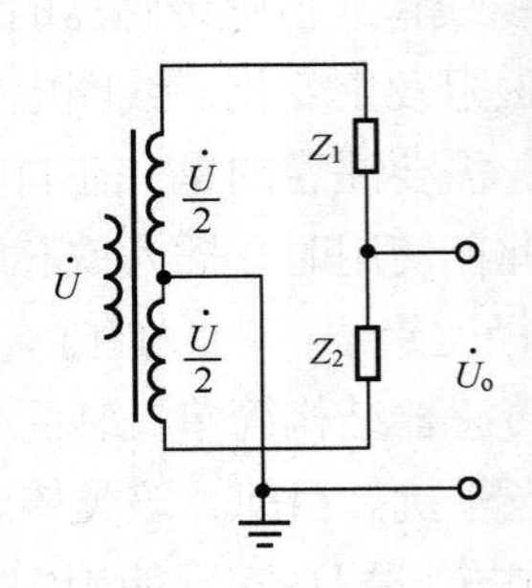

（b）变压器式电桥

图4–6　交流电桥的形式

当 $\omega L \gg R'$ 时，式（4-6）可近似为

$$\dot{U}_o \approx \frac{\dot{U}}{2}\frac{\Delta L}{L} \tag{4-7}$$

由式（4-7）可以看出：交流电桥的输出电压与传感器电感的相对变化量是成正比的。

（2）变压器式电桥

变压器式电桥如图 4-6（b）所示，Z_1、Z_2为传感器阻抗，它的平衡臂为变压器的两个二次侧绕组，输出电压为$\frac{1}{2}\dot{U}_o$，当负载阻抗无穷大时，输出电压为

$$\dot{U}_o = Z_2\dot{I} - \frac{\dot{U}}{2} = \frac{\dot{U}}{Z_1+Z_2}Z_2 - \frac{\dot{U}}{2} = \frac{\dot{U}}{2}\frac{Z_2-Z_1}{Z_1+Z_2} \tag{4-8}$$

由于是双臂工作形式，当衔铁下移时，$Z_1 = Z - \Delta Z$，$Z_2 = Z + \Delta Z$，则有

$$\dot{U}_o = \frac{\dot{U}}{2}\frac{\Delta Z}{Z} \tag{4-9}$$

同理，当衔铁上移时，则有

$$\dot{U}_o = -\frac{\dot{U}}{2}\frac{\Delta Z}{Z} \tag{4-10}$$

由式（4-10）可知，输出电压反映了传感器线圈阻抗的变化，但是由于采用交流电源，则不论活动铁芯向线圈的哪个方向移动，电桥输出电压总是交流的，即无法判别位移的方向。

带相敏整流的交流电桥电路如图 4-7 所示，其输出电压既能反映位移量的大小，又能反映位移的方向，所以应用较为广泛。差动式自感传感器的两个线圈作为交流电桥相邻的两个工作臂，指示仪表是中心为零刻度的直流电压表或数字电压表。

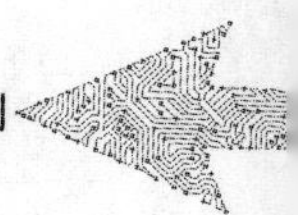

设差动式自感传感器的线圈阻抗分别为 Z_1 和 Z_2，当衔铁处于中间位置时，$Z_1 = Z_2 = Z$，电桥处于平衡状态，C 点电位等于 D 点电位，电压表指示为零。

当衔铁上移时，上部线圈阻抗增大，$Z_1 = Z + \Delta Z$，则下部线圈阻抗减小，$Z_2 = Z - \Delta Z$。如果输入交流电压为正半周，则 A 点电位为正，B 点电位为负，二极管 VD_1、VD_4 导通，VD_2、VD_3 截止。在 A-E-C-B 支路中，C 点电位由于 Z_1 增大而比平衡时的 C 点电位降低；而在 A-F-D-B 支路中，D 点电位由于 Z_2 的降低而比平衡时 D 点的电位增高，所以 D 点电位高于 C 点电位，直流电压表正向偏转。

如果输入交流电压为负半周，A 点电位为负，B 点电位为正，二极管 VD_2、VD_3 导通，VD_1、VD_4 截止，则在 A-F-C-B 支路中，C 点电位由于 Z_2 减小而比平衡时降低（平衡时，输入电压若为负半周，即 B 点电位为正，A 点电位为负，C 点相对于 B 点为负电位，Z_2 减小时，C 点电位更低）；而在 A-E-D-B 支路中，D 点电位由于 Z_1 的增加而比平衡时的电位增高，所以仍然是 D 点电位高于 C 点电位，电压表正向偏转。

同样可以得出结论：当衔铁下移时，电压表总是反向偏转，输出为负。

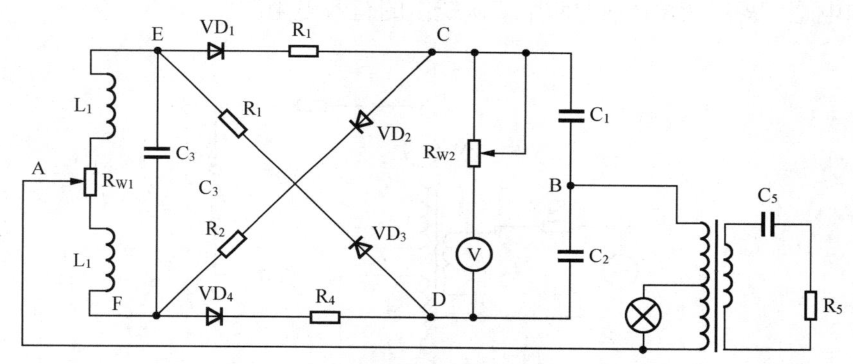

图4-7　带相敏整流的交流电桥电路

4.1.2　互感式传感器

把被测非电量的变化转换为线圈互感量变化的传感器称为互感式传感器。这种传感器是根据变压器的基本原理制成的，当一次绕组接入激励电源之后，二次绕组就将产生感应电动势，并且二次绕组用差动形式连接，故又称差动变压器式传感器。差动变压器式传感器按结构形式分类，可分为变气隙式、变截面式和螺线管式等。目前应用最多的是螺线管式差动变压器式传感器，它可以测量 1～100mm 的机械位移，并具有测量精度高、灵敏度高、结构简单、性能可靠等优点。

1. 螺线管式差动变压器式传感器工作原理

螺线管式差动变压器式传感器（以下简称差动变压器式传感器）的结构如图 4-8 所示。它由一次绕组、两个二次绕组和插入绕组中央的圆柱形衔铁等组成。

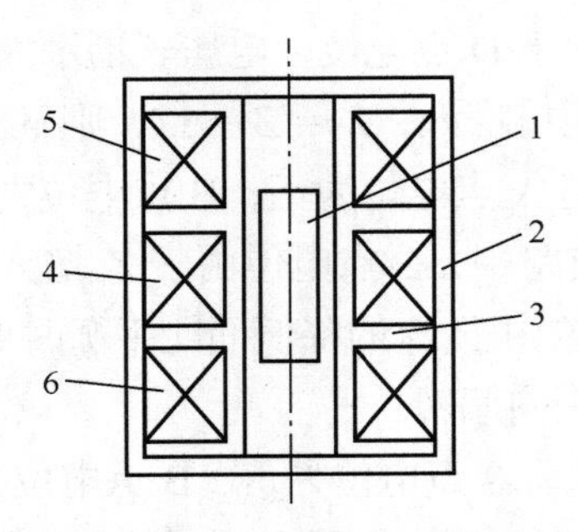

1—衔铁；2—导磁外壳；3—骨架；4—匝数为ω_1的一次绕组；5—匝数为ω_{2a}的二次绕组；6—匝数为ω_{2b}的二次绕组

图4-8　螺线管式差动变压器式传感器的结构

差动变压器式传感器工作在理想情况下（忽略涡流损耗、磁滞损耗和分布电容等影响），它的等效电路如图 4-9 所示。图中$\dot{U}_i$为一次绕组激励电压；M_1、M_2分别为一次绕组与两个二次绕组间的互感系数，L_1、R_1分别为一次绕组的电感和有效电阻；L_{21}、L_{22}分别为两个二次绕组的电感；R_{21}、R_{22}分别为两个二次绕组的有效电阻。

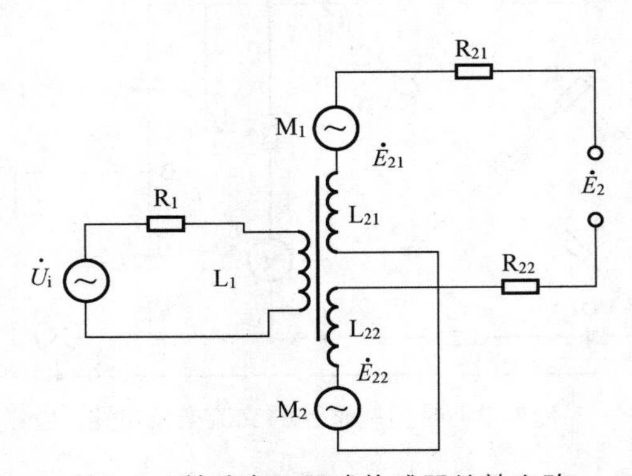

图4-9　差动变压器式传感器等效电路

当衔铁处于中间位置时，两个二次绕组的互感系数 M_1、M_2 相等，导致两个二次绕组的互感电动势相等，即$\dot{E}_{21}=\dot{E}_{22}$，由于两个二次绕组是反向串接，所以差动变压器的输出电压$\dot{E}_2$为零。

当衔铁移向二次绕组 L_{21} 一侧时，互感系数 $M_1>M_2$，因此，$\dot{E}_{21}>\dot{E}_{22}$，这时差动变压器的输出电压$\dot{E}_2$不为零。在传感器的量程内，衔铁移动量越大，差动变压器的输出电压就越大。

同理，当衔铁移向二次绕组 L_{22} 一侧时，互感系数 $M_1<M_2$，因此，$\dot{E}_{21}<\dot{E}_{22}$，差动变压器的输出电压仍不为零，由于移动方向改变，所以输出电压的极性相反。因此通过差动变压器输出电压的大小和极性可反映被测物体位移的大小和方向。

差动变压器式传感器的输出特性曲线如图 4-10 所示。图中$\dot{E}_{21}$、$\dot{E}_{22}$分别为两个二次绕组的输出感应电动势，$\dot{E}_2$为差动输出电压，x 表示衔铁偏离中心位置的距离。其中$\dot{E}_2$的

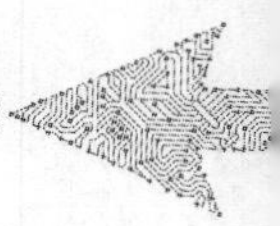

实线表示理想的输出特性，而虚线部分表示实际的输出特性。$\dot{E}_0$ 为零点残余电压，它的存在使传感器的输出特性不经过零点，造成实际特性与理论特性不完全一致。

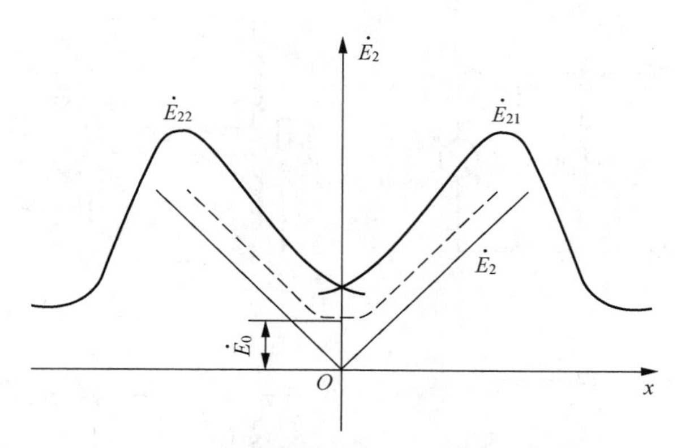

图4-10 差动变压器式传感器的输出特性曲线

2. 零点残余电压

（1）零点残余电压的概念

当差动变压器式传感器的衔铁处于中间位置时，理想条件下其输出电压为零。但实际上，当使用桥式电路时，在零点仍有一个微小的电压值存在，称为零点残余电压。

（2）零点残余电压产生的原因

① 传感器的两个二次绕组的电气参数、几何尺寸不对称，导致它们产生的感应电动势的幅值不等、相位不同，因此不论怎样调整衔铁位置，两线圈中的感应电动势都不能完全抵消。

② 磁性材料磁化曲线的非线性，导致电源电压中含有高次谐波。

③ 导磁材料存在铁损、不均匀，一次绕组有铜耗电阻，线圈间存在寄生电容，导致差动变压器的输入电流与磁通不相同。

（3）减小零点残余电压的方法

① 尽可能保证传感器的几何尺寸、线圈电气参数和磁路对称。磁性材料要经过处理，消除内部的残余应力，使其性能均匀稳定。

② 选用合适的测量电路。例如采用相敏整流电路，既可判别衔铁移动方向，又可改善输出特性，减小零点残余电压。

③ 采用补偿线路减小零点残余电压。

3. 差动变压器式传感器测量电路

差动变压器式传感器输出的是交流电压，若用交流电压表测量，只能反映衔铁位移的大小，而不能反映移动方向。另外，其测量值中将包含零点残余电压。为了达到能辨别移动方向及消除零点残余电压的目的，实际测量时，常常采用差动整流电路和相敏检波电路。

（1）差动整流电路

这种电路是把差动变压器式传感器的两个二次侧输出电压分别整流，然后将整流的电压或电流的差值作为输出，图 4-11 给出了几种典型差动整流电路形式。图 4-11（a）、

图 4-11（c）适用于交流负载阻抗，图 4-11（b）、图 4-11（d）适用于低负载阻抗，电阻 R_0 用于调整零点残余电压。

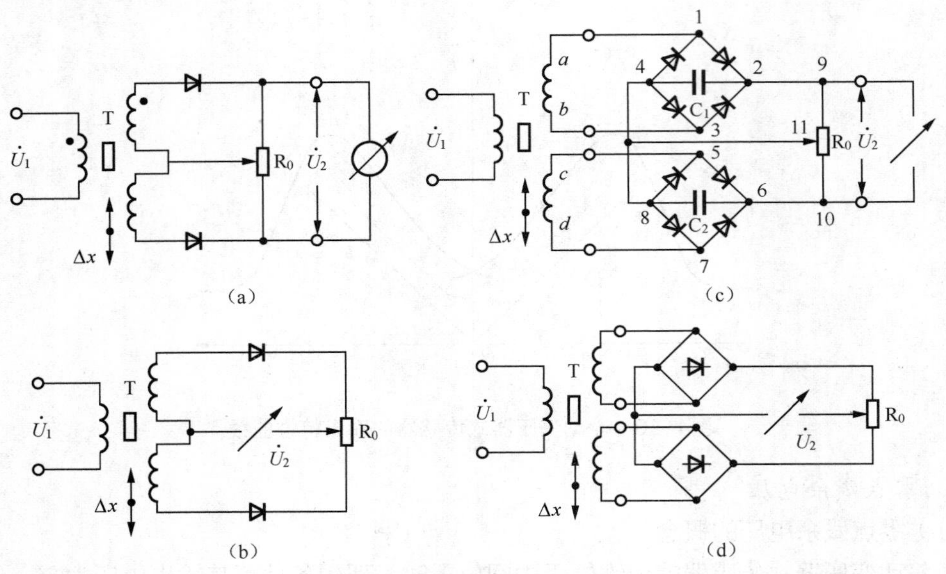

图4–11　差动整流电路

（2）相敏检波电路

图 4-12 所示是相敏检波电路的一种形式。相敏检波电路要求比较电压的幅值尽可能大，比较电压与差动变压器式传感器二次侧输出电压的频率相同，相位相同或相反。

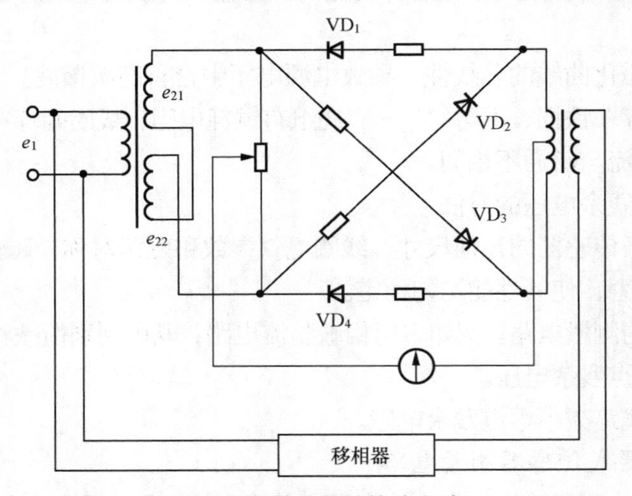

图4–12　差动相敏检波电路

4.1.3　电感式传感器的应用

电感式传感器一般用于接触测量，主要用于位移测量，也可以用于测量振动、加速度、压力、流量、液位等与位移有关的其他机械量。

1. 压力的测量

图 4-13 所示是变气隙式电感压力传感器的结构图。它由膜盒、铁芯、衔铁及线圈等组成，衔铁与膜盒的上端连在一起。当压力进入膜盒时，膜盒的顶端在压力 p 的作用下产生与压力 p 大小成正比的位移。于是衔铁也发生移动，从而使气隙发生变化，流过线圈的电流也发生相应的变化，电流表指示值就反映了被测压力的大小。

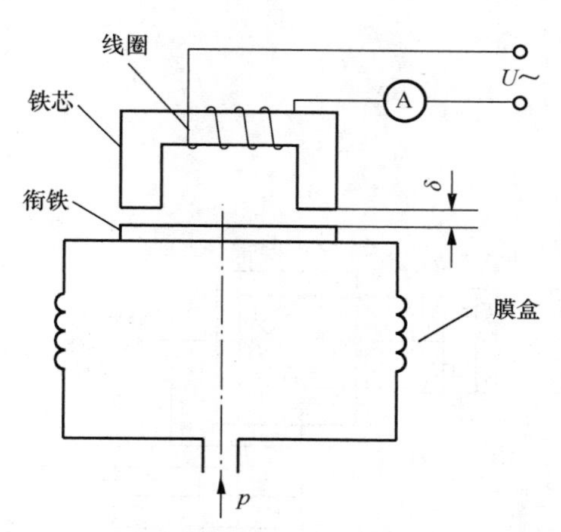

图4–13　变气隙式电感压力传感器结构图

2. 振动与加速度的测量

图 4-14 为差动变压器式加速度传感器的结构及测量电路示意图。它由悬臂梁和差动变压器构成。测量时，将悬臂梁底座及差动变压器的线圈骨架固定，将衔铁与被测体相连，此时传感器作为加速度测量中的惯性元件，它的位移与被测加速度成正比，使加速度测量转变为位移的测量。当被测体带动衔铁以$\Delta x(t)$振动时，使得差动变压器的输出电压发生变化，输出电压的大小及频率与被测体的振幅与频率有关。

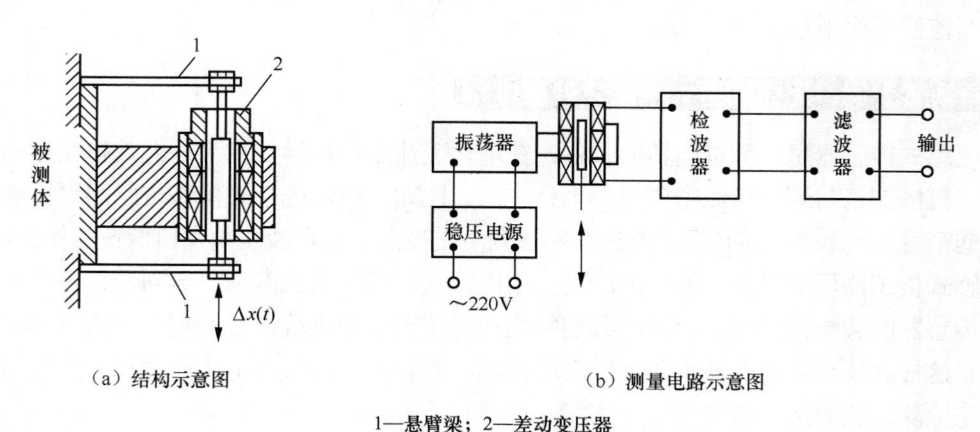

（a）结构示意图　　（b）测量电路示意图

1—悬臂梁；2—差动变压器

图4–14　差动变压器式加速度传感器

3. 电感测微仪轴承直径测量

根据测微仪的检测范围及灵敏度要求，结合电感式传感器的相关知识，选用差动螺管

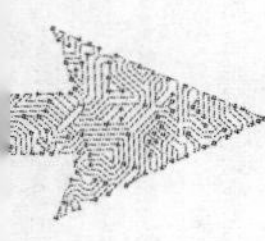

插铁型电感传感器作为测微仪的检测头，如图 4-15 所示。测量时，探头的顶尖与被测件接触，被测轴承直径的微小变化带动测量杆和衔铁一起在差动线圈中移动，从而使两线圈的电感产生差动变化，接入交流电桥，经过放大、相敏检波就得到了反映位移量大小和方向的直流输出信号。

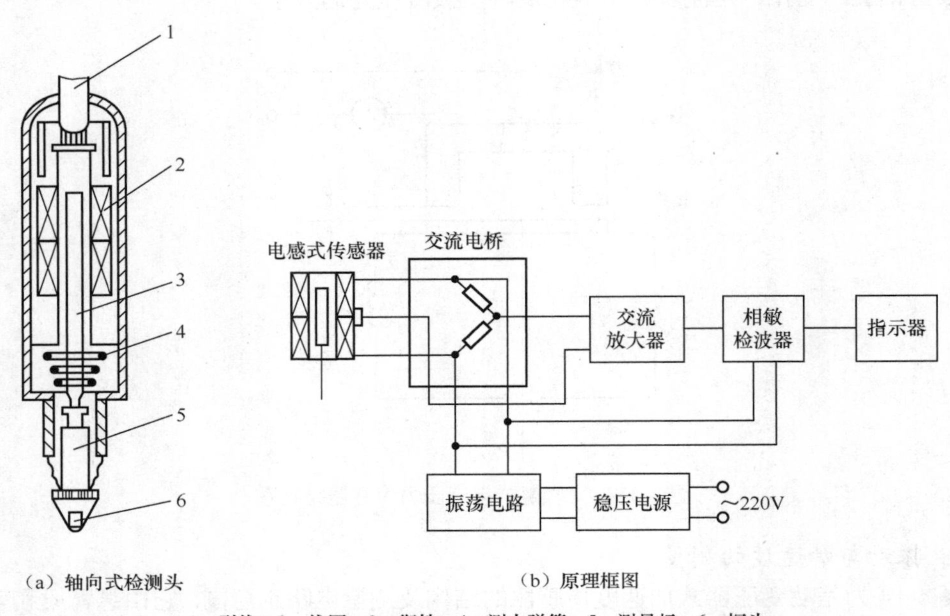

1—引线；2—线圈；3—衔铁；4—测力弹簧；5—测量杆；6—探头

图4–15　电感测微仪原理框图

在使用该传感器时要注意传感器探头和测量杆不能有任何变形和弯曲；探头与被测钢柱要垂直接触；接线牢固，避免压线；安装传感器需调节（挪动）传感器的夹持位置时，应使其位移变化不超出测量范围。

【学海领航】——见微知著，精密之处展才华

电感式传感器是一种机电转换装置，在现代工业生产科学技术上，尤其是在自动控制系统、机械加工与测量行业中应用得十分广泛。比如，应用电感式位移传感器可提高轴承制造的精度；用电感测微仪可测量微小精密尺寸的变化，实现液压阀开口位置的精准测量；用电感式传感器可检测润滑油中的磨粒；用电感式传感器可监测吊具导向轮；等等。但电感式传感器的装配精度很高，这给我们学生提供了机会和挑战，我们现在应认真学习相关知识，这样才能在将来的技术研发、质量检测、检验等工作岗位上施展才华，成为国家传感器与检测行业的技术后备人才。

【任务实施】——检测轴承滚柱直径

在轴承滚柱直径自动检测系统中，往往要用到电感式接近开关对轴承滚柱的直径进行微位移检测，因此我们下面介绍电感式接近开关的制作。

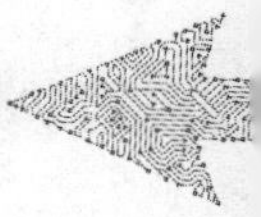

1. 检测原理

制作电感式接近开关，要求当某金属物体与接近开关接近并达到一定距离时，能发出电信号报警。电感式接近开关不需要施加外力，是一种无触点式的开关。因此，可利用电感式接近开关对不符合直径要求的轴承滚柱进行分选。

2. 具体制作方法

（1）电路设计

电感式接近开关电路由高频振荡电路、倍压整流电路和电子开关电路组成，如图 4-16 所示。高频振荡器电路由高频变压器 T，电位器 R_{P1}，电阻器 R_1～R_3，电容器 C_1、C_2、C_4 和三极管 VT_1 组成。倍压整流电路由二极管 VD_1 与 VD_2、电容器 C_3 和电阻器 R_4 组成。电子开关电路由三极管 VT_2 与 VT_3、电位器 R_{P2}、光电耦合器 VLC 及电阻器 R_5 与 R_6 组成。

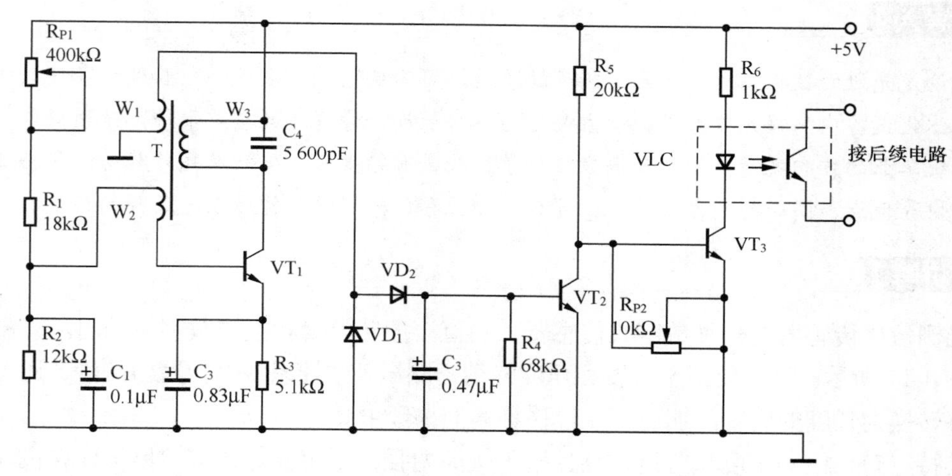

图4-16 电感式接近开关电路

（2）工作原理

高频变压器 T 作为检测探头，对金属物体进行检测。当金属没有靠近探头时，高频振荡器工作，振荡信号经 VD_1、VD_2 倍压整流后，产生一直流电压使 VT_2 导通，VT_3 和 VLC 截止，电子开关处于关闭状态，后续电路不工作。当有金属靠近探头时，产生涡流损耗，使得高频振荡器停振，VT_2 截止，VT_3 得电导通，光电耦合器 VLC 内部的发光二极管点亮、光敏三极管导通，电子开关处于接通状态，控制后续电路工作。

（3）元件选择

① R_1～R_6 选用额定功率为 1/4W 的金属膜电阻器或碳膜电阻器；

② R_{P1} 选用有机实心电位器或可变电阻器，R_{P2} 选用合成碳膜电位器或可变电阻器；

③ C_1、C_2 和 C_3 均选用独石电容器，C_4 选用高频瓷介电容器；

④ VD_1 和 VD_2 均选用 1N4148 型硅开关二极管；

⑤ VT_1 和 VT_2 选用 S9013 或 3DG6 型硅 NPN 三极管，VT_3 选用 S8050 型硅 NPN 三极管；

⑥ VLC 选用 4N25 或 4N26 型光电耦合器；

⑦ T 使用ϕ5mm × 4mm 的磁芯和ϕ0.12mm 的漆包线绕制：W_1绕 25 匝，W_2绕 11 匝，W_3绕 60 匝。

（4）安装调试

接通电源，调节 R_{P1}，用万用表监测 VT_2，使 VT_2的 c、e 两极之间刚好完全导通。这时高频振荡器处于弱振状态。然后用一金属物靠近探头，VT_2 应立即截止。再微调 R_{P2} 使 VT_3 刚好完全导通，此时灵敏度高，范围大（感应距离在几毫米到数十毫米），再根据使用情况，仔细调整 R_{P1} 和 R_{P2}，使感应距离正好适合当前使用状况。

任务 4.2　数控机床位移检测

【任务导入】

无论是先进的数控机床，还是旧机床的改造，都需要精确测量位移、长度和零件尺寸。在机电一体化设备中，将光栅数显测量系统作为各种长度计量仪器的重要配件，是用微电子技术改造传统工业的方向之一。由于光栅数显测量系统具有精度高、安装及操作容易、价格低、回收投资快等优点，因而得到大量使用。那么光栅位移传感器的工作原理是怎样的？

【知识讲解】

光栅位移传感器是一种数字式传感器，它直接把非电量转换成数字量输出。光栅的外形如图 4-17 所示。它主要用于长度和角度的精密测量、数控系统的位置检测等，还可以检测能够转换为长度的速度、加速度、位移等其他物理量。

其特点有：检测精度和分辨率高，抗干扰能力强，稳定性好，接口易与计算机连接，便于信号处理和实现自动化测量等。

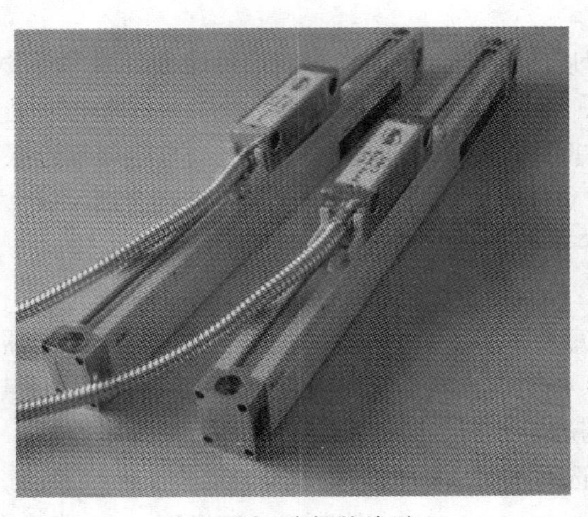

图4-17　光栅的外形

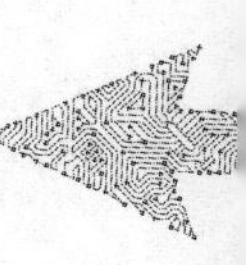

4.2.1 光栅传感器的类型

在计量工作中应用的光栅称为计量光栅。从光栅的光线走向来看，可分为透射式光栅和反射式光栅两大类。透射式光栅一般用光学玻璃作基体，在其上均匀地刻划上等间距、等宽度的条纹，图 4-18 所示为一块黑白型光栅，刻线的地方为黑色，不透光；没有刻线的地方透光，形成连续的透光区和不透光区。反射式光栅用不锈钢作基体，在其上用化学方法制作出黑白相间的条纹，形成强反光区和不反光区。光栅上栅线的宽度为 a，线间宽度为 b，一般取 $a=b$，而 $W=a+b$，W 称为光栅栅距。

计量光栅按其形状和用途可分为长光栅和圆光栅两类。其中长光栅又称为光栅尺，用于长度或直线位移的测量；圆光栅又称为光栅盘，用来测量角度或角位移。长光栅的栅线密度一般为 10 线/mm、25 线/mm、50 线/mm、100 线/mm 和 200 线/mm 等几种，圆光栅整圈内的栅线数一般为 100～21 600 线。

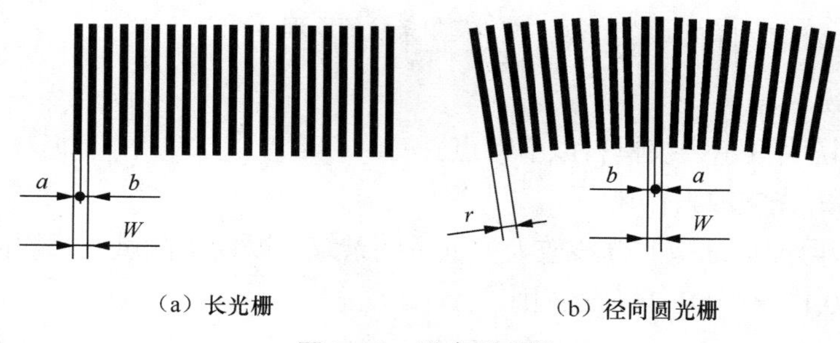

图4-18 黑白型光栅

4.2.2 莫尔条纹

1. 莫尔条纹的原理

由于光栅的刻线很密，如果不进行光学放大，则不能直接用光敏元件来测量光栅移动所引起的光强变化，必须采用莫尔条纹来放大栅距。

如图 4-19 所示，当两个有相同栅距的光栅叠合在一起时，其栅线之间倾斜一个很小的夹角 θ，在接近垂直于栅线的方向出现明暗相间的条纹，这种条纹称为莫尔条纹。例如在 a-a' 线上，两个光栅的栅线彼此重合，从缝隙中通过光的一半，透光面积最大，形成条纹的亮带；在 b-b' 线上，两光栅的栅线彼此错开，形成条纹的暗带。

2. 莫尔条纹的宽度

横向莫尔条纹的宽度 B_H 与栅距 W、倾斜角 θ 之间的关系，可由图 4-19（b）求出（当 θ 角很小时）：

$$B_H = AB = \frac{BC}{\sin\frac{\theta}{2}} = \frac{W}{2\sin\frac{\theta}{2}} \approx \frac{W(\text{mm})}{\theta(\text{rad})} \tag{4-11}$$

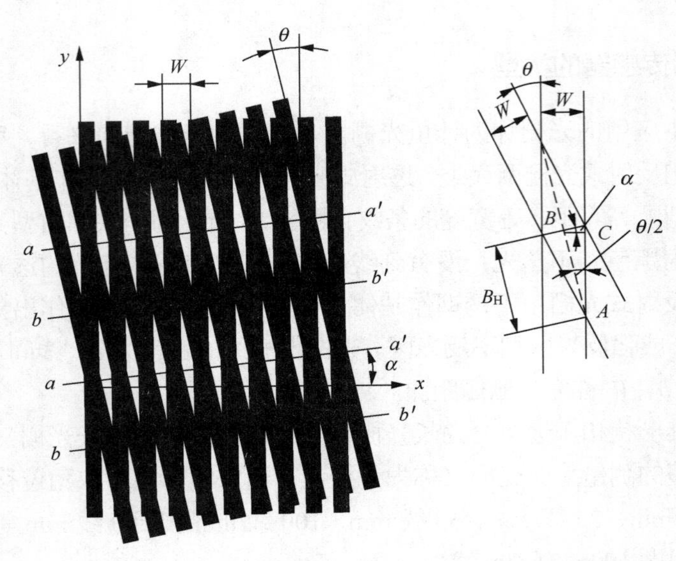

（a）莫尔条纹的形成　　（b）莫尔条纹的宽度

图4-19　莫尔条纹的原理

3. 莫尔条纹的特点

式（4-11）说明莫尔条纹具有以下特点。

（1）对位移的光学放大作用

调整 θ 角即可把极细微的栅线放大为很宽的条纹，既便于测试，又提高了测量精度。例如倾斜角 $\theta = 0.1° \approx 0.001\,745\text{rad}$，则

$$\frac{1}{\theta} \approx 573 \tag{4-12}$$

若 $W = 0.01\text{mm}$，则 $B_H = 5.73\text{mm}$。

（2）连续变倍的作用

放大倍数可通过使 θ 角连续变化而改变，从而获得任意粗细的莫尔条纹。莫尔条纹的光强度近似按正弦规律变化，便于将电信号做进一步细分，即采用"倍频技术"。这样可以提高测量精度或可以采用较粗的光栅。

（3）光电元件对于光栅刻线的误差均衡作用

光栅的刻线误差是不可避免的。由于莫尔条纹是由大量栅线共同组成的，光电元件感受的光通量是其视场覆盖的所有光栅光通量的总和，具有对光栅的刻线误差的平均效应，从而能消除短周期的误差。刻线的局部误差和周期误差对于精度没有直接的影响，因此可得到比光栅本身刻线精度高的测量精度。这是用光栅测量和普通标尺测量的主要差别。

4.2.3　光栅传感器的结构和工作原理

光栅传感器的结构和工作原理（视频）

1. 光栅传感器的结构

光栅传感器由光源、透镜、光栅副（主光栅和指示光栅）和光电元件组成，如图 4-20 所示。

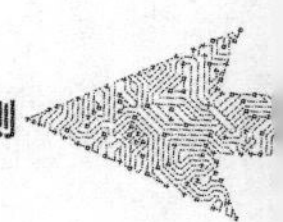

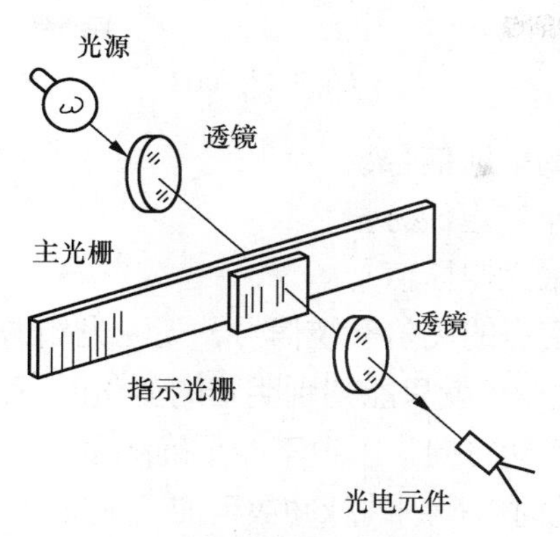

图4-20　光栅传感器的结构

主光栅（又称标尺光栅）和指示光栅组成计量光栅，又称光栅副。主光栅和指示光栅的刻线宽度和间距完全一样。将指示光栅与主光栅叠合在一起，两者之间保持很小的间隙（0.05mm 或 0.1mm）。在长光栅中，主光栅和被测物体相连，它随被测物体的直线位移而产生移动，指示光栅与光电元件固定不动。当主光栅产生位移时，莫尔条纹也随之产生位移。

光栅传感器的光源一般采用白炽灯。白炽灯发出的光线经过透镜后变成平行光束，照射在光栅副上。由于光电元件输出的电压信号比较微弱，因此必须先将该电压信号进行放大，以避免在传输过程中被多种干扰信号所淹没、覆盖而造成失真。驱动电路的功能就是实现对光电元件输出信号的功率放大和电压放大。另外还有半导体发光器件，其转换效率高，响应速度快。

光栅传感器的光电元件包括光电池和光敏三极管等部分。在采用固态光源时，需要选用敏感波长与光源相接近的光电元件，以获得高的转换效率。在光电元件的输出端，常接有放大器，通过放大器得到足够的信号输出以防干扰。

2. 光栅传感器的工作原理

两光栅相对移动时，从固定点观察到莫尔条纹光强的变化近似为余弦波形变化。光栅移动一个栅距 W，光强变化一个周期 2π，这种正弦波形的光强变化照射到光电元件上，即可转换成电信号关于位置的正弦变化，如图 4-21 所示。

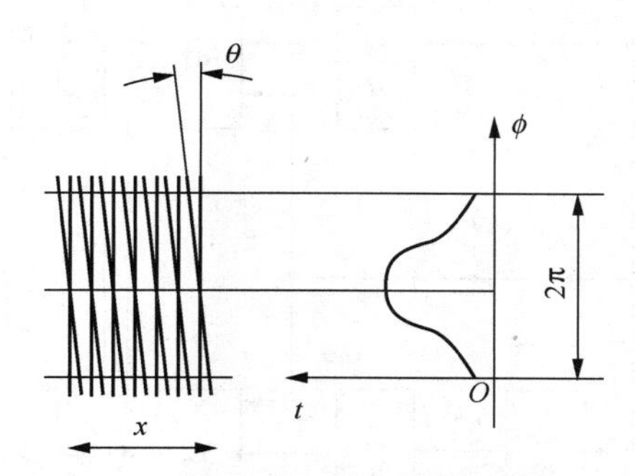

图4-21　光栅位移与电压输出信号的关系

当光电元件感受到光的明暗变化时，则光信号就转换为图 4-21 所示的电压信号输出，它可以用光栅位移量 x 的余弦函数表示

$$U = U_0 + U_{\mathrm{m}} \cos \frac{2\pi}{W} x \qquad (4\text{-}13)$$

式中：U——光电元件输出的电压信号；

U_0——输出信号中的平均直流分量；

U_{m}——输出信号中的最大电压信号。

单个光电元件接收一固定点的莫尔条纹信号，无论光栅做正向移动还是反向移动，光电元件都产生相同的余弦信号，也就只能判别明暗的变化而不能辨别莫尔条纹的移动方向，因而就不能判别运动零件的运动方向，以致不能正确测量位移，因此必须设置辨向电路。

如果能够在物体正向移动时将得到的脉冲数累加，而在物体反向移动时从已累加的脉冲数中减去反向移动的脉冲数，就能得到正确的测量结果。如图 4-22 所示，在相距 $B_{\mathrm{H}}/4$ 的位置上设置两个光电元件 1 和 2，以得到两个相位互差 90°的正弦信号。正向移动时脉冲数累加，反向移动时，便从累加的脉冲数中减去反向移动所得到的脉冲数，这样光栅传感器就可辨向。

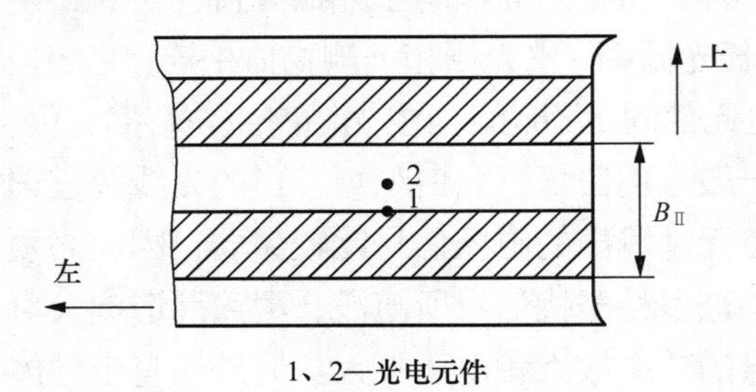

1、2—光电元件

图4-22　辨向电路的设置

辨向电路原理框图如图 4-23 所示。当主光栅向左移动时，莫尔条纹向上移动，两个光电元件分别输出电压信号 U_1 和 U_2，经过放大、整形，得到两个相位差为 90° 的方波信号 U_1' 和 U_2'。U_1' 经反相后得到 U_1''，U_1' 和 U_2' 经过放大、整形后得到两组电脉冲 $U_{1\mathrm{w}}'$ 和 $U_{1\mathrm{w}}''$ 分别输入到与门 Y_1、Y_2。对于与门 Y_1，由于 $U_{1\mathrm{w}}'$ 处于高电平时，U_2 总是为低电平，故脉冲被阻塞，Y_1 输出为零；对于与门 Y_2，$U_{1\mathrm{w}}''$ 处于高电平时，U_2 也为高电平，故允许脉冲通过，并触发加减控制触发器，使之置 1，可逆计数器对与门 Y 输出的脉冲进行加法计数。

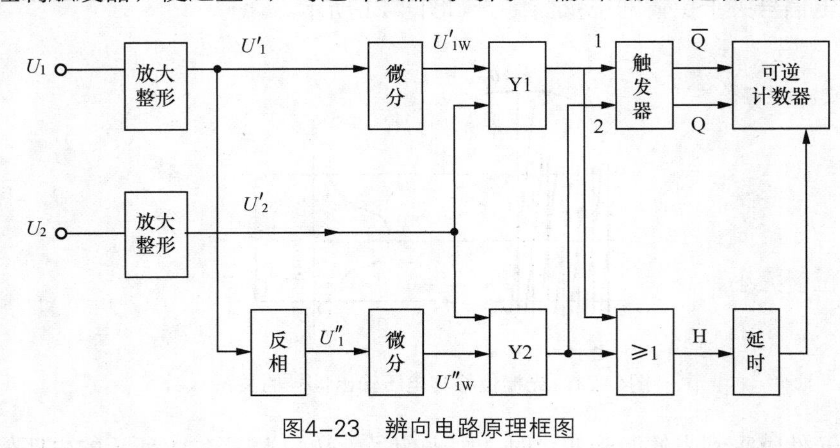

图4-23　辨向电路原理框图

同理，当标尺光栅向右移动时，与门 Y_2 被阻塞，Y_1 输出脉冲信号使触发器置 0，可逆

计数器对与门 Y_2 输出的脉冲进行减法计数。主光栅每移动一个栅距，辨向电路只输出一个脉冲。计数器所计的脉冲个数即代表光栅的位移。

若以移过的莫尔条纹数来确定位移量，则其分辨力为光栅栅距。为了提高分辨力和测得比栅距更小的位移量，可采用细分技术。细分是在莫尔条纹变化一周期时，不止输出一个脉冲，而是输出若干脉冲，以减小脉冲当量，提高分辨力，提高测量精度。细分的方法有很多种，常用的细分方法是直接细分，细分数为 4，所以又称四倍频细分。即用 4 个依次相距的光电元件，使在莫尔条纹的一个周期内产生 4 个计数脉冲，从而实现四细分。

3. 光栅的光路

光栅的光路通常有透射式光路、反射式光路。其中透射式光路结构简单，位置紧凑，适合于粗栅距的黑白透射光栅，调整使用方便，应用广泛，如图 4-24 所示。反射式光路适用于黑白反射光栅，如图 4-25 所示。

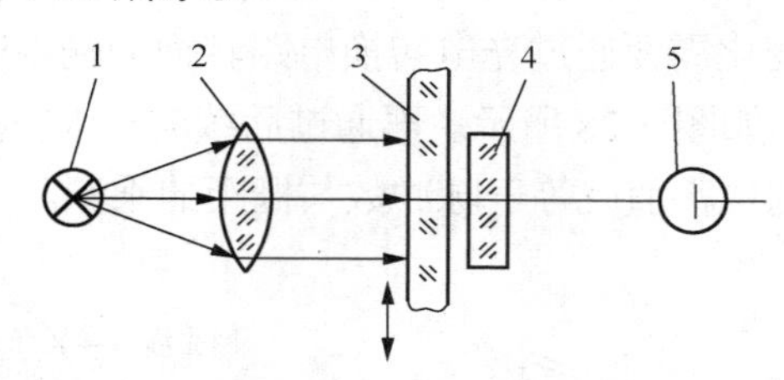

1—光源；2—准直透镜；3—主光栅；4—指示光栅；5—光电元件

图4-24 透射式光路

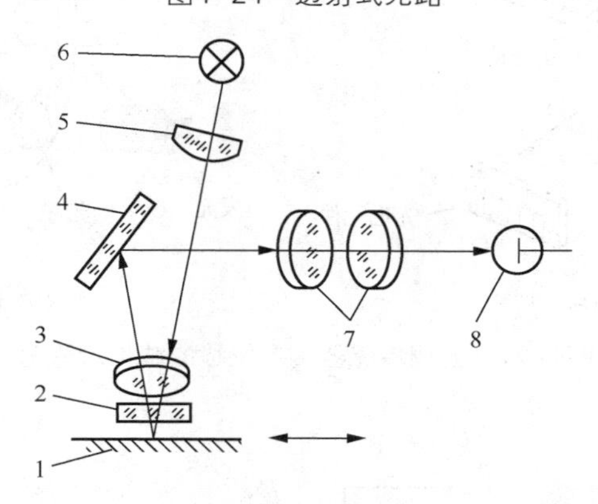

1—反射主光栅；2—指示光栅；3—场镜；4—反射镜；5—聚光镜；6—光源；7—物镜；8—光电元件

图4-25 反射式光路

4. 光栅传感器的测量电路

光电元件接收到光信号后，由光电转换电路将其转换为电信号，再经过后续的测量电路输出反映位移大小、方向的脉冲信号。图 4-26 所示为光栅传感器测量电路原理框图。

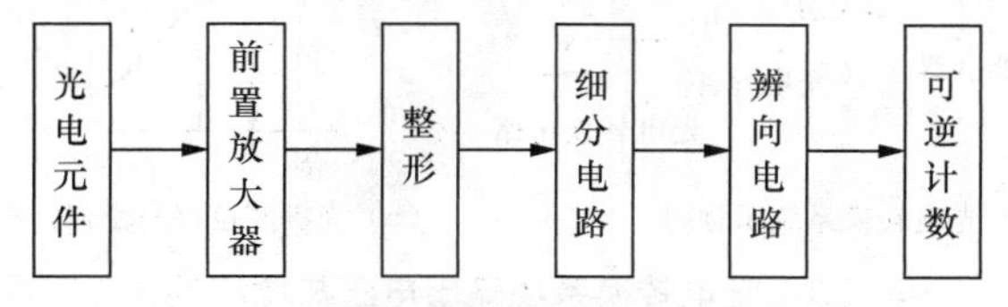

图4-26 光栅传感器测量电路原理框图

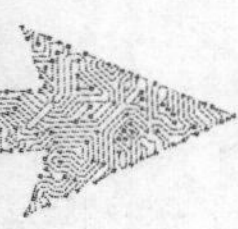

4.2.4 光栅传感器的应用

光栅传感器的测量精度高，动态测量范围广，可进行无接触测量，易实现系统的自动化和数字化，在机械工业中得到了广泛的应用。特别是在量具、数控机床的闭环反馈控制、工作母机的坐标测量等方面，光栅传感器都起着重要作用。光栅传感器通常作为测量元件应用于机床定位、长度和角度的计量仪器中，并用于测量速度、加速度和振动等。

1. 用光栅传感器测量位移

将长度与测量范围一致的主光栅固定在运动零件上，随零件一起运动，短的指示光栅与光电元件固定不动。如图 4-27 所示，当两块光栅相对移动时，可以观测到莫尔条纹的光强的变化。设初始位置接收亮带信号，随着光栅的移动，光强的变化过程为：全亮、半亮半暗、全暗、半暗半亮、全亮，光栅移动了一个栅距，莫尔条纹也经历了一个周期，移动了一个条纹间距。光强的变化需要通过光电转换电路转换为输出电压的变化，输出电压的变化曲线近似为正弦曲线，如图 4-28 所示。再通过后续的放大整形电路的处理，就转换成一个脉冲输出。运动零件的位移值就等于脉冲数与栅距的乘积。

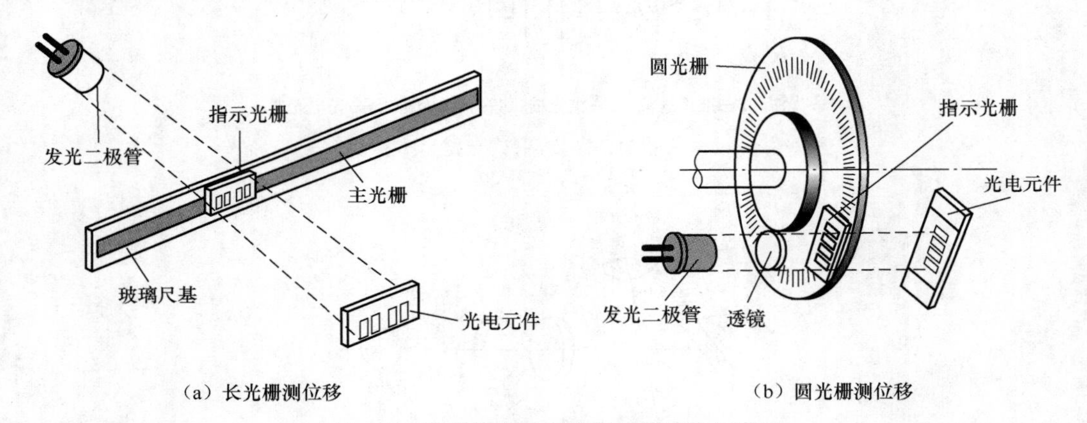

图4-27 光栅传感器测量位移的结构示意图

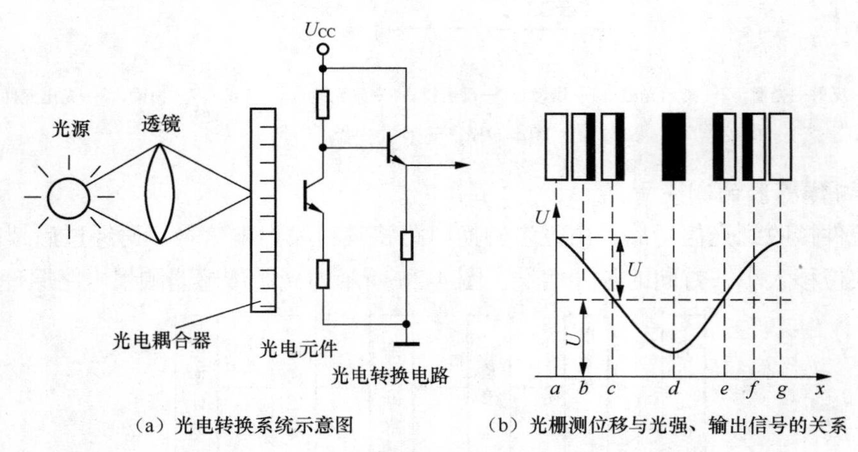

图4-28 光电转换系统输出电压与位移的关系

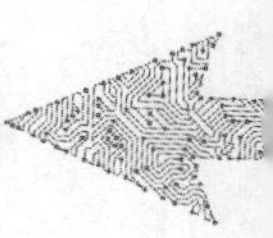

2. 微机光栅数显表

微机光栅数显表的放大、整形多通过传统的集成电路完成，辨向和细分功能可由微型计算机来完成。微型计算机光栅数显表的组成框图如图4-29所示。

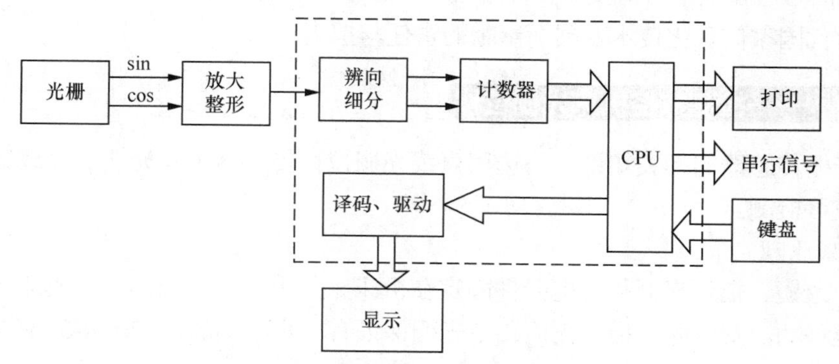

图4-29 微型计算机光栅数显表的组成框图

图4-30所示为光栅数显表在机床进给运动中的应用。在机床操作过程中，使用数显方式代替了传统的标尺刻度读数，大大提高了加工精度和加工效率。以横向进给为例，光栅读数头固定在工作台上，尺身固定在床鞍上，当工作台沿着床鞍左右运动时，工作台的位移量（相对值/绝对值）可通过数显表显示出来。同理，床鞍前后移动的位移量可按同样的方法处理。

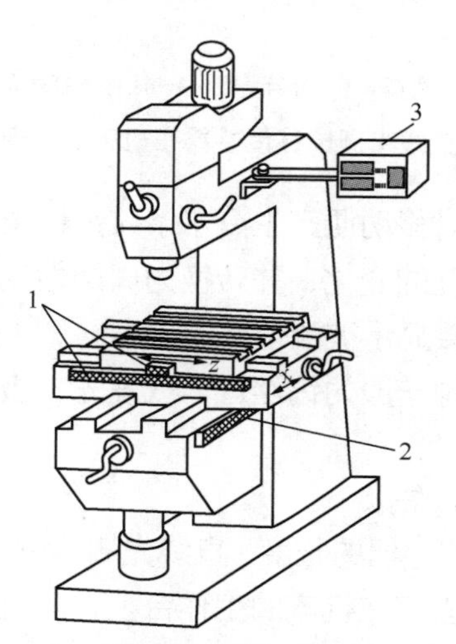

1—横向进给位置光栅检测；2—纵向进给位置光栅检测；3—二维数字显示装置

图4-30 机床的光栅数显表

【学海领航】——新时代国家信息化发展的新战略：数字中国

光栅传感器输出量是数字量，数字中国是新时代国家信息化发展的新战略，是满足人民日益增长的生活需要的新举措，以信息化驱动现代化。数字中国是在以遥感卫星图像为

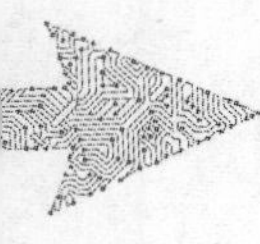

主要的技术分析手段，在农业、资源、环境、全球变化、生态系统、水土循环系统的可持续发展等方面管理中国。我国的“十四五”规划提出，迎接数字时代，激活数据要素潜能，推进网络强国建设，加快建设数字经济、数字社会、数字政府，以数字化转型整体驱动生产方式、生活方式和治理方式变革。传感技术与数字中国息息相关，学生作为新时代青年，应有为新时代国家信息化技术发展而奉献的责任与担当。

【任务实施】——检测数控机床光栅位移

根据光栅传感器的相关知识，可选用直线光栅位移传感器（长光栅）完成数控机床工作台的线位移检测。

1. 检测原理

光源、透镜、指示光栅和光电元件固定在机床床身上，主光栅固定在机床的运动部件上，可往复移动。安装时，指示光栅和主光栅保证有一定的间隙，如图 4-31 所示。

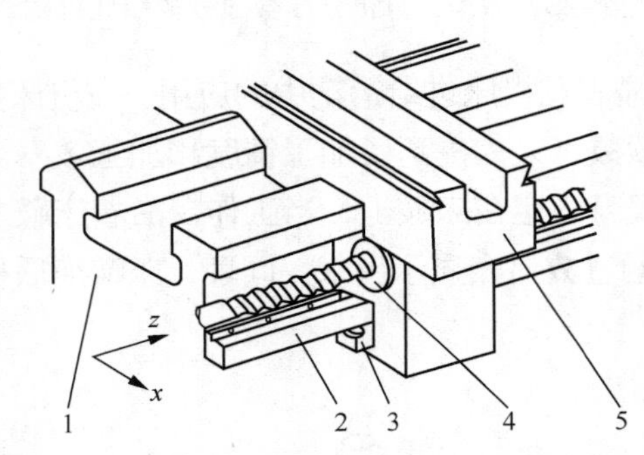

1—床身；2—主光栅；3—指示光栅；4—滚珠丝杠螺母副；5—床鞍

图4-31　直线光栅位移传感器在机床上的安装示意图

当机床工作时，两光栅相对移动便产生莫尔条纹，该条纹随光栅以一定的速度移动，光电元件就检测到莫尔条纹亮度的变化，并转换为周期性变化的电信号，通过后续放大、转换处理电路送入显示器，直接显示被测位移的大小。

直线光栅位移传感器的光源一般为钨丝灯泡或发光二极管，光电元件为光电电池或光敏三极管。

2. 直线光栅位移传感器的安装

（1）根据设备的行程选择传感器的长度，直线光栅传感器的有效长度应大于设备行程。

（2）标尺光栅（主光栅）固定在机床的工作台上，随机床的走刀而动。它的有效长度即为测量范围。如长度超过 1.5m，需在标尺中部设置支撑。

（3）读数头（指示光栅）固定在机床上，安装在主光栅的下方，与主光栅的间隙控制在 1～1.5mm 以内，尽可能靠近设备工作台的床身基面，并要避开切屑和油液的溅落。

（4）在机床导轨上要安装限位装置，以防机床工作时标尺撞到读数头。

3. 直线光栅位移传感器的检查

（1）直线光栅位移传感器安装完毕后，接通数显表，移动工作台，观察读数是否变化。

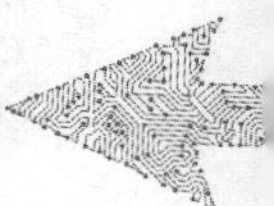

（2）在机床上任选一点，来回移动工作台，回到起始点，数显表读数应相同。

（3）使用千分表和数显表同时检测工作台的移动值，比对后进行校正，确保数显表测量正确。

4. 直线光栅位移传感器使用注意事项

（1）直线光栅位移传感器与数显表插头座的插拔应在关闭电源后进行。

（2）尽可能外加保护罩，并及时清理溅落在光栅尺上的切屑和油液，严禁任何异物进入传感器壳体内部。

（3）定期检查各安装连接螺钉是否松动。

（4）为延长防尘密封条的寿命，可在密封条上均匀地涂上一薄层硅油，注意勿溅落在玻璃光栅刻划面上。

（5）为保证直线光栅位移传感器使用的可靠性，可每隔一定时间用无水酒精清洗擦拭光栅尺面及指示光栅面，保持玻璃光栅尺面清洁。

（6）严禁剧烈振动及摔打直线光栅位移传感器，以免破坏光栅尺，如光栅尺断裂，直线光栅位移传感器就失效了。

（7）不要自行拆开直线光栅位移传感器，更不能任意改动主栅尺与副栅尺的相对间距，否则一方面可能破坏直线光栅位移传感器的精度；另一方面还可能造成主栅尺与副栅尺的相对摩擦，损坏尺身表面的铬层也就损坏了栅线，从而造成光栅尺报废。

（8）应注意防止油污及水污染光栅尺面，以免破坏光栅尺线条纹分布，引起测量误差。

（9）直线光栅位移传感器应尽量避免在有严重腐蚀作用的环境中工作，以免腐蚀光栅铬层及光栅尺表面，破坏光栅尺质量。

任务 4.3 数控机床伺服电动机角位移检测

【任务导入】

位置检测装置是数控机床的重要组成部分，它的主要作用是检测位移量，发出反馈信号，并与数控装置发出的指令信号相比较，若有偏差，经放大后控制执行部件，使其向消除偏差的方向运动直至偏差等于零为止。光电编码器是数控机床中常用的一种检测角位移量的元件，那么，光电编码器的工作原理如何？它是怎样进行测量的？

【知识讲解】

编码器是进行角位移检测的传感器，它可将机械传动的模拟量转换成旋转角度的数字信号。编码器的种类很多，根据检测原理，它可分为电磁式、电刷式、电磁感应式及光电式等。光电编码器也是一种光电式传感器。它最大的特点是非接触式测量，使用寿命长，可靠性高，广泛应用于转轴的转速、角位移，丝杠的线位移等方面的测量。光电编码器根据其刻度方法及信号输出形式分为增量式编码器、绝对式编码器，如图 4-32 所示。

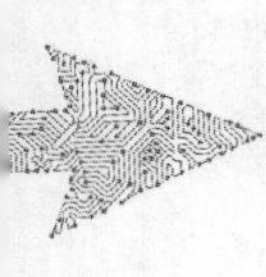

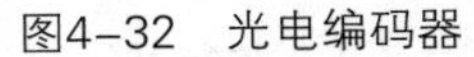
（a）增量式编码器　（b）绝对式编码器

图4-32　光电编码器

4.3.1　增量式编码器

1. 增量式编码器的结构

如图 4-33 所示，增量式编码器由光源、光栅板、码盘和光电元件组成。码盘与转轴连在一起。码盘可用玻璃材料制成，表面镀上一层不透光的金属铬，然后在边缘制成向心透光窄逢，透光窄逢在码盘圆周上等分，数量从几百条到几千条不等。最常用的是光源自身有聚光效果的 LED。光栅板外圈有 A、B 两个窄逢，里圈有一个 C 窄逢；光电元件也有 A、B、C 3 个，分别接收从 A、B 和 C 窄逢透过的光线。

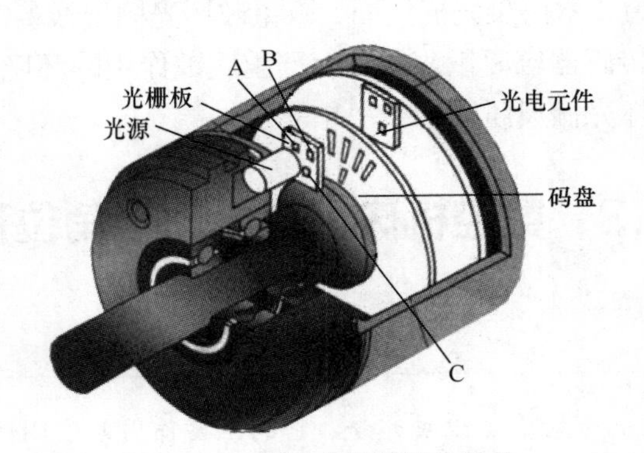

图4-33　增量式编码器的结构

2. 增量式编码器的工作原理

增量式编码器的光栅板外圈上 A、B 两个窄缝的间距是码盘上的两个窄缝距离的（$m+1/4$）倍，m 为正整数，由于彼此错开 1/4 节距，两组窄缝相对应的光电元件所产生的信号 A、B 的相位彼此相差 90°。当码盘随轴正转时，A 信号超前 B 信号 90°；当码盘反转时，B 信号超前 A 信号 90°，波形如图 4-34 所示。这样可以判断码盘旋转的方向。码盘里圈的窄缝 C，每转仅产生一个脉冲，该脉冲信号又称“一转信号”或零标志脉冲，作为测量的起始基准。

增量式编码器的测量精度取决于它所能分辨的最小角度，而这与码盘圆周上的狭缝条纹数 n 有关，即能分辨的最小角度为

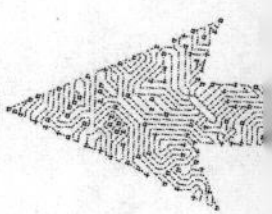

$$\alpha = \frac{360^\circ}{n} \tag{4-14}$$

$$分辨率 = \frac{1}{n} \tag{4-15}$$

增量式编码器的转轴转一圈输出固定的脉冲，输出脉冲数与码盘刻度线相同。输出信号为一串脉冲，每一个脉冲对应一个分辨角α，对脉冲进行计数 N，就是对α的累加，即角位移$\theta = \alpha \cdot N$。

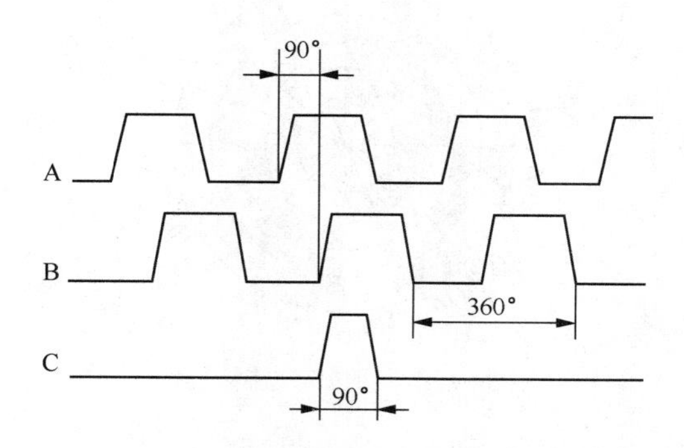

图4–34　增量式编码器的输出波形

例 4-1　某增量式编码器的技术指标为 1 024 个脉冲/r，求当脉冲计数 $N = 1\ 000$ 时的角位移θ。

解：按题意，码盘边缘的透光条纹数 $n = 1\ 024$ 个，则能分辨的最小角度为

$$\alpha = 360^\circ / 1\ 024 \approx 0.352^\circ$$

脉冲数 $N = 1\ 000$ 时，角位移$\theta = 0.352^\circ \times 1\ 000 = 352^\circ$。

4.3.2　绝对式编码器

1. 绝对式编码器的结构

绝对式编码器由光源、光学系统（透镜）、码盘、光电元件组和处理电路等组成，如图 4-35 所示。绝对式编码器通过读取码盘上的图案信息把被测转角直接转换成相应的数字代码，以便计算机运算和处理。

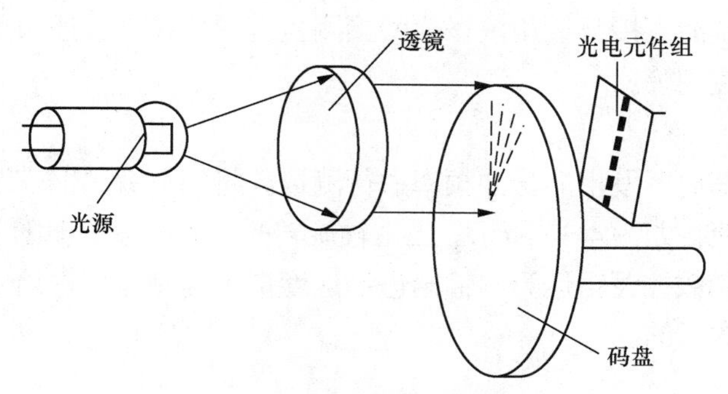

图4–35　绝对式编码器的结构

绝对式编码器的码盘由透明区及不透明区组成，并按一定编码规律组合，如图 4-36 所示。黑色不透明区和白色透明区分别代表二进制的“0”和“1”。码盘上从里到外黑白相间的同心圆环，称为“码道”。可见，该编码器有 4 个数字码道，即数字码道的位数为 4，每一个码道表示二进制的一位，里侧是高位，外侧是低位。因此，每个码道在 360° 内可编数码的个数为 $2^4 = 16$ 个。

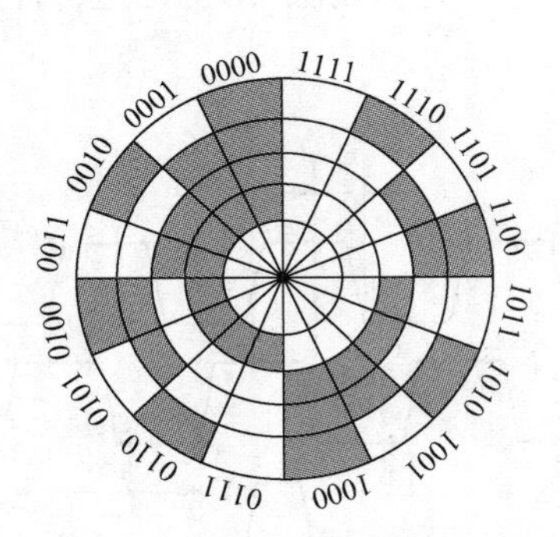

图4–36　四位二进制码盘

2. 绝对式编码器的工作原理

如图 4-35 所示，光源通过透镜照射到码盘上，当码盘随轴转动时，通过亮区（透光窄缝）的光线由光电元件接收，输出为“1”；而在暗区，输出为“0”。码盘旋至不同的位置时，一组光电元件输出信号的组合反映了一定规律编码的数字量，代表了码盘轴的角位移的大小。

绝对式编码器是按照角度直接进行编码的，能直接把被测转角用数字代码表示出来。当轴旋转时，有与其位置对应的代码输出，从代码的大小变更，即可判断其正反方向和转轴所处位置，无须判别方向电路。而且有一个绝对零位代码，当停电或关机后，在开机重新测量时，仍可准确读出停电或关机位置的代码，并准确找出零位代码。绝对式编码器的测量精度取决于它所能分辨的最小角度 α，而这与码盘上的码道数 n 有关，即 $\alpha = 360°/2^n$，分辨率 $= 1/2^n$。例如，当 $n = 4$ 时，$\alpha = 360°/2^4 = 22.5°$。

4.3.3　光电编码器的应用

光电编码器除了能直接测量角位移或间接测量直线位移外，还可用于数字测速、工位编码、伺服电动机控制等。

1. 检测转速

转速可由光电编码器发出的脉冲频率进行测量。将光电编码器安装在机床的主轴上，用来检测主轴的转速，如图 4-37 所示。当主轴旋转时，光电编码器随主轴一起旋转，输出脉冲经脉冲分配器和数控逻辑运算，输出进给速度指令控制丝杠进给电动机，达到控制机床的纵向进给速度的目的。

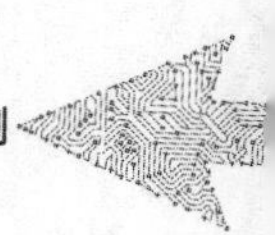

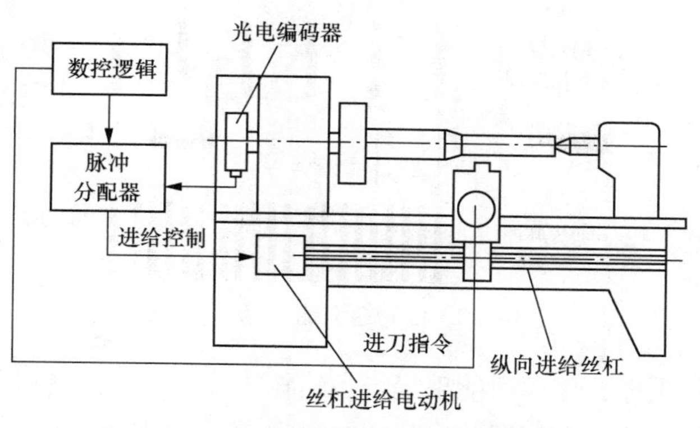

图4-37 光电编码器测机床转速示意图

（1）高转速测速（M 法）

高转速测速一般采用在给定的时间间隔 T 内对编码器的输出脉冲进行计数，这种方法测量的是平均速度，又称为 M 法测速。其原理如图 4-38（a）所示，输出脉冲示意图如图 4-38（b）所示。若编码器每转产生 N 个脉冲，在给定时间间隔 T 内有 m_1 个脉冲产生，则编码器产生的脉冲频率

$$f=\frac{m_1}{T} \tag{4-16}$$

被测转速（单位为 r/min）

$$n=60\frac{f}{N}=60\frac{m_1}{TN} \tag{4-17}$$

这种测量方法的分辨率随被测转速而变，被测转速越快，分辨率越高；测量精度取决于计数时间间隔 T，T 越大，精度越高。

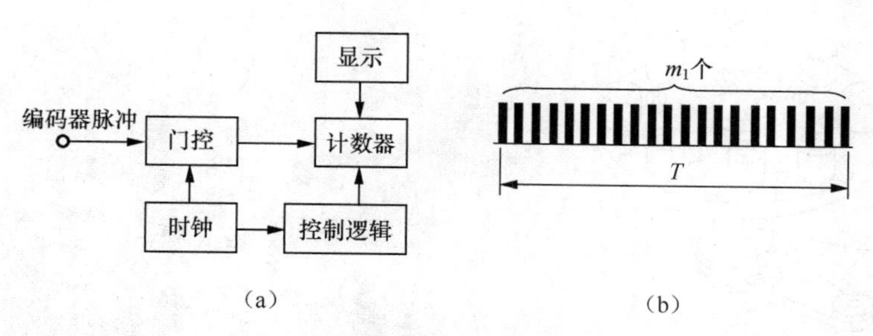

图4-38 高转速测速（M法）原理

（2）低转速测速（T 法）

低转速测速（T 法）又称为测周法，通过测量编码器两个相邻脉冲的时间间隔来计算转速。该方法测量的是瞬时转速，其原理如图 4-39 所示。

设编码器每转产生 N 个脉冲，以已知频率 f 向计数器发送时钟脉冲。编码器输出的两个相邻脉冲之间的脉冲数为 m_2，则转速（单位为 r/min）

$$n=60\frac{f}{Nm_2} \tag{4-18}$$

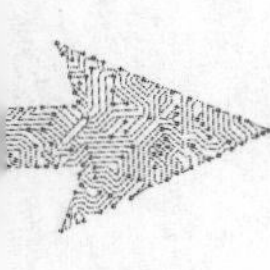

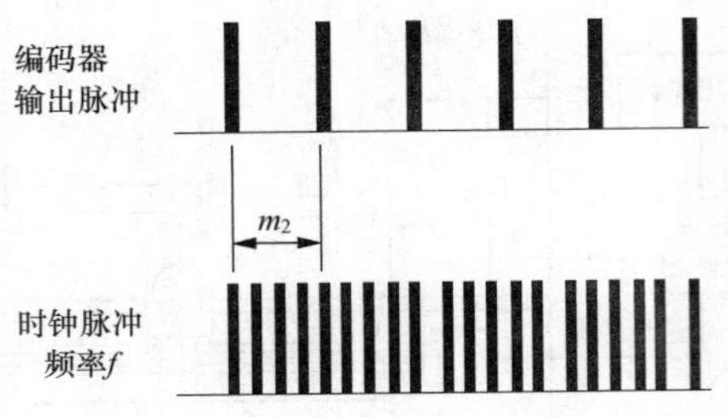

图4-39　低转速测速（T法）原理

为减小转速测量误差，应尽可能采集较多的脉冲数，因此，该测量方法适于低速运行的场合。但转速太低，一个编码器输出脉冲的时间太长，时钟脉冲个数会因超过计数器最大技术值而溢出；另外，时间太长也会影响控制的速度。选用线数较多的编码器可以提高测量的速度与精度，也可通过提高时钟信号的频率来提高编码器的分辨率。

2. 工位编码

由于绝对式编码器每一转角位置均有一个固定的编码输出，若编码器与转盘同轴相连，则转盘上每一工位安装的被加工工件均可以有一个编码相对应。转盘加工工位编码如图 4-40 所示。当转盘上某一工位转到加工点时，该工位对应的编码由编码器输出给控制系统。

例如，要使处于工位②的工件转到加工点等待钻孔加工，计算机就会控制电动机通过传动机构带动转盘旋转。与此同时，绝对式编码器输出的编码不断变化，当输出由 0000 变为 0010（假设为 4 码道）时，表示转盘已将工位②转到加工点，电动机停转。这种编码方式在加工中心的刀库选刀控制中得到广泛应用。

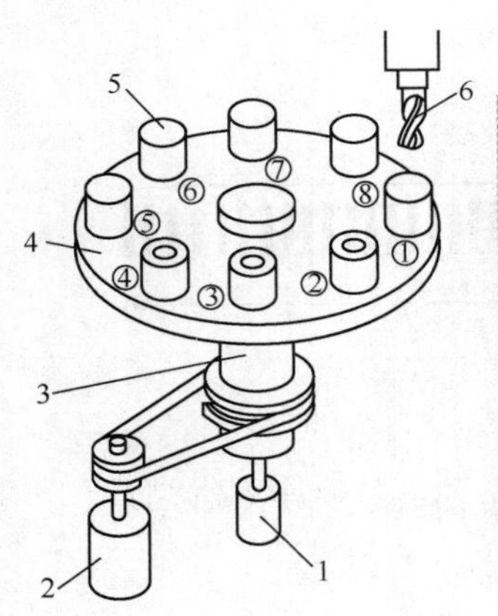

（a）转盘加工工位示意图

（b）刀库外形图

1—绝对式编码器；2—电动机；3—转轴；4—转盘；5—工件；6—刀具

图4-40　转盘加工工位编码

【学海领航】—— 智能传感助力智能未来

目前，机器人、人工智能、新能源动力、航空航天、数控加工、IT 等行业均离不开传

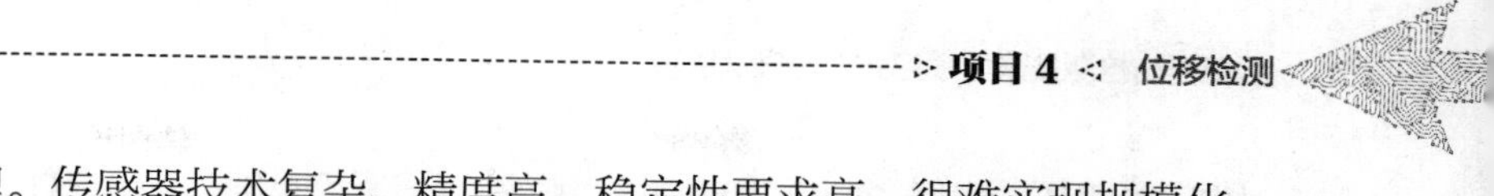

感器和电信号的采集处理。传感器技术复杂、精度高、稳定性要求高，很难实现规模化。国家将着力培育一批传感器的"专精特"人才，专心投入传感器的研制和生产，促进智能传感产业的发展。

智能传感技术作为工业化、信息化技术的关键技术，成为诸多高新技术的发展瓶颈，是各方在技术领域争夺的制高点。工业智能传感器技术是我国在国际前沿科技竞争过程中的重要一环。因此，我国在智能制造产业升级中加强产学研合作、深化上下游产业技术协同创新，以新场景、新项目为试点，在无人驾驶、在线诊断、智慧物流、万物互联等新应用中发掘智能传感器的性能潜力与应用价值。

【任务实施】——检测数控机床伺服电动机角位移

光电编码器可直接用于旋转式测角位移和通过角位移与直线位移之间的线性关系间接测出工作台的直线位移。对数控机床的位置检测，一般选用增量式编码器。

1. 光电编码器在数控机床的安装位置

光电编码器在数控机床的安装如图 4-41 所示。托板的横向运动为 z 轴方向，通过 z 轴进给伺服电动机和 z 轴滚珠丝杠来实现；托板上的刀架的径向运动为 x 轴方向，通过 x 轴进给伺服电动机和 x 轴滚珠丝杠来实现。伺服电动机端部配有光电编码器，用于角位移测量和数字测速，角位移通过丝杠螺距间接反映托板或刀架的直线位移。

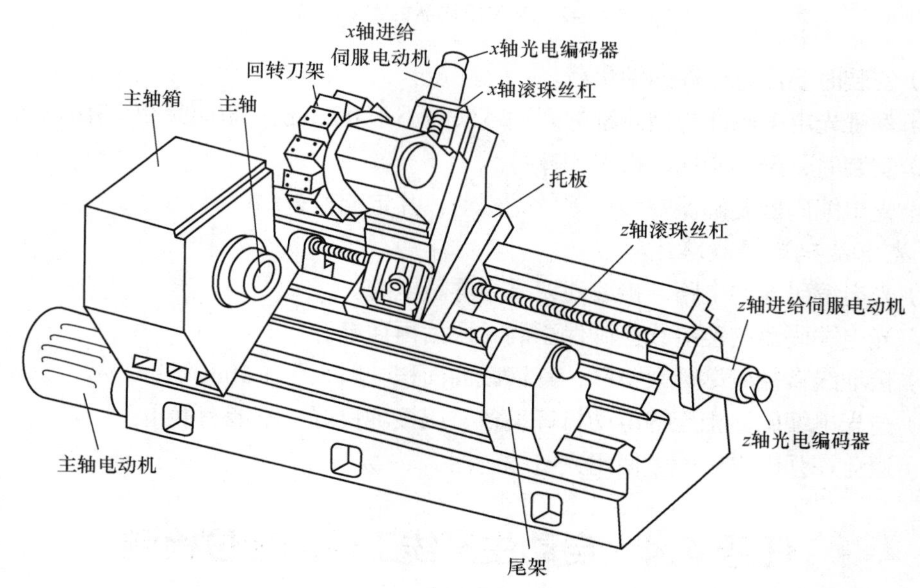

图4-41 光电编码器在数控机床的安装示意图

2. 光电编码器的测量原理

我们以某种装有光电编码器的数控机床为例来了解其测量原理。该机床的伺服电动机与滚珠丝杠直接连接，丝杠螺距为 8mm，数控系统中断时间内有 2 048 个计数脉冲，因为编码器旋转一周，对应丝杠移动一个螺距，而编码器的分辨率为 1 024 脉冲/周。因此，在中断时间内，测得 2 048 个脉冲，即丝杠转动了两周，所以这段时间内工作台的位移是丝杠螺距的两倍，即 16mm。

需要注意的是：对采用增量式编码器检测装置的伺服系统，因为输出信号是增量值，即一串脉冲信号失电后编码器就失去了对当前位置的记忆，因此，数控机床在每次开机启动后，都要回到基准点，并以该点为起点记录增量值，这一过程称为回参考点。

3. 光电编码器的安装定位

（1）光电编码器与电动机输出轴之间必须采用有弹性的软连接，并要确保可靠连接，避免电动机轴的窜动、跳动造成编码器的损坏，如图 4-42 所示。

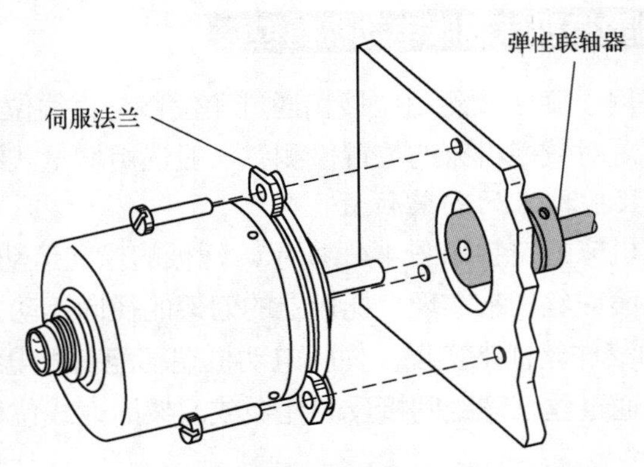

图4-42　光电编码器的安装定位

（2）安装时要注意允许的轴负载。

（3）保证光电编码器与被测轴的同轴度误差小于 0.2mm，与轴线的偏角小于 1.5°。

（4）安装时，严禁碰撞、敲击和摔打。

（5）光电编码器要确保安装牢固，无松动，并定期检查。

4. 光电编码器的线路连接

（1）光电编码器的电路连接线建议采用屏蔽电缆。

（2）光电编码器的连接线应确保正确无误后再通电。

（3）接地线直径应尽量大一些，其横截面面积一般大于 $1.5mm^2$。

（4）与光电编码器相连的电动机等设备，应接地良好，不能有静电。

（5）避免在强电磁环境中使用光电编码器。

任务 4.4　自动生产线工件的定位检测

【任务导入】

在机械加工自动生产线上，常常使用接近开关进行工件的加工定位。当传送机构将待加工的金属工件运送到靠近减速接近开关的位置时，该接近开关发出减速信号，传送机构减速，以提高定位精度。当金属工件到达定位接近开关面前时，定位接近开关发出“动作”信号，使传送

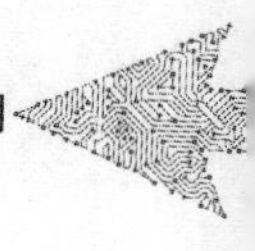

机构停止运行。紧接着，加工刀具对工件进行机械加工。

在以上应用中，我们可以使用电涡流接近开关来进行工件的定位与计数，那么电涡流接近开关的工作原理是怎样的？其结构、特点如何？

【知识讲解】

根据法拉第电磁感应原理，金属导体处于变化着的磁场中或者在磁场中做切割磁力线运动时，导体会产生感应电流，这种电流像水中的漩涡那样在导体内转圈，所以称之为电涡流。电涡流在用电中会因为消耗磁场能量而发热，应尽量避免，例如，电动机、变压器的铁芯用相互绝缘的硅钢片叠成，就是为了减小电涡流。但它在电加热方面有广泛的应用，例如烹饪用的电磁炉、金属加热的中频炉等。

在检测领域，电涡流式传感器可以测量位移、厚度、转速、振动、硬度等参数，而且是非接触测量，还可以进行无损探伤，是一种应用广泛且有发展前途的传感器。

4.4.1 电涡流式传感器的工作原理

电涡流式传感器是 20 世纪 70 年代以来得到迅速发展的一种传感器。它利用电涡流效应进行工作。

如图 4-43 所示，有一通以交变电流 $\dot{I}_1$ 的线圈。由于电流 $\dot{I}_1$ 的存在，线圈周围会产生一个交变磁场 $\dot{H}_1$。若被测导体置于该磁场范围内，导体内便产生电涡流 $\dot{I}_2$， $\dot{I}_2$ 也将产生一个新磁场 $\dot{H}_2$， $\dot{H}_2$ 与 $\dot{H}_1$ 方向相反，相互抵消。磁场 $\dot{H}$ 的反作用，将导致通电线圈的电感、阻抗和品质因数发生变化。励磁线圈的等效阻抗

$$Z = f(\rho, \mu, x, \omega) \tag{4-19}$$

式中：ρ——被测金属导体的电阻率；

μ——被测金属导体的磁导率；

x——线圈与金属导体之间的距离；

ω——线圈中励磁电流的频率。

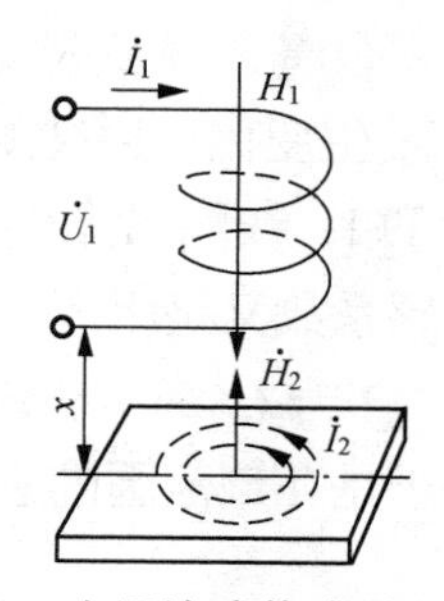

图4-43　电涡流式传感器工作原理

式（4-19）说明阻抗的变化与导体的几何形状、电导率、磁导率，线圈的几何参数，电流的频率以及线圈到被测导体的距离 x 有关。如果控制上述参数中一个参数改变，其余皆不变，就能构成测量该参数的传感器。

把被测导体上形成的电涡流等效为一个短路环，这个简化模型可用图4-44所示等效电路图来表示。假定传感器线圈原有电阻为R_1、电感为L_1，则其复阻抗$Z_1=R_1+\mathrm{j}\omega L_1$，当有被测导体靠近传感器线圈时，则成为一个耦合电感器，线圈与导体之间存在一个互感系数M，互感系数随线圈与导体之间距离x的减小而增大。短路环可看作一匝短路线圈，电阻为R_2，电感为L_2。加在线圈两端的激励电压为$\dot{U}_1$。

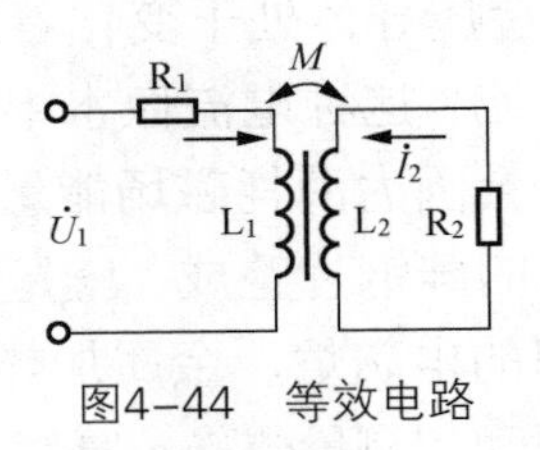

图4-44　等效电路

可求得线圈受金属导体涡流影响后的等效阻抗

$$Z=R_1+R_2\frac{\omega^2M^2}{R_2^2+(\omega L_2)^2}+\mathrm{j}\omega\left[L_1-L_2\frac{\omega^2M^2}{R_2^2+(\omega L_2)^2}\right] \tag{4-20}$$

线圈的等效电感

$$L=L_1-L_2\frac{\omega^2M^2}{R_2^2+(\omega L_2)^2} \tag{4-21}$$

由式（4-20）可见，由于涡流的影响，线圈阻抗的实数部分增大，虚数部分减小，因此线圈的品质因数Q（$Q=\omega L/R$）下降。阻抗由Z_1变为Z，常称其变化部分为“反射阻抗”。由式（4-20）可得

$$Q=Q_0\left(1-\frac{L_2\omega^2M^2}{L_1Z_2^2}\right)\Bigg/\left(1+\frac{R_2\omega^2M^2}{R_1Z_2^2}\right) \tag{4-22}$$

式中：Q_0——无涡流影响时线圈的Q值，$Q_0=\omega L_1/R_1$；

Z_2——短路环的阻抗，$Z_2=\sqrt{R_2^2+\omega^2L_2^2}$。

由以上式子可知，当被测导体的导电性和距离x等参数发生变化时，可引起电涡流式传感器线圈的阻抗Z、电感L和品质因数Q发生变化，通过测量Z、L或Q就可求出被测量参数的变化。由式（4-20）～式（4-22）可知，线圈-金属导体系统的阻抗、电感和品质因数都是该系统互感系数平方的函数。而互感系数又是距离x的非线性函数，因此当构成电涡流式位移传感器时，$Z=f_1(x)$、$L=f_2(x)$、$Q=f_3(x)$都是非线性函数。但在一定范围内，可以将这些函数近似地用线性函数来表示，于是在该范围内通过测量Z、L或Q的变化就可以线性地获得位移的变化。

4.4.2　电涡流式传感器的结构

电涡流式传感器的结构比较简单，主要由线圈和框架组成，目前使用比较普遍的有两种，一种是单独绕成一只无框架的矩形截面的扁平圆形线圈，另一种是采用导线绕在框架

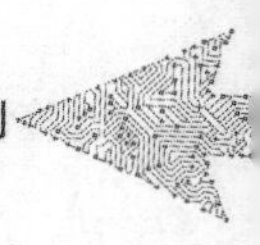

上的形式，如图 4-45 所示。

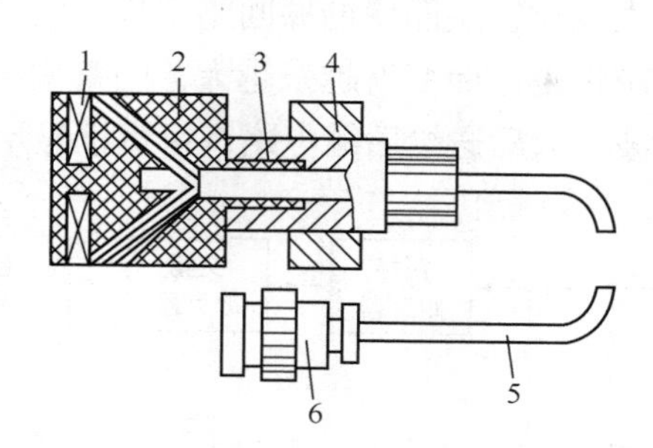

1—线圈；2—框架；3—框架衬套；4—支座；5—电缆；6—插头

图4-45 CZF-1型传感器结构图

4.4.3 电涡流式传感器的测量电路

电涡流式传感器转换电路的作用就是将 Z、L 或 Q 的变化转换为电压或电流的变化。阻抗 Z 的转换电路一般用电桥电路，电感 L 的转换电路一般用谐振电路，又可以分为调幅法和调频法两种。

1. 电桥电路

如图 4-46 所示，将传感器线圈的阻抗 Z 的变化转化为电压或电流的变化。图 4-46 中，L_1、L_2 是两个差动传感器线圈，它们与电容 C_1 、C_2 的并联阻抗 Z_1、Z_2 作为电桥的两个桥臂，静态时，电桥平衡，桥路输出 $U_{AB}=0$。在进行测量时，由于传感器线圈的阻抗发生变化，使电桥失去平衡，即 $U_{AB}\neq0$，经放大并检波后，就可得到与被测量成正比的输出直流电压 U。

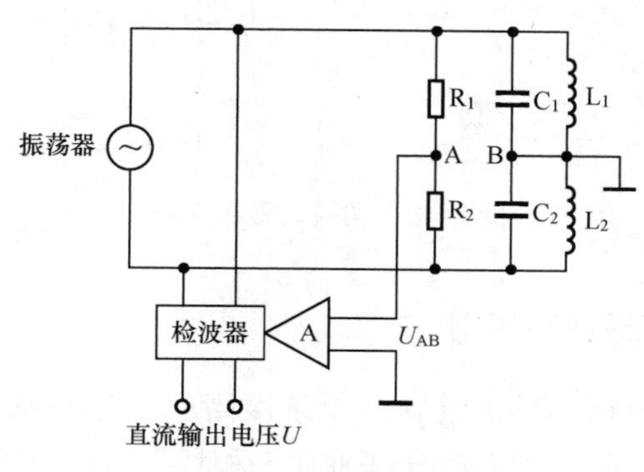

图4-46 电桥电路

2. 调幅式测量电路

调幅式（AM）测量电路如图 4-47 所示，振荡器向传感器线圈 L 和 C 组成的并联谐振回路提供一个频率及振幅稳定的高频激励信号，它相当于一个恒流源。当被测导体距传感器线圈相当远时，传感器谐振回路的谐振频率为回路的固有频率，这时谐振回路的品质因数 Q 值最高，阻抗最大，振荡器提供的恒定电流与其上产生的压降最大。当被测导体与传感器线圈的距离在传感器测试范围内变化时，由于涡流效应使传感器的品质因数 Q 值下降，传感器线圈的电感也随之发生变化，从而使谐振回路工作在失谐状态，这种失谐状态随着被测导体与传感器线圈距离越来越近而变得越来越大，回路输出的电压也越来越小。谐振回路输出的信号经检波、滤波放大后送给后继电路，可直接显示出被测导体的位移量。

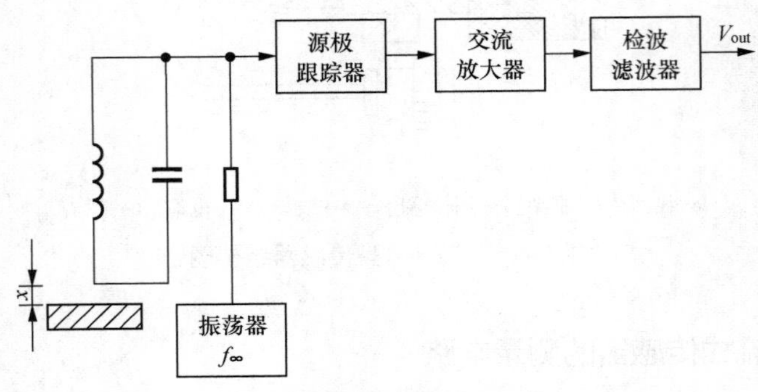

图4-47　调幅式测量电路

3. 调频式测量电路

调频式（FM）测量电路如图 4-48 所示。传感器线圈接入 LC 振荡回路，当传感器与被测导体距离 x 改变时，由于电涡流的影响，L 改变，导致振荡器频率改变。该频率可由数字频率计直接测量或通过 F-V 鉴频器进行频率-电压变换，即可得到与位移 x 成比例的电压信号。

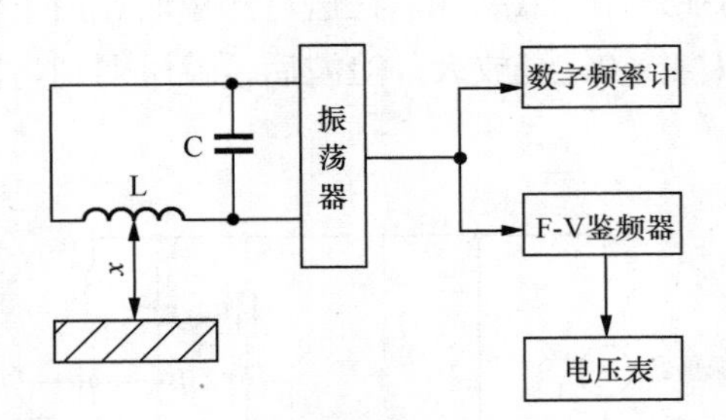

图4-48　调频式测量电路

4.4.4　电涡流式传感器的应用

电涡流式传感器由于具有测量范围大、灵敏度高、结构简单、抗干扰能力强、可以实现非接触式测量等优点，被广泛地应用于工业生产和科学研究的各个领域，可以用来测量位移、转速、振幅、尺寸、厚度、热膨胀系数、轴心轨迹和金属件探伤等。

电涡流式传感器的应用（视频）

1. 测位移

电涡流式传感器的主要用途之一是测量金属件的静态或动态位移，最大量程达数百毫米，分辨率为 0.1%。目前电涡流式位移传感器的分辨力最高已达到 0.05μm（量程 0～15μm）。凡是可转换为位移量的参数，都可用电涡流式传感器测量，如测量汽

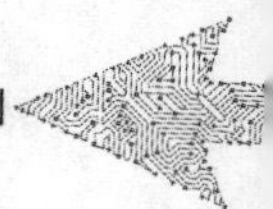

轮机主轴的轴向位移，磨床换向阀、先导阀的位移，金属试件的热膨胀系数等，如图 4-49 所示。

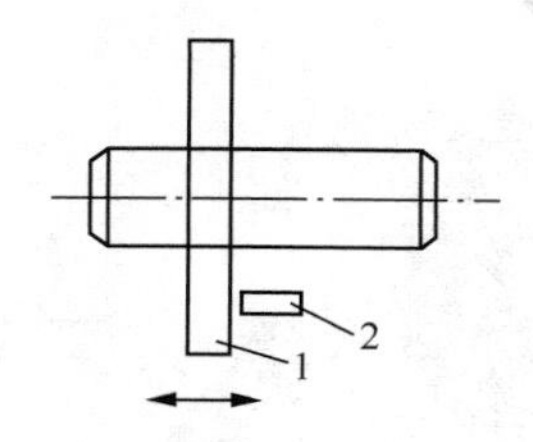

（a）汽轮机主轴的轴向位移测量示意图

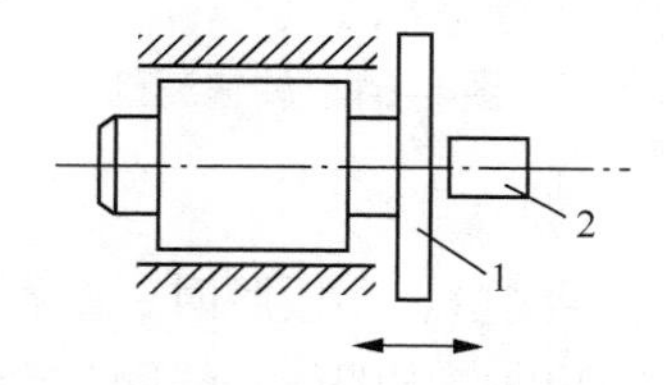

（b）磨床换向阀、先导阀的位移测量示意图

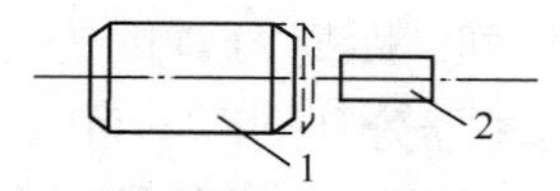

（c）金属试件的热膨胀系数测量示意图（间接测量）

1—被测物；2—电涡流式传感器

图4-49 位移测量

图 4-50 所示为由电涡流式传感器构成的液位监控系统。通过浮子与杠杆带动涡流板上下位移，由电涡流式传感器发出信号控制电动泵的开启，从而使液位保持一定。

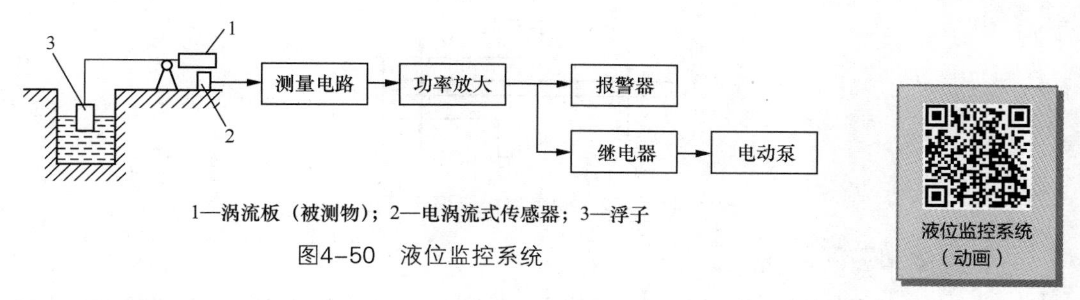

1—涡流板（被测物）；2—电涡流式传感器；3—浮子

图4-50 液位监控系统

2. 测转速

如图 4-51 所示，在一个旋转体上开一条或数条槽，或者加工成齿轮状，旁边安装一个电涡流式传感器。当旋转体转动时，传感器将周期性地改变输出信号，此电压信号经过放大整形后，可用频率计指示出频率值，再由下式算出转速

$$n = 60\frac{f}{N} \tag{4-23}$$

式中：f——频率值（Hz）；

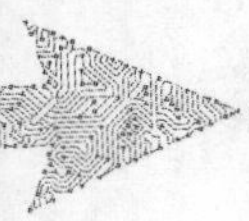

N——旋转体的槽/齿数；

n——被测轴的转速（r/min）。

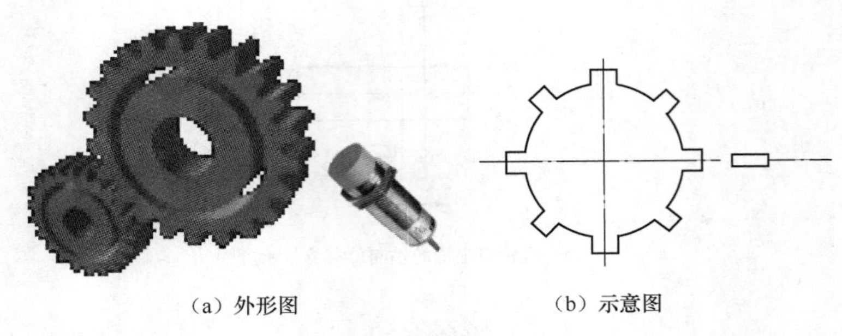

（a）外形图　　（b）示意图

图4–51　转速测量

3. 测厚度

电涡流式传感器也可用于厚度测量。测板厚时，金属板厚度的变化相当于线圈与金属表面间距离的改变，根据输出电压的变化即可知线圈与金属表面间距离的变化，即板厚的变化，如图 4-52 所示。为克服金属板移动过程中上下波动及带材不够平整的影响，常在板材上下两侧对称地放置两个特性相同、距离为 D 的传感器 L_1 与 L_2。由图 4-52 可知，板厚 $d = D - (x_1 + x_2)$。工作时，两个传感器分别测得 x_1 和 x_2。板厚不变时，$(x_1 + x_2)$ 为常值；板厚改变时，代表板厚偏差的 $(x_1 + x_2)$ 所反映的输出电压发生变化。测量不同厚度的板材时，可通过调节距离 D 来改变板厚设定值，并使偏差指示值为零。这时，被测板厚即板厚设定值与偏差指示值的代数和。

除上述非接触式测板厚的装置外，利用电涡流式传感器还可制成金属镀层厚度测量仪、接触式金属或非金属板厚测量仪。

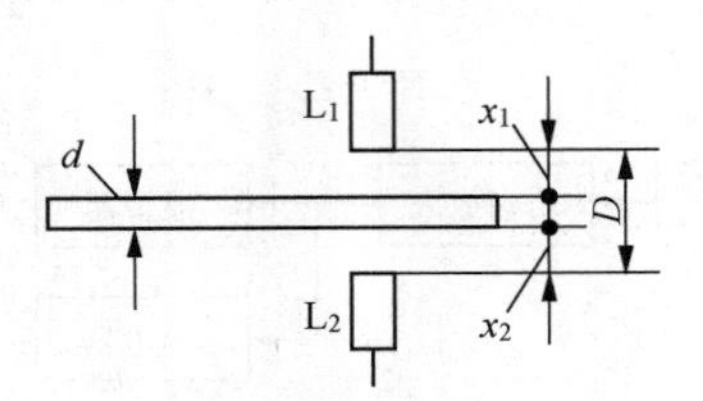

图4–52　测金属板厚度示意图

4. 接近开关

接近开关又称无触点行程开关。它能在一定的距离（几毫米至几十毫米）内检测有无物体靠近。当物体进入其设定距离范围内时，就发出“动作”信号。该信号属于开关信号（高电平或低电平）。接近开关能直接驱动中间继电器。多数接近开关已将感辨头和测量转换电路做在同一壳体内，壳体上多带有螺纹或安装孔，以便于安装和调整。接近开关的应用已远超出行程开关的行程控制和限位保护范畴。它可以用于高速计数、测速，确定金属物体的存在和位置，测量物位等。常用的接近开关有电涡流式（以下简称“电感接近开关”）、电容式、磁性干簧开关、霍尔式、光电式、微波式、超声波式等。

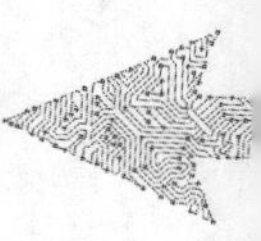

电感接近开关的外形如图 4-53 所示，由 LC 高频振荡器和放大处理电路构成，金属物体在接近感辨头时，表面会产生涡流。这个涡流又反作用于接近开关，使接近开关振荡能力衰减，内部电路的参数发生变化，由此识别出有无金属物体接近，进而控制开关的通断。这种接近开关所能检测的物体必须是导电性能良好的金属物体。电感接近开关的原理如图 4-54 所示。

图4-53　电感接近开关的外形

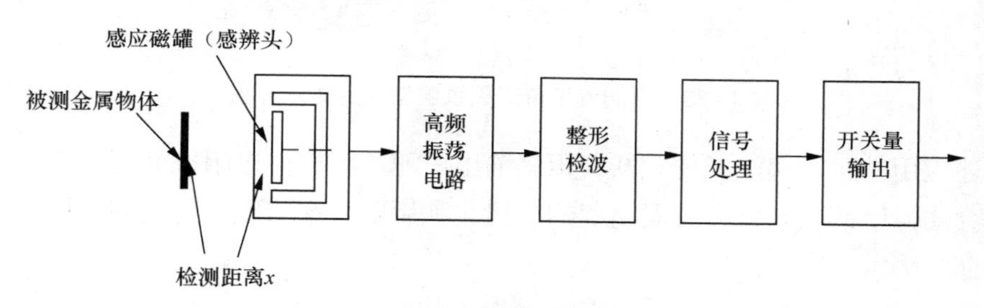

图4-54　电感接近开关原理图

5. 电涡流式安全检查门

安全检查门是一种检测通过人员是否携带金属物品的探测装置，又称金属探测门或安检门，如图 4-55 所示。其主要用于机场、车站、海关和大型会议等重要场所，用来检测通过人员隐藏的金属物品，如枪支、管制刀具等。

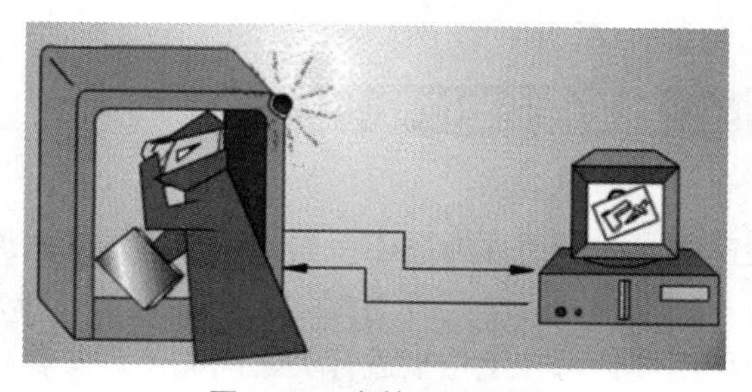

图4-55　安检门示意图

安检门的内部设置有发射线圈和接收线圈。当有金属物体通过时，交变磁场就会在该金属导体表面产生电涡流，并在接收线圈中产生感应电压，计算机根据感应电压的大小、相位来判定金属物体的大小。在安检门的侧面还安装了一台“软 X 光”扫描仪，它对人体、胶卷无害，用软件处理的方法，可合成完整的光学图像。

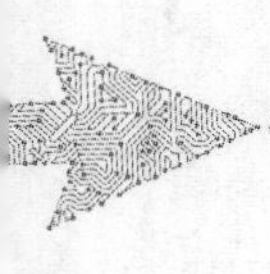

6. 电涡流探伤检测

电涡流探伤检测就是使导电的导体产生涡流，通过测量涡流的变化量来进行试件的探伤的检验。电涡流的分布及电流的大小，是由线圈的形状和尺寸、交流频率、导体表面裂纹缺陷的存在与否决定的。因此，根据检测导体中的涡流，可以检测到被检测导体表面的裂纹以及焊接处的缺陷等。图 4-56 所示为电涡流手持式裂纹测量仪测量示意图。

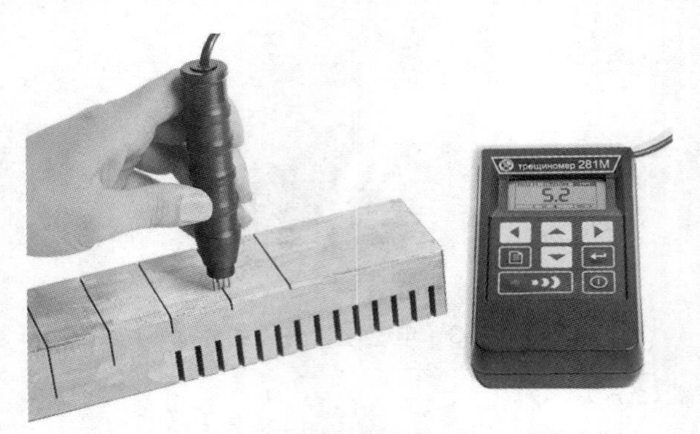

图4-56　电涡流手持式裂纹测量仪测量示意图

除上述应用外，电涡流式传感器利用其输出只随被测导体电阻率而变的特性，进行液体、气体介质温度或金属材料表面温度的测量；利用磁导率与硬度有关的特性，实现非接触式硬度连续测量；等等。

【学海领航】——保护自然环境，创造美好未来

传感器的应用给人民提供了美好生活，电磁炉就是涡流效应的一种应用。传感器技术飞速发展，应用方式日新月异，智能家居产品通过传感器感知住宅空间状态，给生活带来便利；智能化工业，应用传感器提高了工业生产效率。我国发明了装有 2 万多个传感器的新型养殖水域，不仅不会破坏自然环境，还可防止过度捕捞，从而维护我们的青山绿水。

【任务实施】——自动生产线工件的定位与计数

1. 工件的定位检测

在机械加工自动生产线上，因工件为导磁金属，可以选择电涡流式接近开关进行工件的加工定位检测，如图 4-57（a）所示。当工件经过定位接近开关时，传送带停止，刀具进行加工。如果要提高定位精度，可在定位接近开关之前的位置安装减速接近开关，当工件在接近减速接近开关时，控制传送带先进行减速运动，当到达定位接近开关时再停止。

2. 工件的计数测量

将接近开关的信号输出端连接计数器的输入端，如图 4-57（b）所示。当金属工件从接近开关前经过时，接近开关动作一次，输出一个计数脉冲，计数器加 1。在自动生产线上，传送带在运行中常会产生抖动，导致工件在接近开关动作感应区域内产生两个以上的计数脉冲，造成计数误差。为此，通常在测量电路的比较器中加入正反馈电阻，形成迟滞比较

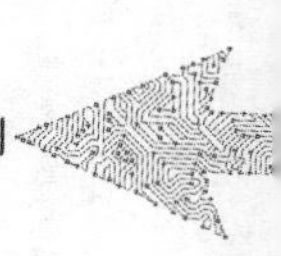

器，可避免产生计数误差。

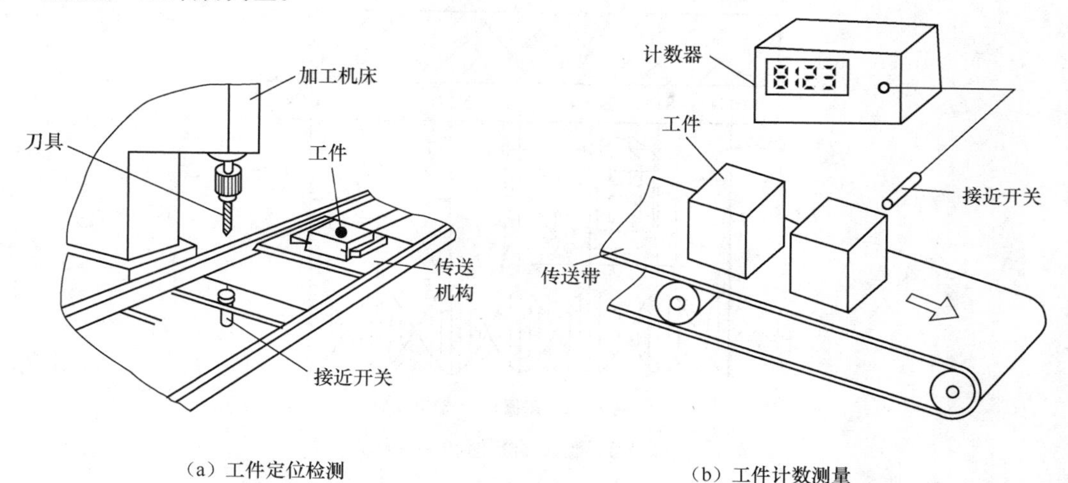

（a）工件定位检测

（b）工件计数测量

图4-57 工件的定位与计数

3. 测量注意事项

当被测对象是导电物体或可以固定在一块金属物上的物体时，一般都选用电涡流式接近开关，因为它的响应频率高、抗环境干扰性能好、应用范围广、价格较低。

【知识拓展】——磁栅式传感器

磁栅式传感器是一种利用磁栅与磁头的磁作用进行测量的位移传感器。它是一种新型的数字式传感器，成本较低且便于安装和使用。当需要时，可将原来的磁信号（磁栅）抹去，重新录制。

一、磁栅的结构与工作原理

磁栅式传感器由磁栅（简称“磁尺”）、磁头和检测电路组成。磁尺是用非导磁性材料作尺基，在尺基的上面镀一层均匀的磁性薄膜，然后录入一定波长的磁信号制成的。要求录磁信号幅度均匀，节距均匀。磁信号的波长（周期）又称节距，用 W 表示。磁信号的极性是首尾相接，在 N、N 重叠处为正的最强，在 S、S 重叠处为负的最强。磁尺的断面和磁化图形如图 4-58 所示。

磁栅基体要有良好的加工性能和电镀性能，其线膨胀系数应与被测件接近，基体也常用钢制作，然后用镀铜的方法解决隔磁问题，铜层厚度为 0.15～0.20mm。磁性薄膜的剩余磁感应强度要大、性能稳定、电镀均匀。目前常用的磁性薄膜材料为镍钴磷合金。

磁栅分为长磁栅和圆磁栅两大类，前者用于测量直线位移，后者用于测量角位移。长磁栅又可分为尺型、带型和同轴型 3 种。尺型磁栅主要用于测量精度要求较高的场合；当量程较大或安装面不好安排时，可采用带型磁栅；同轴型磁栅可用于结构紧凑的场合或小型测量装置中。

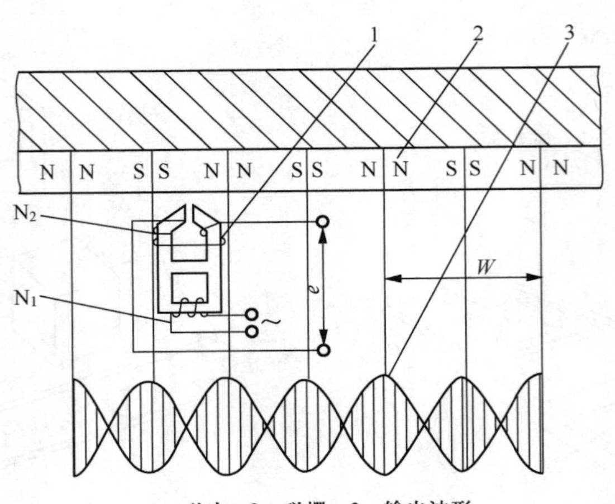

1—磁头；2—磁栅；3—输出波形

图4-58　磁尺的断面和磁化图形

磁栅上的磁信号由读取磁头读出。按读取信号方式的不同，磁头可分为动态磁头与静态磁头两种。动态磁头为非调制式磁头，又称速度响应式磁头，测量时，磁头与磁栅之间以一定的速度相对移动时，由于电磁感应将在磁头线圈中产生感应电动势。当磁头与磁栅之间的相对运动速度不同时，输出感应电动势的大小也不同，而静止时，就没有信号输出。因此它不适合用于长度测量。静态磁头是调制式磁头，又称磁通响应式磁头。它与动态磁头的根本不同之处在于，在磁头与磁栅之间没有相对运动的情况下也有信号输出。静态磁头的磁栅是利用它的漏磁通变化来产生感应电动势的。静态磁头输出信号的频率为励磁电源频率的两倍，其幅值则与磁栅与磁头之间的相对位移成正弦（或余弦）关系。

根据磁栅和磁头相对移动时磁栅上信号读取方式的不同，所采用的信号处理方式也不同。动态磁头只有一组绕组，其输出信号为正弦波，信号的处理方法也比较简单，只要将输出信号放大整形，然后由计数器记录脉冲数，就可以测量出位移量的大小。但这种方法测量精度较低，且不能判别移动方向。静态磁头一般用两个磁头，两个磁头间距为（$n \pm W/4$），其中，n为正整数，W为磁信号节距，也就是两个磁头布置成相位差90°的关系。其信号处理方式可分为鉴幅方式和鉴相方式两种。

二、磁栅式传感器的应用

磁栅式传感器具有结构简单、使用方便、成本低廉、动态范围大等优点，但是要注意对磁栅式传感器的屏蔽和防尘。磁栅式传感器有两个方面的应用：一是作为高精度测量长度和角度的仪器；二是作为自动化控制系统中的检测元件（用于检测线位移）。例如，在三坐标测量机、程控数控机床及高精度重/中型机床控制系统的测量装置中，磁栅式传感器均得到了应用。

【项目小结】

位移检测包括线位移和角位移检测。根据位移检测范围变化的大小，可分为小位移和

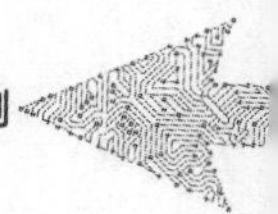

大位移检测。小位移检测通常采用应变式、电感式、电容式、霍尔式等传感器。小位移传感器主要用于测量微小位移，从微米到毫米级，如振幅测量等。大位移测量则通常采用光栅、光电编码器等传感器。这些传感器具有易实现数字化、测量精度高、抗干扰性能强、避免了人为的读数误差、方便可靠等特点。

电感式传感器是利用电磁感应原理，将被测非电量的变化转换成线圈的电感（或互感）变化的一种机电转换装置。它可以测量位移、振动、力、压力、加速度等非电量。电感式传感器有自感式传感器和互感式（差动变压器式）传感器。自感式传感器有变气隙式、变截面式和螺线管式 3 种。互感式传感器是把被测的非电量变化转换为线圈互感量 M 变化的传感器。

光栅位移传感器是一种数字式传感器，由光源、透镜、光栅副（主光栅和指示光栅）和光电元件组成，利用莫尔条纹现象来测量位移。光栅传感器测量精度高，动态测量范围广，可进行无接触测量，易实现系统的自动化和数字化，在机械工业中得到了广泛的应用。

光电编码器是一种通过光电转换将输出轴上的机械几何位移量转换成脉冲或数字量的传感器，根据其刻度方法及信号输出形式，分为增量式编码器和绝对式编码器。光电编码器是一种光电传感器，它的最大特点是非接触式测量，使用寿命长，可靠性高，广泛应用于测量转轴的转速、角位移、丝杠的线位移等方面。

电涡流式传感器是利用电涡流效应进行工作的。电涡流传感器转换电路：阻抗 Z 的转换电路一般用电桥，电感 L 的转换电路一般用谐振电路，又可以分为调幅法和调频法两种。电涡流式传感器由于具有测量范围大、灵敏度高、结构简单、抗干扰能力强、非接触式测量等优点，可以用来测量位移、振幅、尺寸、厚度、热膨胀系数、轴芯轨迹和金属件探伤等。

【自测试题】

一、单项选择题

1．电感式传感器的常用测量电路不包括（　　）。

A．交流电桥　　B．变压器式交流电桥

C．脉冲宽度调制电路　　D．谐振式测量电路

2．电感式传感器采用变压器式交流电桥测量电路时，下列说法不正确的是（　　）。

A．衔铁上下移动时，输出电压相位相反

B．衔铁上下移动时，输出电压随衔铁的位移而变化

C．根据输出的指示可以判断位移的方向

D．当衔铁位于中间位置时，电桥处于平衡状态

3．差动螺线管式电感传感器配用的测量电路有（　　）。

A．直流电桥　　B．变压器式交流电桥

C．差动相敏检波电路　　D．运算放大电路

4．通常用差动变压器式传感器测量（　　）。

A．位移　　B．振动

C．加速度　　D．厚度

二、填空题

1．电感式传感器可以把输入的物理量转换为________或________的变化。

2．对变气隙式差动变压器传感器，当衔铁上移时，变压器的输出电压与输入电压的关系是________________。

3．对螺线管式差动变压器传感器，当活动衔铁位于中间位置以上时，输出电压与输入电压的关系是________________。

4．产生电涡流效应后，由于电涡流的影响，线圈的等效机械品质因数________。

5．互感式传感器是根据________的基本原理制成的，其二次绕组都用________形式连接。

6．变磁阻式传感器的敏感元件由________、________和________3 部分组成。

三、简答题

1．电感式传感器的工作原理是什么？能够测量哪些物理量？

2．简述自感式传感器的组成、工作原理。

3．什么是零点残余电压？零点残余电压产生的原因是什么？

4．简述莫尔条纹形成原理。

5．光栅传感器由哪几部分组成？

6．简述光栅传感器的工作原理。

7．光栅传感器是怎样测量位移的？

8．光电编码器的工作原理是什么？

9．简述绝对式光电编码器的测量原理。

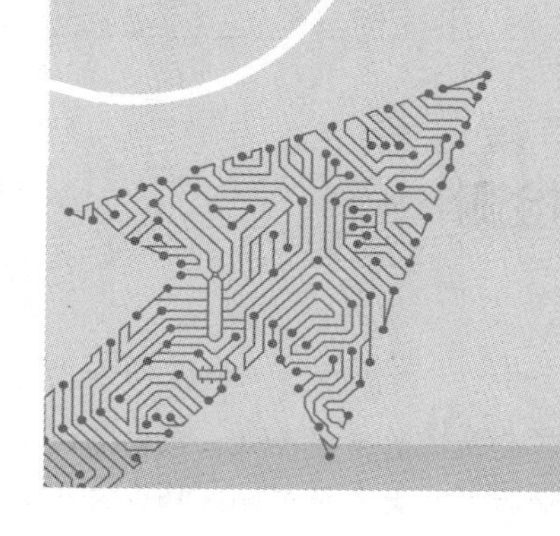

项目5 液位检测

05

【项目描述】

液位测量是利用液位传感器将非电量的液位参数转换为便于测量的电量信号，通过电信号的计算和处理，可以确定液位的高低。在工程应用中，液位测量包括对液位、液位差、界面的连续监测及定点信号报警、控制等。例如火力电厂中锅炉汽包水位的测量和控制；低温领域如液氨、液氢等液体在各种低温容器或储槽中液面位置的监测和报警等。在现代化生产中，对液位的监视和控制是极其重要的。

测定液位的目的有两种，一种是为方便进行液体储藏量的管理，另一种是为了安全方面的管理或生产自动化的需要。前一种要求精度高，后一种要求可靠性高。有时液位的测定只要求提供从某液位开始是升了还是降了的信息，这种用途的液位传感器称为液位开关。通常，液位的测定是对罐内自由液位的测定，也可把两种互相不混合液体边界面、液体中沉淀物的高度及粉状物体的堆积高度等作为测定对象。工业上通过液位测量能正确获取各种容器和设备中所储存的液体的体积和质量，以迅速、准确地反映某一特定基准面上液位的相对变化，监视或连续控制容器设备中的液位，及时对液位上、下极限位置进行报警。本项目介绍常用液位测量传感器的相关知识，通过任务实施使读者掌握工业生产中液位传感器的安装、调试等基本技能。

【学习目标】

知识目标：掌握电容式传感器和超声波传感器的基本结构、工作原理，熟悉其测量电路，了解电容式传感器误差分析的基本知识。

技能目标：学会识别液位传感器的转换元件、测量电路及显示仪表，能熟练查阅相关手册获取技术参数。掌握液位传感器的选择、安装与调试等基本技能。

素质目标：确立严谨求实的科学态度，弘扬工匠精神。

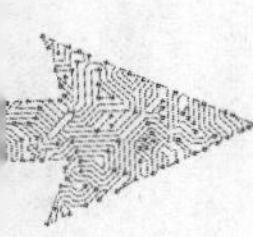

任务 5.1　汽车油箱油量检测

【任务导入】

汽车油箱的油量多少关系到可持续行车的里程，是驾驶员需要知道的重要参数。我们可以从汽车仪表盘的油量指示表读出油箱油量，那么油量是如何测量的呢？大多数车辆选择电容式传感器进行测量。电容式传感器工作原理是怎样的？其结构、特点如何？

【知识讲解】

电容式传感器是把被测非电量转换为电容量变化的一种传感器。它具有高阻抗，小功率；动态范围大，响应速度快；零漂小；结构简单，可非接触式测量，适应性强，可在恶劣的环境下使用等优点，但它具有分布电容，会严重影响测量的准确性。

5.1.1　电容式传感器的工作原理

电容式传感器的工作原理 1（视频）

电容式传感器的工作原理可以用平板电容器来说明，彼此绝缘而又相距很近的两个极板（导体）可组成一个电容器，如图 5-1 所示。若忽略边缘效应，则其电容量

$$C=\frac{\varepsilon A}{d}=\frac{\varepsilon_0\varepsilon_r A}{d} \tag{5-1}$$

式中：A——两极板正对面积；

d——极板间距离；

ε——极板间介质的介电常数；

ε_0——真空介电常数，$\varepsilon_0=8.85\times10^{-12}$(F/m)；

ε_r——介质的相对介电常数，$\varepsilon_r=\frac{\varepsilon}{\varepsilon_0}$，对于空气介质 $\varepsilon_r=1$。

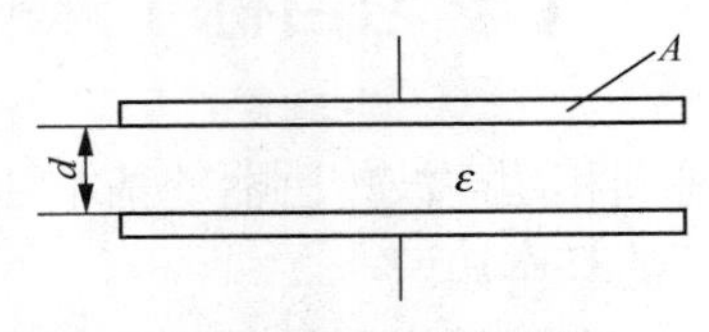

图5–1　电容式传感器

由式（5-1）可得，当被测量变化使式中参数 A、d、ε_r 中的任意一个发生变化时，电容 C 就发生变化。因此就可以将该参数的变化转换为电容量的变化。

在实际应用中，可以利用电容量 C 的变化来进行某些物理量的测量。如改变极距 d 和面积 A 可以反映位移或角度的变化，从而可以用于间接测量压力、弹力等的变化；改变介质的相对介电常数 ε_r 则可以反映厚度、温度的变化。

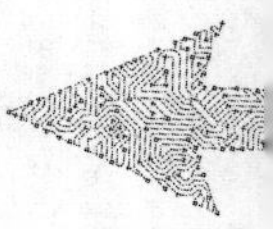

电容式传感器通常可以分为以下 3 类：变面积型——改变极板面积，变极距型——改变极板距离，变介质型——改变介质的介电常数，如图 5-2 所示。

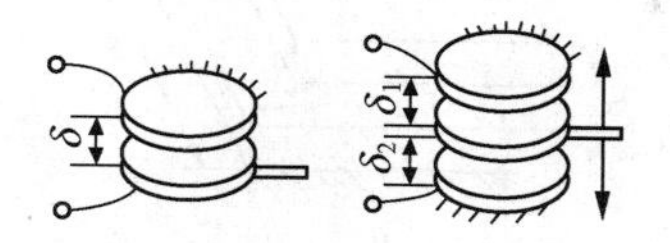

（a）变极距型

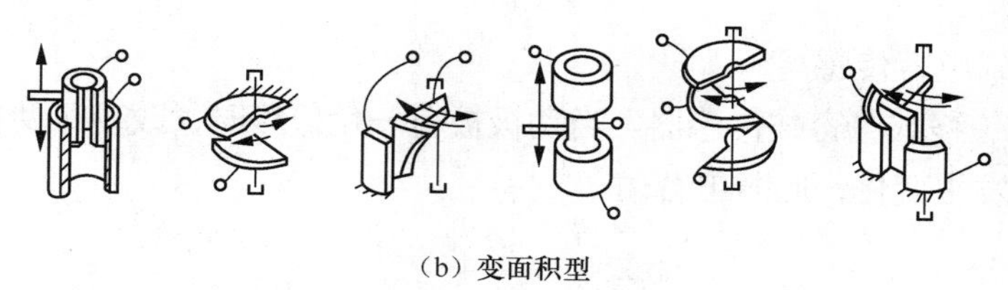

（b）变面积型

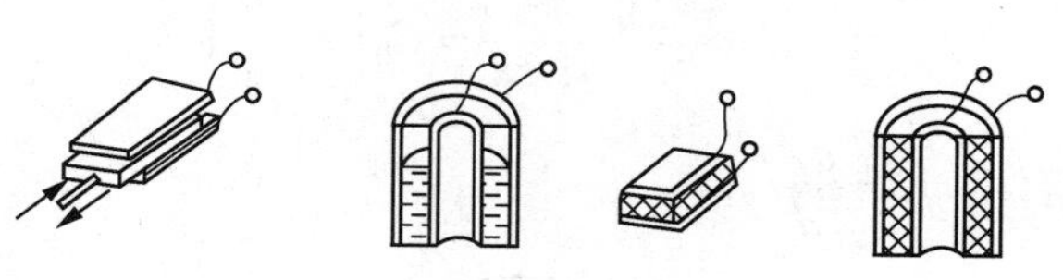

（c）变介质型

图5-2　各种电容式传感器的结构示意图

1. 变面积型电容传感器

变面积型电容传感器在工作时，极距、介质等保持不变，被测量的变化使其有效作用面积发生改变。变面积型电容传感器的两个极板中，一个固定不动，称之为定极板；另一个可移动，称之为动极板。根据两极板的移动方式不同，变面积型电容传感器又可分为直线位移式、角位移式和圆筒式。

（1）直线位移式电容传感器

如图 5-3 所示，设两矩形极板间覆盖面积为 S，极板间距离为 d，极板宽度为 a，长度为 b，当动极板移动 Δx 时，则面积 S 发生变化，电容量也改变，有

$$C=\frac{\varepsilon b(a-\Delta x)}{d}=C_0-\frac{\varepsilon b}{d}\Delta x \tag{5-2}$$

式中：C_0——初始电容值，$C_0=\varepsilon ab/d$。

电容因位移而产生的变化量

$$\Delta C=C-C_0=-\frac{\varepsilon b}{d}\Delta x \tag{5-3}$$

其灵敏度 K

$$K=-\frac{\Delta C}{\Delta x}=\frac{\varepsilon b}{d}=\frac{C_0}{a} \tag{5-4}$$

可见，变面积型电容传感器的灵敏度为常数，即输出与输入呈线性关系。增加 b 或减小 d 均可提高传感器的灵敏度，但是 d 的减小会受到电容器击穿电压的限制，而增加 b 会受到体积的限制。

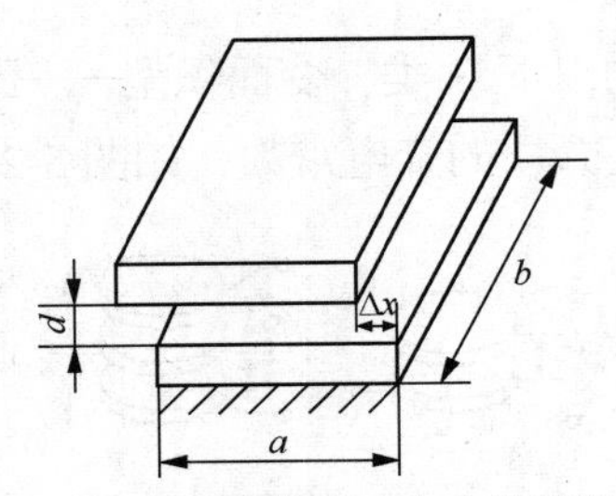

图5-3　直线位移式电容传感器

（2）角位移式电容传感器

图 5-4 是角位移式电容式传感器。当动极板有一角位移时，改变了两极板间有效覆盖面积，使电容量发生变化，此时电容值

$$C=\frac{\varepsilon A\left(1-\dfrac{\theta}{\pi}\right)}{d}=C_0\left(1-\frac{\theta}{\pi}\right) \tag{5-5}$$

式中：C_0——初始电容值，$C_0=\dfrac{\varepsilon A}{d}$。

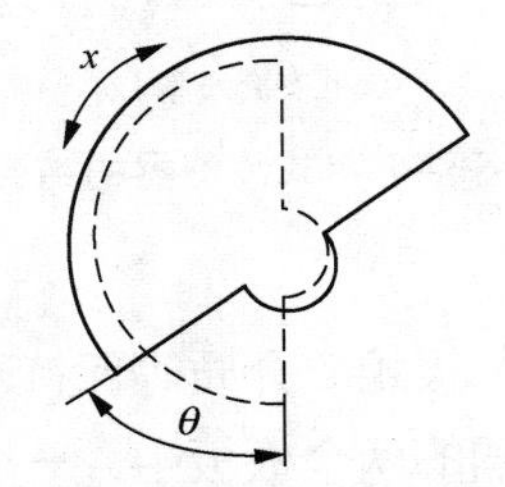

图5-4　角位移式电容传感器

（3）圆筒式电容传感器

图 5-5 是圆筒式电容传感器。外圆筒 B 不动，内圆筒 A 在外圆筒内做上下直线运动，电容量发生变化，此时电容值

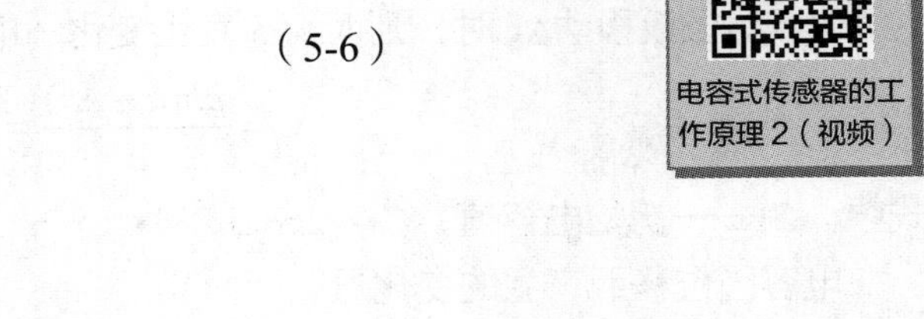

$$C_{AB}=\frac{2\pi\varepsilon_0\varepsilon_r(l-\Delta l)}{\ln(D/d)} \tag{5-6}$$

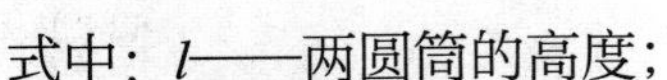
式中：l——两圆筒的高度；

D——外圆筒 B 的内径；

d——内圆筒 A 的外径；

Δl——沿轴线的位移。

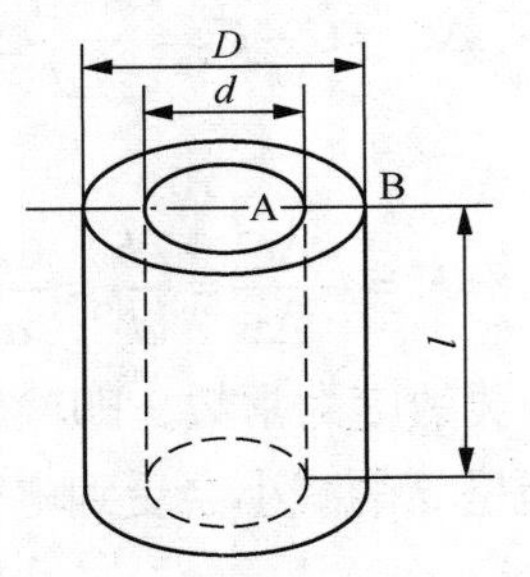

图5-5　圆筒式电容传感器

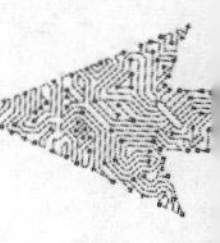

（4）变面积型电容传感器使用注意事项

变面积型电容传感器的输出特性是线性的，灵敏度是常数。这一类传感器多用于检测直线位移、角位移、尺寸等参量。在使用时要注意以下几点。

① 增大初始电容 C_0 可以提高传感器的灵敏度。

② 极板宽度 a 的大小不影响灵敏度，但不能太小，否则边缘电场影响增大，非线性将增大。

③ 极板的位移 Δx 变化不能太大，否则边缘效应会使传感器特性产生非线性变化。（以上的推导是在忽略边缘效应的情况下进行的）

2. 变极距型电容传感器

如果两极板的有效作用面积 A 及极板间的介质介电常数 ε 保持不变，则电容量 C 随极距 d 按非线性关系变化，如图 5-6 所示。动极板因被测物位置的改变而引起移动时，两极板间的距离 d 发生变化，从而引起电容量的变化。

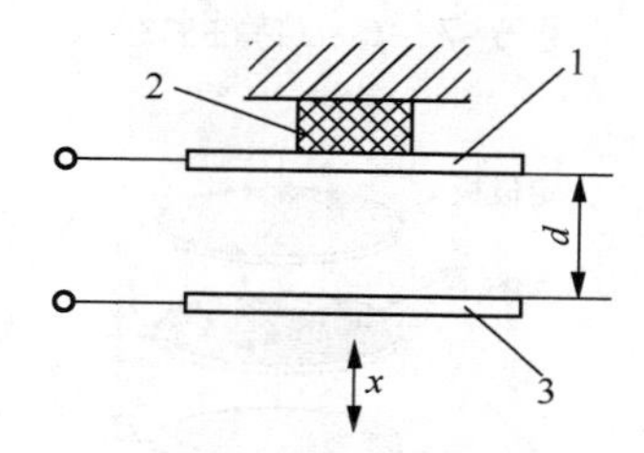

1—定极板；2—与被测对象相连；3—动极板

图5–6 变极距型电容传感器

静态电容量为

$$C=\frac{\varepsilon A}{d} \tag{5-7}$$

动极板移动 x 后，其电容量为

$$C=\frac{\varepsilon A}{d-x}=C_0\frac{1+\dfrac{x}{d}}{1-\dfrac{x^2}{d^2}} \tag{5-8}$$

当 $x \ll d$ 时，$1-\dfrac{x^2}{d^2}\approx 1$，则

$$C\approx C_0\left(1+\frac{x}{d}\right) \tag{5-9}$$

由式（5-8）可见，变极距型电容传感器电容量 C 与 x 不是线性关系，而是双曲线关系，如图 5-7 所示，仅当 $x \ll d$ 时，可近似为线性关系。极距越小，灵敏度越高。但这种传感器由于存在原理上的非线性，灵敏度随极距变化而变化，当极距变动量较大时，非线性误差会明显增大。为限制非线性误差，传感器应在较小的极距变化范围内工作，以使输入-输出

特性近似线性关系。极距变化范围一般取 $\Delta d/d_0 \leqslant 0.1$。在实际应用中，为了提高灵敏度，减小非线性，可采用差动式结构，其原理如图 5-8 所示。当动极板移动后，C_1 和 C_2 呈差动变化，即其中一个电容量增大，而另一个电容量则相应减小，这样电容传感器的灵敏度提高了一倍，非线性得到了很大的改善。另外，某些因素（如环境温度变化、电源电压波动等）对测量精度的影响也得到了一定的补偿。

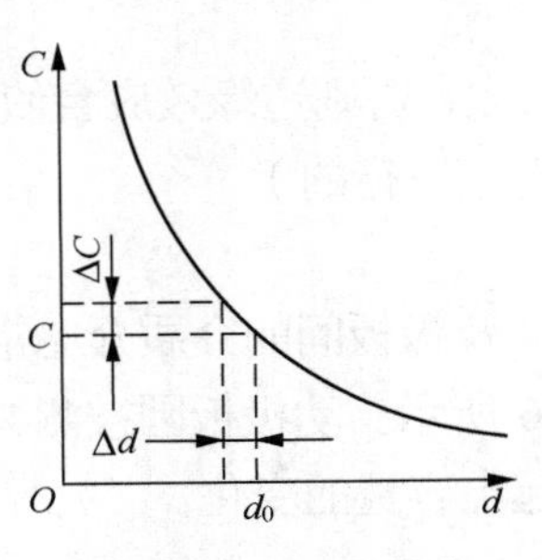

图5–7　C–d 特性曲线

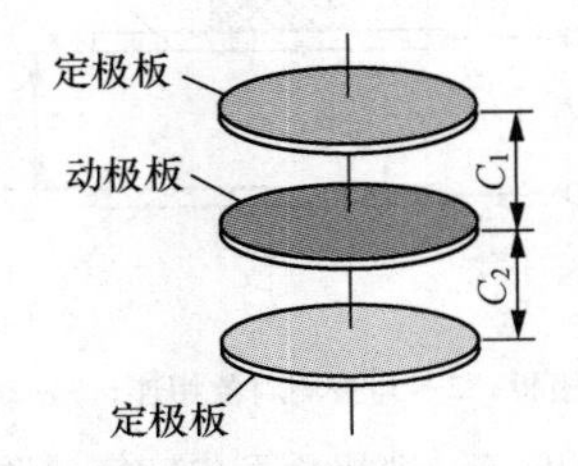

图5–8　差动式电容传感器原理

变极距型电容传感器的优点有：可实现动态非接触测量，动态响应特性好，灵敏度和精度极高（可达纳米级），适用于较小位移（1nm～1μm）的精度测量。

3. 变介质型电容传感器

变介质型电容传感器主要用于测量物体的厚度、液位、介质的温度和湿度等。其工作原理为：当电容式传感器中的电介质改变时，其介电常数发生变化，从而导致电容量发生变化。

图 5-9 为变介质型电容传感器的结构原理图及输入-输出特性。它的电极间相互位置没有任何改变，而是靠改变极板间介质高度来改变其电容值的。设被测介质的极板间介质介电常数为 ε_1，空气部分极板间介质介电常数为 ε_2，介质高度为 h，传感器总高度为 H，内筒的外径为 d，外筒的内径为 D，则传感器的电容值为

$$C=\frac{2\pi\varepsilon_1 h}{\ln(D/d)}+\frac{2\pi\varepsilon_2(H-h)}{\ln(D/d)}=C_0+Kh \tag{5-10}$$

$$C_0=\frac{2\pi\varepsilon_2 H}{\ln(D/d)} \tag{5-11}$$

$$K=\frac{2\pi(\varepsilon_1-\varepsilon_2)}{\ln(D/d)} \tag{5-12}$$

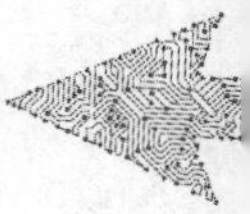

式中：C_0——传感器的初始电容值。

可见传感器的电容增量与被测液位高度 h 成正比，因此它可以用来测量液位和料位的高度。

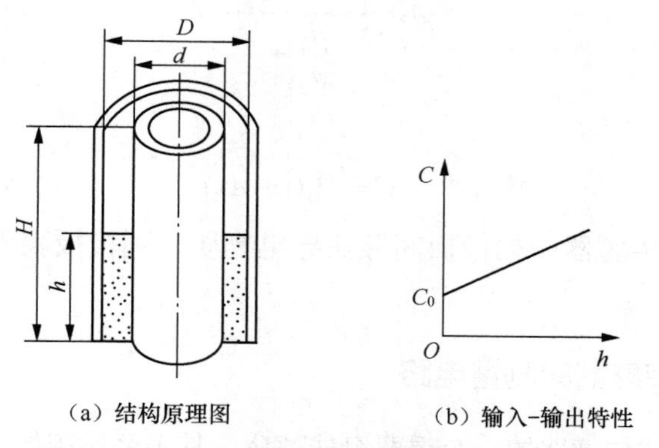

（a）结构原理图　（b）输入-输出特性

图5-9　变介质型电容传感器的结构原理图及输入-输出特性

此类传感器的结构形式有很多种，图 5-10 所示为一种介质面积变化的电容式传感器。这种传感器可用来测量物位或液位，也可测量位移。当厚度为 d_2 的介质（介电常数为 ε_2）在电容器中左右移动时，电容器介质的总介电常数发生改变，从而使电容量发生了变化。此时传感器的电容量为

$$C = C_A + C_B \tag{5-13}$$

其中：
$$C_A = \frac{bx}{d_1/\varepsilon_1 + d_2/\varepsilon_2};\quad C_B = \frac{b(l-x)}{(d_1+d_2)/\varepsilon_1}$$

式中：b——极板的宽度；

l——极板的长度。

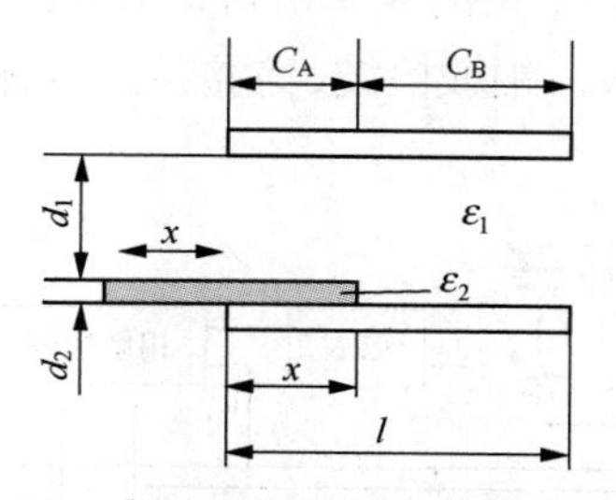

图5-10　介质面积变化的电容式传感器

设极板间无 ε_2 介质时的电容量为 $C_0 = \dfrac{\varepsilon_1 bl}{d_1+d_2}$，当 ε_2 介质插入两极板间时则有

$$C = C_A + C_B = \frac{bx}{\dfrac{d_1}{\varepsilon_1}+\dfrac{d_2}{\varepsilon_2}} + \frac{b(l-x)}{\dfrac{d_1+d_2}{\varepsilon_1}} = C_0\left(1+\frac{x}{l}\bullet\frac{1-\dfrac{\varepsilon_1}{\varepsilon_2}}{\dfrac{d_1}{d_2}+\dfrac{\varepsilon_1}{\varepsilon_2}}\right) \tag{5-14}$$

式（5-14）表明，电容量 C 与位移 x 呈线性关系。

式中，令

$$A=\frac{1}{l}\cdot\frac{1-\dfrac{\varepsilon_1}{\varepsilon_2}}{\dfrac{d_1}{d_2}+\dfrac{\varepsilon_1}{\varepsilon_2}}$$

则有

$$C=C_0(1+Ax) \tag{5-15}$$

若变介质型电容传感器中的极板间存在导电物质，则极板表面应涂绝缘层，防止极板短路。

5.1.2 电容式传感器的测量电路

测量电路是电容式传感器的一个重要组成部分，其主要作用如下。

（1）给电极提供合适的激励源，以便在形成的电场中实现能量的转换。

（2）检测电场能量的变化，形成可供使用的电信号。

（3）实现传感器输出信号的线性化处理与信号变换。

电容式传感器的测量电路（视频）

电容式传感器的测量电路很多，常见的电路有交流电桥、紧耦合电感电桥、变压器电桥、差动脉冲调制电路、双 T 电桥电路、运算放大器测量电路和调频电路等。下面介绍几种常用的典型测量电路。

1. 交流电桥

这种转换电路是将电容式传感器的两个电容作为交流电桥的两个桥臂，通过电桥把电容的变化转换成电桥输出电压的变化。电桥通常采用由电阻-电容、电感-电容组成的交流电桥，图 5-11 所示为电感-电容电桥转换电路。变压器的两个二次绕组 L_1、L_2 与差动电容式传感器的两个电容 C_1、C_2 作为电桥的 4 个桥臂，由高频稳幅的交流电源为电桥供电。电桥的输出是一个调幅值，经放大、相敏检波、滤波后，获得与被测量变化相对应的输出信号，最后通过仪表显示记录。

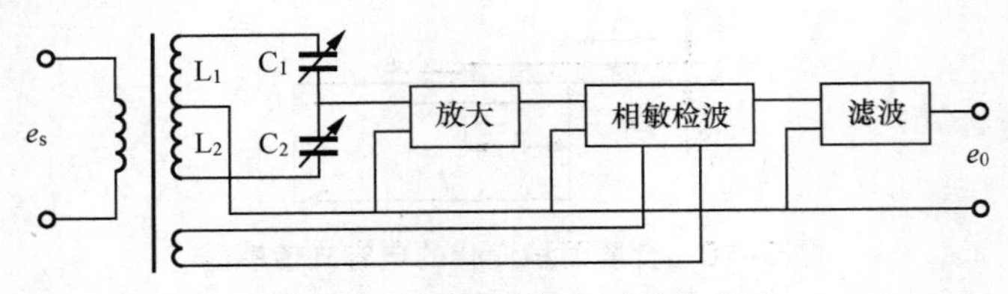

图5-11 电感-电容电桥转换电路

2. 脉冲宽度调制电路

脉冲宽度调制电路（PWM）是利用传感器的电容充放电使电路输出脉冲的占空比随电容式传感器的电容量变化而变化，再通过低通滤波器得到对应于被测量变化的直流信号。图 5-12 所示为脉冲宽度调制电路。它由电压比较器 A_1 和 A_2，双稳态触发器、低通滤波器及电容充放电回路组成。

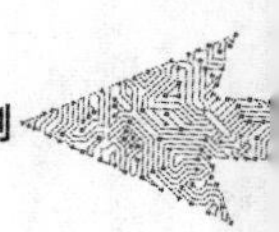

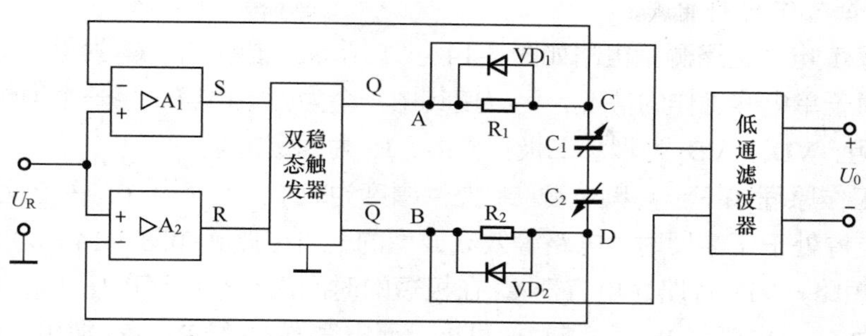

图5-12　脉冲宽度调制电路

当调制电路无工作电源时，电容 C_1、C_2 的对地电压为零，输出电压为零。当接通工作电源后，电压比较器 A_1、A_2 的输出端为低电平，双稳态触发器的两个输出端输出高电平和低电平。现假设 Q 端输出高电平，$\overline{Q}$ 端输出低电平，A 点通过 R_1 对 C_1 充电，C 点电压 U_C 升高；由于二极管的作用，D 点的电压 U_D 被钳制在低电平。当 $U_C > U_R > U_D$ 时，电压比较器 A_1 的输出为低电平，即双稳态触发器的 S 端为低电平，此时电压比较器 A_2 的输出为高电平，即 R 端为高电平。双稳态触发器的 Q 端翻转为低电平，U_C 经二极管 VD_1 快速放电，很快由高电平降为低电平。$\overline{Q}$ 端输出为高电平，通过 R_2 对 C_2 充电，当 $U_D > U_R > U_C$ 时，电压比较器 A_1 的输出为高电平，即双稳态触发器的 S 端为高电平，此时电压比较器 A_2 的输出为低电平，即 R 端为低电平。双稳态触发器的 Q 端翻转为高电平，A 点通过 R_1 对 C_1 充电，C 点电压 U_C 升高；$\overline{Q}$ 端输出为低电平，U_D 经二极管 VD_2 快速放电，很快由高电平降为低电平。当 $U_C > U_R > U_D$ 时，电压比较器 A_1 的输出为低电平，即双稳态触发器的 S 端为低电平，此时电压比较器 A_2 的输出为高电平，即 R 端为高电平。如此周而复始，就可在双稳态触发器的两输出端各产生一个宽度分别受 C_1、C_2 调制的脉冲波形，经低通滤波器后输出。当 $C_1 = C_2$ 时，线路上各点波形如图 5-13（a）所示，A、B 两点间的平均电压为零。但当 C_1、C_2 值不相等时，如 $C_1 > C_2$，则 C_1 的充电时间大于 C_2 的充电时间，即 $t_1 > t_2$，电压波形如图 5-13（b）所示。

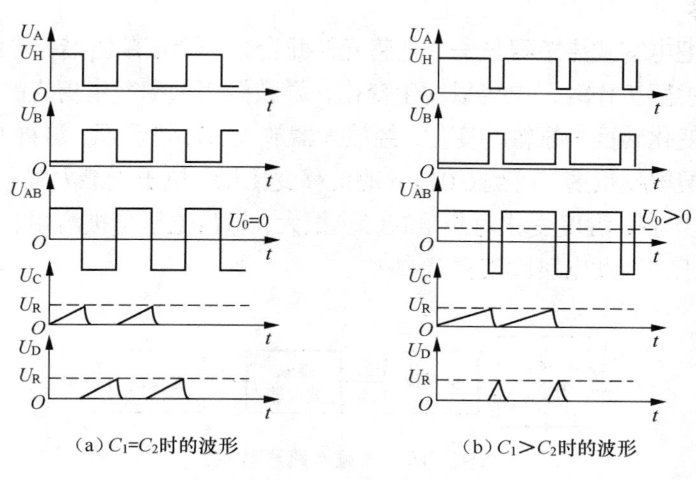

图5-13　各点的电压波形

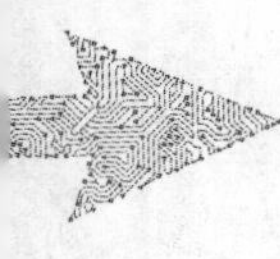

3. 二极管双 T 电桥电路

二极管双 T 电桥电路测量电路如图 5-14（a）所示。图中 C_1、C_2 为差动电容式传感器的电容器，对于单电容工作的情况，可以使其中一个为固定电容，另一个为传感器电容。R_L 为负载电阻，VD_1、VD_2 为理想二极管，R_1、R_2 为固定电阻。

电路的工作原理如下：高频电源 U_E 提供幅度为$\pm U_E$、周期为 T、占空比为 50%的对称方波。当电源处于正半周时，电路等效成典型的一阶电路，如图 5-14（b）所示。其中，二极管 VD_1 短路、VD_2 开路，电容器 C_1 在极短的时间内被充电至电压 U_E，电容器 C_2 的电压初始值为 U_E，电源经 R_1 以 i_1 向 R_L 供电，而电容器 C_2 经 R_2、R_L 放电，流过 R_L 的放电电流为 i_2，则流过 R_L 的总电流 i_L 为 i_1 和 i_2 的代数和。在负半周时，二极管 VD_2 导通、VD_1 截止，电容器 C_2 很快被充电至电压 U_E；电源经电阻 R_2 以 i_1' 向负载电阻 R_L 供电，与此同时，电容器 C_1 经电阻 R_1、负载电阻 R_L 放电，流过 R_L 的放电电流为 i_2'。流过 R_L 的总电流 i_L' 为 i_1' 和 i_2' 的代数和。

令 $R_1 = R_2 = R$，则在 $C_1 = C_2$ 的情况下，电流 i_L 和 i_L' 大小相等、方向相反，从而在一个周期内流过 R_L 的平均电流为零，R_L 上无电压输出。很明显，C_1 或 C_2 中任何一个发生变化都将引起 i_L 和 i_L' 的不等，从而在 R_L 上产生的平均电流不为零，电桥输出电压 U_o 存在。

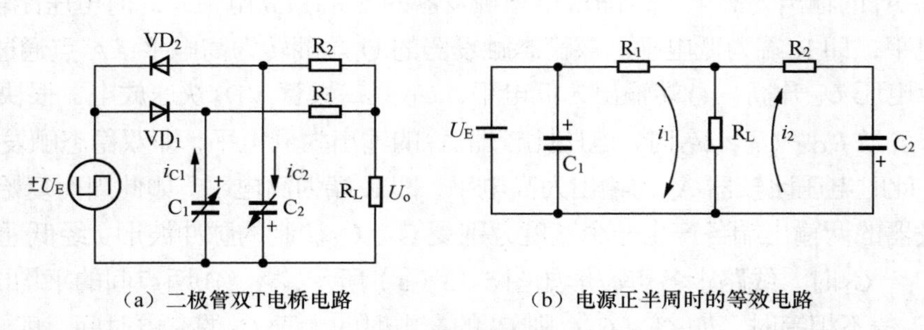

（a）二极管双T电桥电路　　（b）电源正半周时的等效电路

图5-14　二极管双T电桥电路及其等效电路

4. 调频电路

调频电路是把电容式传感器与一个电感元件配合成一个振荡器谐振电路，如图 5-15 所示。当电容式传感器工作时，电容量发生变化，导致振荡频率产生相应的变化。再通过鉴频电路将频率的变化转换为振幅的变化，经放大器放大后即可显示，这种方法称为调频法。这种测量电路的灵敏度很高，可测 0.01μm 的位移变化量，抗干扰能力强（加入混频器后更强）；缺点是电缆电容、温度变化对测量的影响很大，输出电压与被测量之间的非线性一般要靠电路加以校正，因此电路比较复杂。

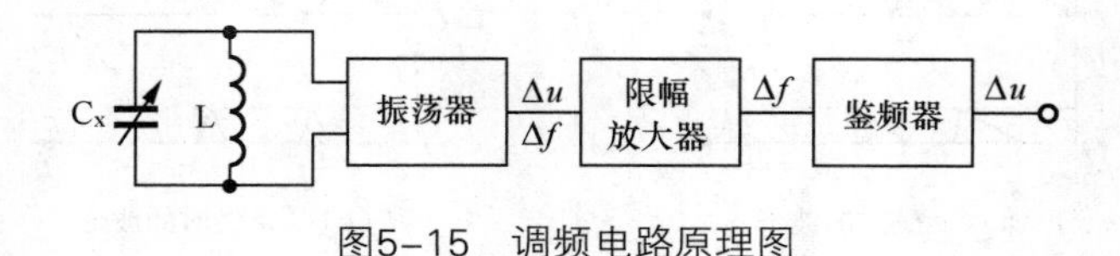

图5-15　调频电路原理图

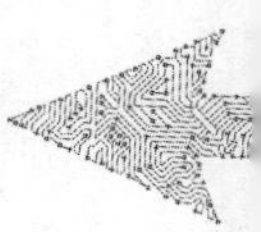

5.1.3 电容式传感器的误差分析

如前所述，电容式传感器本身是一个电容器，有变极距式、变面积式和变介质式 3 种工作方式，可将被测量转换成相应的电容的变化量。但在实际应用中，由于某些因素的影响，如环境温度和湿度的变化、寄生电容的干扰等，使传感器的工作特性变得不稳定，严重时甚至无法工作，因此，在设计和应用电容式传感器时必须予以考虑。

1. 边缘效应的影响

前面对各种电容器的分析都是不考虑边缘效应的。实际上当极板厚度 h 和极板间距 d 之比相对较大时，边缘效应的影响就不能忽略，否则会造成边缘电场畸变，使性能不稳定，非线性误差增加。

适当减小极间距，使电极直径或边长与间距比增大，可减小边缘效应的影响，同时，极板易被击穿，因此限制测量范围。电极可做得极薄使之远小于极间距，这样可减小边缘电场的影响。消除边缘效应最有效的方法是采用带有等位环的结构形式，如图 5-16 所示。等位环 3 与电极 2 同平面，且将电极 2 包围，彼此绝缘而电位相等，使电极 1 和 2 之间的电场基本均匀，而发散的边缘电场发生在等位环 3 的外周，不影响传感器两极板间电场。

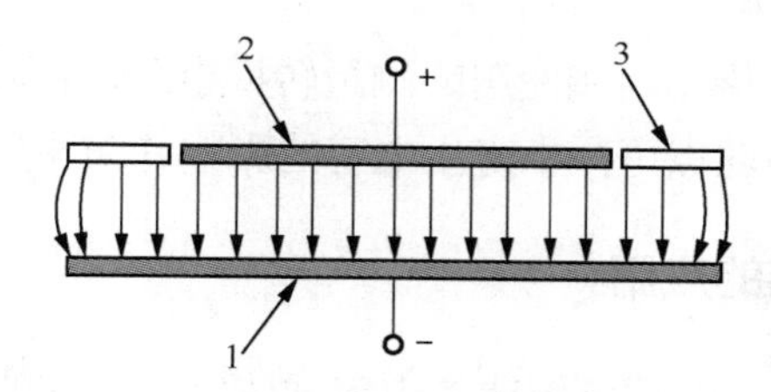

1、2—电极；3—等位环

图5–16　带有等位环的平行板电容器

应该指出，边缘效应所引起的非线性与变极距型电容式传感器原理上的非线性正好相反，因此在一定程度上起到了补偿作用，但传感器的灵敏度会下降。

2. 寄生电容的影响

寄生电容是指除极板间电容外，电容式传感器上的其他附加电容，如仪器与极板间构成的电容、引线的分布电容等。它不仅改变了电容式传感器的电容量，而且由于传感器本身电容量很小，寄生电容极不稳定，从而导致传感器不能正常工作，因此，电容式传感器在使用中需要消除和减小寄生电容的影响，下面介绍几种常用的消减影响方法。

（1）集成化

将传感器与测量电路及其前置级封装在一个壳体内，省去传感器的电缆引线，使寄生电容大为减小，电容稳定不变，从而使仪器稳定工作。但这种传感器因电子元件的特点而不能在高、低温或环境差的场合使用。

（2）采用“驱动电缆”技术

当电容式传感器的电容值较小，且因某些原因（如环境温度较高），测量电路需与传感器分开时，可采用“驱动电缆”技术。“驱动电缆“技术实际上是一种等电位屏蔽法。如图 5-17 所示，传感器与测量电路前置级间的引线为双屏蔽层电缆，其内屏蔽层与信号传输线（即电缆芯线）通过 1∶1 放大器变为等电位，从而消除了两者之间的电容。由于屏蔽线上有随传感器输出信号变化而变化的电压，因此称为“驱动电缆”。采用这种技术可使电缆线在不影响传感器的性能的前提下实现长距离传输。外屏蔽层接地（或连接传感器的接地端）以消除外界电场的干扰。

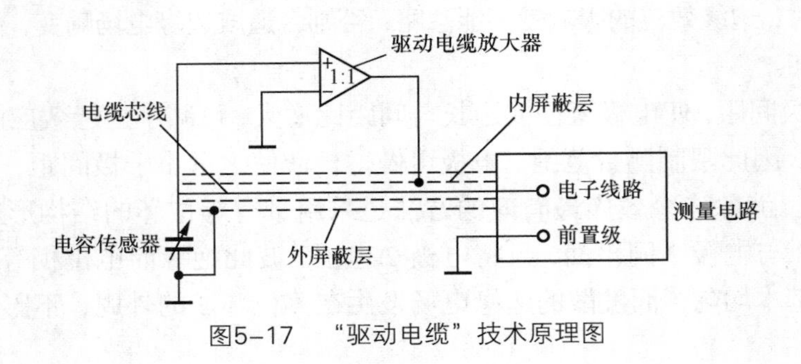

图5–17　“驱动电缆”技术原理图

（3）整体屏蔽

整体屏蔽是指将电容式传感器和使用的测量转换电路、传输电缆等用同一个屏蔽壳屏蔽起来。另外，正确选取接地点可减小寄生电容的影响并防止外界的干扰。

5.1.4 电容式传感器的应用

随着电子技术的发展，人们逐渐解决了电容式传感器存在的技术问题，为电容式传感器的应用开辟了广阔的前景。电容式传感器不但广泛地用于精确测量位移、厚度、角度、振动等机械量，还用于测量力、压力、差压、流量、成分、液位等物理量。

电容式传感器的应用（动画）

1. 电容式差压传感器

在工业生产流程的自动控制中，温度、压力、流量和液位是 4 个重要参数。石油、钢铁、电力、化工、造纸等行业的设备安全生产，对压力传感器的可靠性与稳定性提出较高要求。膜片式压力计是工业生产中常用的一种电容式差压传感器。

图 5-18 所示是电容式差压传感器结构示意图。这种传感器结构简单，灵敏度高，响应时间短（约 100ms），能测微小压差（0～0.75Pa）。它是由两个玻璃圆盘和一个金属（不锈钢）膜片组成的。两玻璃圆盘的凹面上的镀层作为电容式传感器的两个固定极板，而夹在两凹圆盘中的膜片则为传感器的动极板，从而形成传感器的两个差动电容器 C_1、C_2。当金属膜片两边压力 p_1、p_2 相等时，膜片处在中间位置，与左、右固定极板间距相等，因此两个电容相等；当 $p_1 > p_2$ 时，膜片弯向 p_2，那么两个差动电容一个增大、一个减小，且变化量大小相同；当压差反向时，差动电容变化量也反向。当把传感器的一侧密封并抽至真空

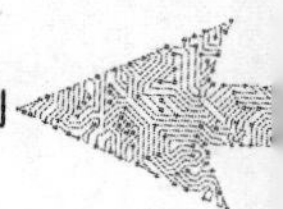

后，也可以用来测量真空或微小绝对压力。

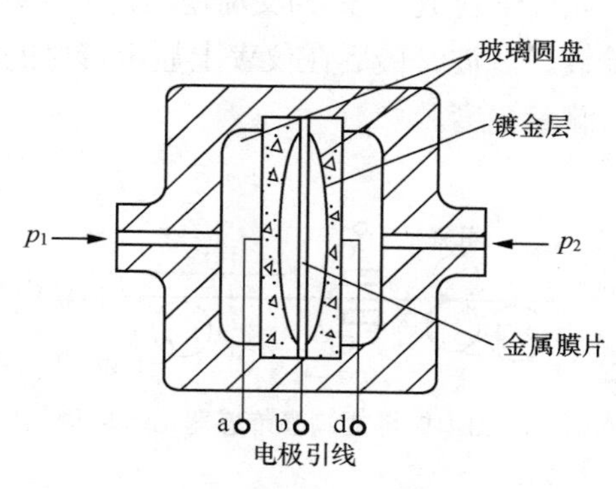

图5-18 电容式差压传感器结构示意图

2. 电容式加速度传感器

力平衡式挠性加速度传感器即是电容式传感器的一个具体应用，如图 5-19 所示。

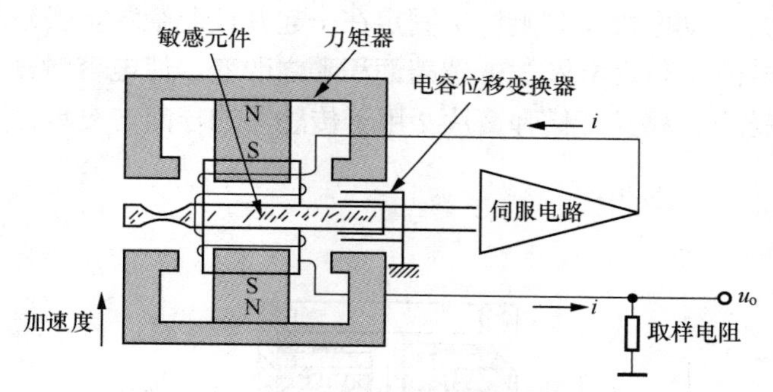

图5-19 力平衡式挠性加速度传感器原理

工作时，敏感元件检测到某载体加速度的大小，使电容位移变换器产生相应输出，经伺服电路转换成比例电流输入力矩器的电磁线圈，使其产生与敏感元件的惯性力精确平衡的电磁力，迫使敏感元件随被加速的载体而运动；此时，通过力矩器电磁线圈的电流，即精确反映了被测加速度值。

在这种加速度传感器中，传感器和力矩器的工作面均采用微气隙“压膜阻尼”，使它比通常的油阻尼具有更好的动态特性。这种传感器目前主要应用于超低频低加速度测量，是惯性导航系统中不可缺少的关键元件，如中程导弹、飞行器及航天器使用的加速度传感器大多数为力平衡式加速度传感器。

3. 电容式测厚传感器

电容测厚仪用来测量轧制过程中金属带材厚度的变化。其变换器就利用了电容式测厚传感器，其工作原理如图 5-20 所示。在被测带材的上、下两边各置一块面积相等、与带材距离相同的极板，极板与带材形成了两个电容器。把两块极板用导线连接起来，就成为一个电容式传感器极板，而带材则是电容式传感器的另一个极板，其总电容量 $C = C_1 + C_2$。

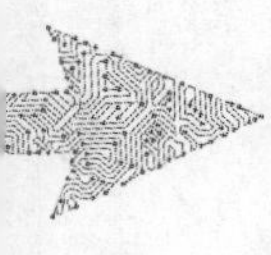

金属带材在轧制过程中不断向前送进，带材厚度的变化，将引起上、下两个极板间距的变化，即引起电容量的变化。如果电容量 C 作为交流电桥的一个臂，电容量的变化 ΔC 使电桥失去平衡，经过放大、检波、滤波，最后在仪表上显示带材的厚度。这种电容式测厚仪的优点是带材的振动不影响测量精度。

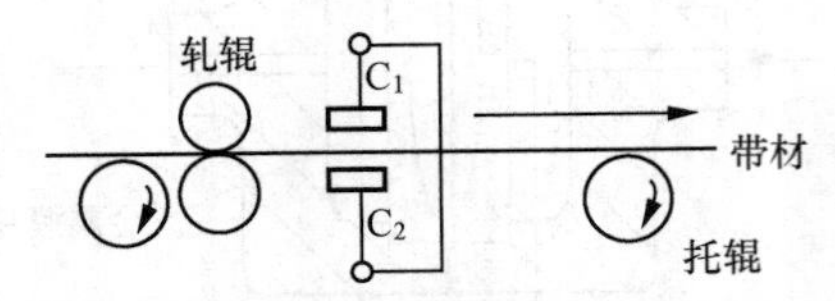

图5-20　电容式测厚传感器工作原理

4. 电容式位移传感器

图 5-21 所示为一种变面积型电容式位移传感器。它采用差动式结构，定电极为圆柱形，与测杆相连的动电极随被测位移而轴向移动，从而改变动电极与两个定电极之间的覆盖面积，使电容量发生变化。它用于接触式测量，电容量与位移呈线性关系。其工作过程如下：定电极 3 与壳体绝缘，动电极 4 与测杆 1 固定在一起并彼此绝缘。当被测物体位移使测杆 1 轴向移动时，动电极 4 与定电极 3 的覆盖面积随之改变，使电容量一个变大、另一个变小，它们的差值正比于位移。开槽弹簧片 2 用于传感器的导向与支承，无机械摩擦，灵敏性好，但行程小。

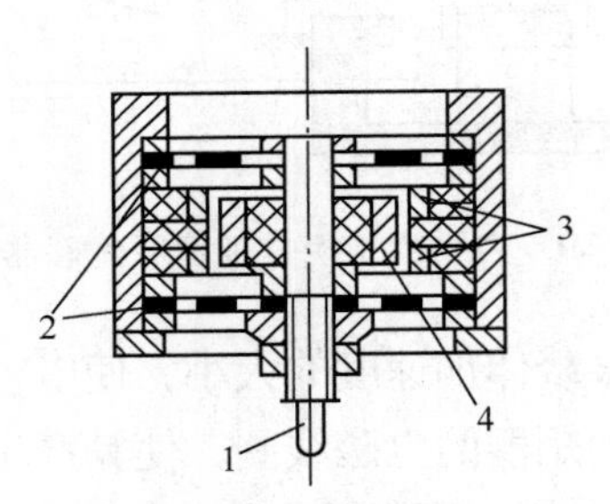

1—测杆；2—开槽弹簧片；3—定电极；4—动电极

图5-21　变面积型电容式位移传感器

5. 电容式接近开关

在高频振荡型电容式接近开关中，以高频振荡器（LC 振荡器）中的电容作为检测元件，在被测物体接近该电容时，由于电容器的介质发生变化导致电容量 C 的变化，从而引起振荡器振幅或频率的变化，由传感器的信号调理电路将该变化转换成开关量输出，从而达到检测的目的。

被检测物体可以是导电体、介质损耗较大的绝缘体、含水的物体（例如饲料、人体等）；可以是接地的，也可以是不接地的。调节接近开关尾部的灵敏度调节电位器，可以根据被测物不同来改变动作距离。

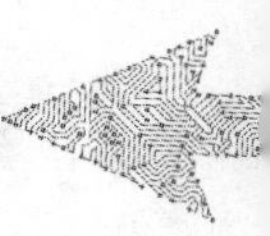

图 5-22 所示是利用电容式接近开关测量谷物高度（即物位）的示意图。当谷物高度达到电容式接近开关的底部时，电容式接近开关发出报警信号，并关闭输送管道的阀门。对于金属物体，通常不使用易受干扰的电容式接近开关，而选择电感式接近开关。

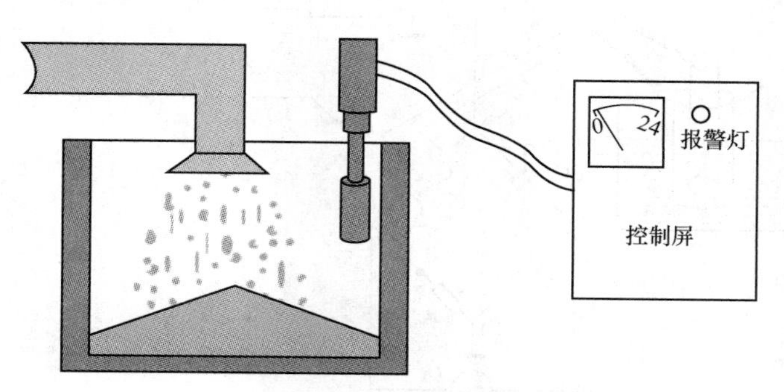

图5-22　物位检测示意图

6. 湿敏电容

湿敏电容是利用具有吸湿性的绝缘材料作为电容式传感器的介质，在其两侧面电镀两个多孔性电极。当相对湿度增大时，吸湿性介质吸收空气中的水蒸气，使两电极间介质的相对介电常数大幅度增加（水的相对介电常数为 80），电容量增大。目前，湿敏电容吸湿性介质主要使用多孔性氧化铝和高分子吸湿膜两种。

【学海领航】——“大国工匠”的创新精神

高水平的传感器研制，离不开新理念、新姿态、新一代的能工巧匠。“大国工匠”中铁工程装备集团的李刚，经过 20 多年的工作实践，研发的液位传感器使我国盾构机得以打破国外长期的技术垄断。工匠精神是一丝不苟、精益求精的精神。创新精神是工匠精神的核心要素，一个民族的创新离不开技艺的创新。学生应传承工匠精神，融合前沿学科知识，加强研发设计，通过对质量、规则、标准、流程的执着追求，从而不断提升传感器的品质。

【任务实施】——检测汽车油箱油量

1. 油箱油量检测系统的组成

油箱油量检测系统由电容式液位传感器、电阻-电容电桥、放大器、伺服电动机（两相）、减速器及显示装置（油量表）等组成，如图 5-23 所示。

2. 电容式液位传感器油量检测

电容式液位传感器作为电桥的一个臂，C_0 为标准电容器，R_1 和 R_2 为标准电阻，R_P 为调整电桥平衡的电位器，它的转轴与显示装置同轴连接，由伺服电动机和减速器驱动。图 5-24 所示为电容式液位传感器外形。

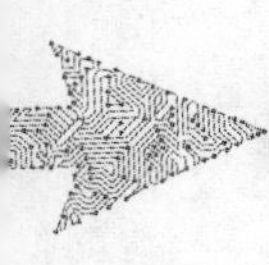

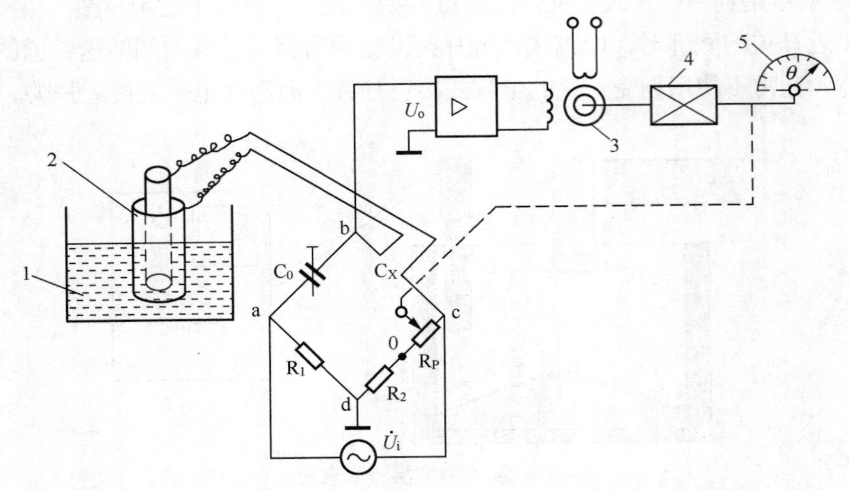

1—油箱；2—电容式液位传感器；3—伺服电动机；4—减速器；5—油量表

图5-23　油箱油量检测系统的组成

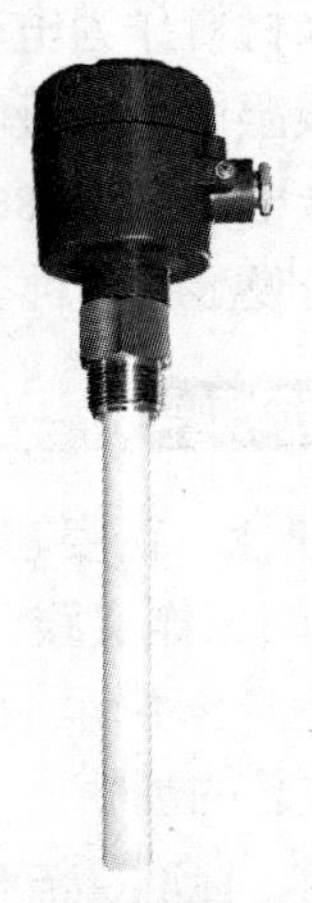

图5-24　电容式液位传感器外形

在油箱无油时，电容式传感器的电容量 $C_X = C_{X0}$，调节 R_P 的滑动臂位于 0 点，即 R_P 的电阻值为 0，此时，电桥满足 $C_0/C_X = R_1/R_2$ 的平衡条件，电桥输出电压为零，伺服电动机不转动，油量表指针偏转角 $\theta = 0$。当油箱中注满油时，液位上升，指针停留在转角为 θ_m 处。当油箱中的油位降低时，电容式传感器的电容量 C_X 减小，电桥失去平衡，伺服电动机反转，指针逆时针偏转（示值减小），同时带动 R_P 的滑动臂移动。当 R_P 的阻值达到一定值时，电桥又达到新的平衡状态，伺服电动机停转，指针停留在新的位置（θ_x 处）。

使用电容式位移传感器时要注意以下几点。

（1）注意进行屏蔽和接地。

（2）增加初始电容值，降低容抗。

（3）导线间分布电容有静电感应，因此导线之间的距离要远，导线要尽量短，并成直角排列，若平行排列需用同轴屏蔽线。

（4）避免多点接地，尽可能一点接地。

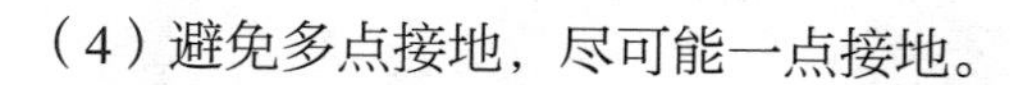

任务 5.2 密闭容器液位检测

【任务导入】

在工业生产中，经常会使用各种密闭容器来储存高温、有毒、易挥发、易燃、易爆、强腐蚀性等液体介质，对这些容器的液位检测必须使用非接触式测量。超声波传感器即可进行非接触式测量，其可避免直接与液体接触，避免液体对传感器探头的损坏，并且反应速度快。超声波传感器的结构、工作原理是怎样的？

【知识讲解】

超声波是一种机械波，它方向性好，穿透力强，遇到杂质或分界面时会产生显著的反射。利用这些物理性质，可把一些非电量转换成声学参数，再通过压电元件转换成电量。超声波传感器就是利用超声波的特性，将非电量转换为电量的测量元件。超声波传感器在无损探伤、厚度测量、流速测量、防盗报警等领域有广泛的应用。

5.2.1 超声波的物理特性

1. 声波的分类

声波是一种机械波，由于发声体的机械振动，引起周围弹性介质中质点的振动，并由近及远地传播。频率在 20～2×10^4Hz，能为人耳所闻的机械波，称为声波；低于 20Hz 的机械波，称为次声波；高于 2×10^4Hz 的机械波，称为超声波，如图 5-25 所示。

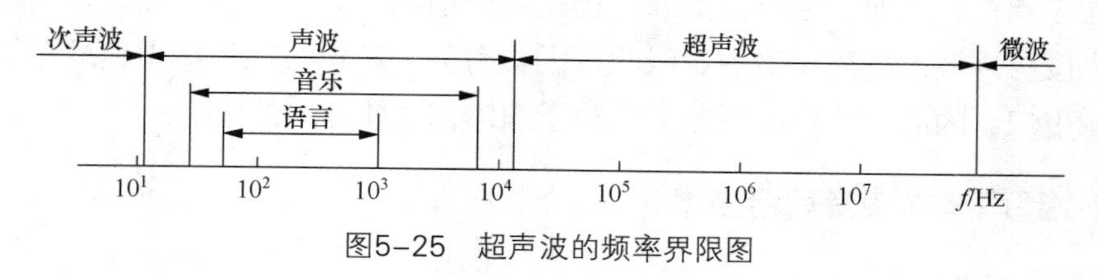

图5-25 超声波的频率界限图

2. 超声波的波形

由于声源在介质中施力方向与波在介质中传播方向的不同，声波的波形也不同，通常有以下 3 种类型。

（1）纵波：质点振动方向与波的传播方向一致的波。纵波能在固体、液体和气体中传播，人讲话时产生的声波属于纵波。

（2）横波：质点振动方向垂直于波的传播方向的波。横波只能在固体中传播。

（3）表面波：质点的振动介于横波与纵波之间，沿着表面传播，振幅随着深度的增加而迅速衰减。它只在固体的表面传播。

3. 超声波的传播特性

（1）传播速度：超声波的传播速度与波长及频率成正比。

超声波的传播速度

$$c=\lambda f$$

式中：λ——超声波的波长；f——超声波的频率。

（2）通过两种不同的介质时，超声波会产生反射和折射现象。但当它由气体传播到液体或固体中，或由固体、液体传播到气体中时，由于介质密度相差太大而几乎全部发生反射。

由物理学可知，当波在界面上产生反射时，入射角α的正弦与反射角α'的正弦之比等于波速之比。当入射波和反射波的波形相同时，波速相等，入射角α即等于反射角α'，如图 5-26 所示。当波在界面外产生折射时，入射角α的正弦与折射角β的正弦之比，等于入射波在第一介质中的波速c_1与折射波在第二介质中的波速c_2之比，即

$$\frac{\sin\alpha}{\sin\beta}=\frac{c_1}{c_2} \tag{5-16}$$

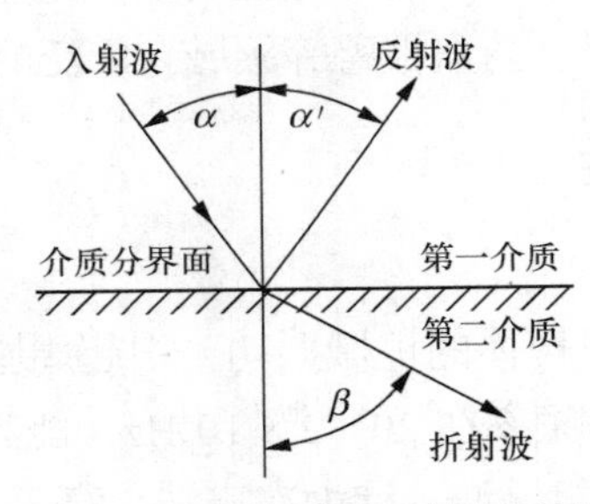

图5–26　超声波的反射和折射

（3）通过同种介质时，超声波随着传播距离的增加，其强度因介质吸收能量而衰减。其衰减的程度与声波的扩散、散射、吸收等因素有关。超声波在气体中衰减很快，当频率较高时衰减更快。因此，超声波仪器主要用于固体和液体介质的检测。

5.2.2 超声波探头及耦合技术

1. 超声波探头

超声波探头是实现声电转换的装置，又称超声波换能器或超声波传感器。图 5-27 是超声波探头外形。这种装置能发射和接收超声回波，并将其转换成相应的电信号。超声波探头按其作用原理可分为压电式、磁致伸缩式、电磁式等，其中压电式最常用。图 5-28 所示为压电式超声波探头结构。超声波发生器内部结构有并联的两个压电晶片和一个共振板，当压电晶片的两电极间外加脉冲信号，其频率等于压电晶片的固有振荡频率时，压电晶片将发生共振，并带动共振板振动，从而产生超声波。反之，如果两电极间无外加电压，当共振板接收到超声波时，将压迫压电晶片做振动，将机械能转换为电信号，这时

超声波探头及耦合技术（视频）

它就成为超声波接收器。

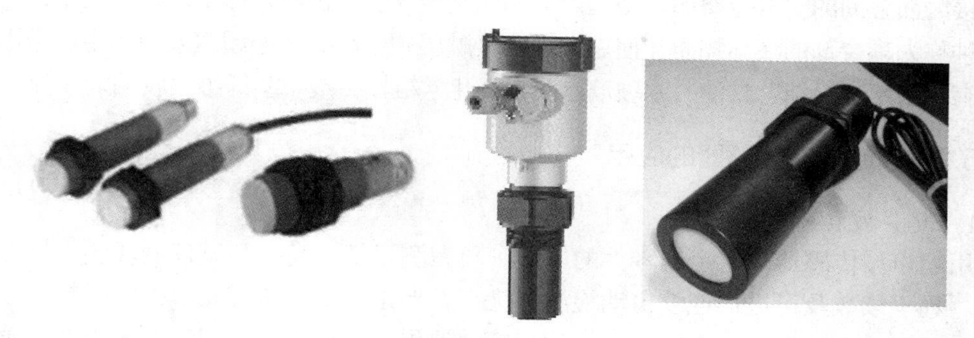

图5-27　超声波探头外形

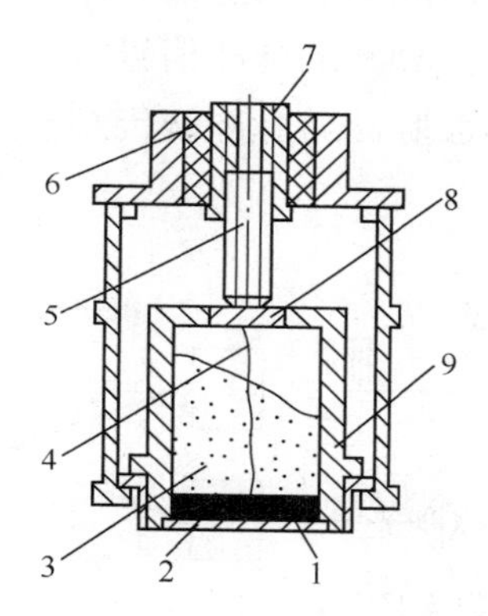

1—压电晶片；2—保护膜；3—吸收块；4—接线；5—导线螺杆；6—绝缘柱；

7—接触座；8—接线片；9—压电片座

图5-28　压电式超声波探头结构

磁致伸缩式超声波传感器是利用磁致伸缩效应制作的。所谓磁致伸缩效应是指铁磁材料在交变的磁场中沿着磁场方向产生伸缩的现象。磁致伸缩式超声波发生器是把铁磁材料置于交变磁场中，使它产生机械尺寸的交替变化即机械振动，从而产生超声波的。

磁致伸缩式超声波传感器的原理是：当超声波作用在磁致伸缩材料上时，会引起材料伸缩，从而导致它的内部磁场（即磁导特性）发生改变。根据电磁感应原理，磁致伸缩材料上所绕的线圈里便获得感应电动势。此电动势被送到测量电路，并被记录或显示出来。磁致伸缩式传感器通常使用镍作为铁磁材料，即用几个厚为 0.1～0.4mm 的镍片叠加而成，片间绝缘以减少涡流损失。其结构形状有矩形、窗形等。材料也可以是铁钴钒合金和含铁、镍的铁氧体。

由于用途不同，压电式超声波传感器有多种结构形式，如直探头、斜探头、表面波探头、双探头（发射探头和接收探头）、聚焦探头（将声波聚焦为细束）、水浸探头（可浸在液体中）及其他专用探头。

2. 耦合技术

超声波探头与被测物体接触时，超声波探头与被测物体表面间存在一层空气薄层，空

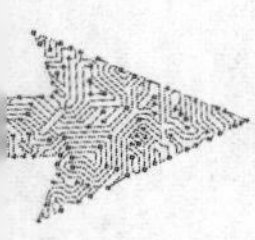

气将引起 3 个界面间强烈的杂乱反射波，造成干扰，并造成超声波很大的衰减。为此，必须将接触面之间的空气排挤掉，使超声波能顺利地入射到被测物体中。在工业中，经常使用一种称为耦合剂的液体物质，使之充满在接触层中，起到传递超声波的作用。常用的耦合剂有自来水、机油、甘油、水玻璃、胶水、化学糨糊（羧甲基纤维素胶黏剂）等。

5.2.3 超声波传感器的应用

1. *超声波传感器测厚度*

用超声波传感器测量金属零件的厚度，具有测量精度高、测试仪器轻便、操作安全简单、易于读数及可进行连续自动检测等优点，但是对于声波衰减很大的材料，以及表面凹凸不平或形状很不规则的零件，利用超声波传感器测厚比较困难。超声波传感器测厚常用脉冲回波法。图 5-29 所示为脉冲回波法检测厚度的工作原理。超声波探头与被测物体表面接触。主控制器产生一定频率的脉冲信号，送往发射电路，经电流放大后激励压电式探头，以产生重复的超声波脉冲。脉冲波传到被测物体另一面被反射回来，被同一超声波探头接收。

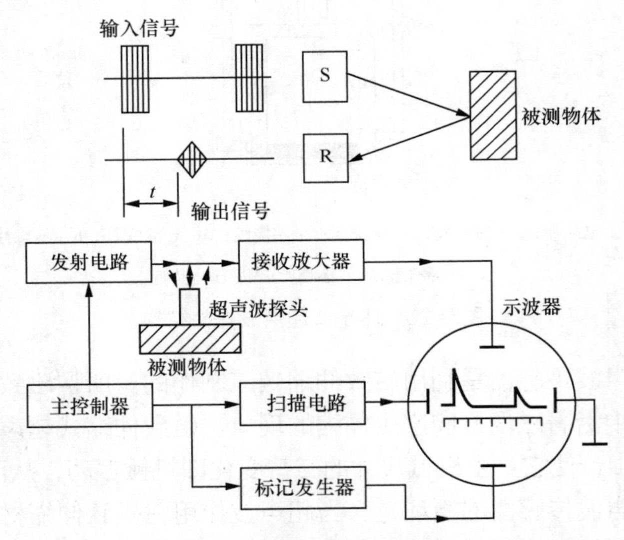

图5-29　脉冲回波法检测厚度的工作原理

如果把发射和回波反射脉冲经放大器放大加到示波器垂直偏转板上，标记发生器输出时间标记脉冲信号，同时加到该垂直偏转板上，线性扫描电压则加在水平偏转板上，在示波器上可直接读出发射与接收超声波之间的时间间隔 t。被测物体的厚度 h 为

$$h = ct/2 \tag{5-17}$$

式中：c——超声波的传播速度。

图 5-30 是便携式超声波测厚仪示意图。它可以用于测量钢及其他金属、有机玻璃、硬塑料等材料的厚度。

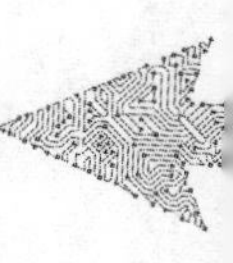

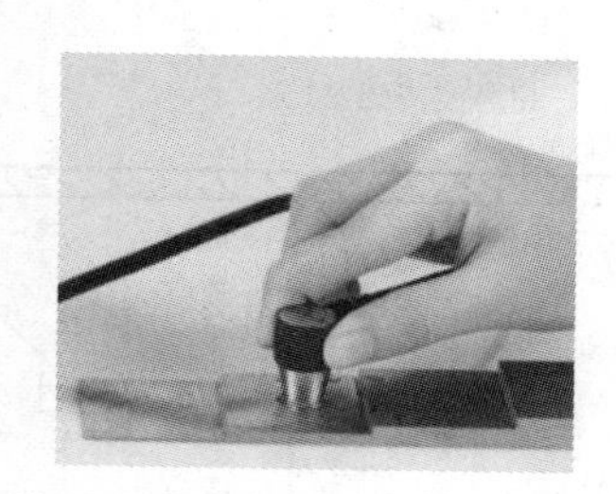

图5-30 便携式超声波测厚仪示意图

2. 超声波测液位

在化工、石油和水电等部门，超声波被广泛用于油位、水位等液位的测量。图 5-31 所示为脉冲回波式超声液位测量的工作原理图。超声波探头 T 发出的超声波脉冲通过介质到达液面，经液面反射后又被超声波探头接收。测出发射与接收超声波脉冲的时间间隔和介质中的传播速度，即可求出超声波探头与液面之间的距离。脉冲回波式超声液位测量装置根据传声方式和使用超声波探头数量的不同，可以分为单探头液介式、单探头气介式、单探头固介式和双探头液介式等数种。

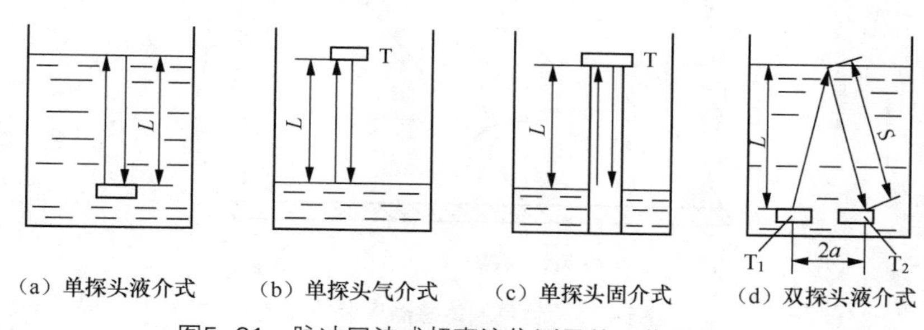

图5-31 脉冲回波式超声液位测量的工作原理图

3. 超声波测流量

超声波流量传感器的流量测量方法有多种，如传播速度变化法、波速移动法、多普勒效应法等，但目前应用较广的主要是超声波传输时间差法。

超声波在静止流体和流动流体中的传输速度是不同的，利用这一特点可以求出流体的速度，根据管道流体的截面积，便可计算出流体的流量。

如果在流体中设置两个超声波传感器，它们既可以发射超声波又可以接收超声波，一个装在上游，另一个装在下游，其距离为 L，如图 5-32 所示。如设顺流方向的传输时间为 t_1，逆流方向的传输时间为 t_2，流体静止时的超声波传输速度为 c，流体流动速度为 v，则

$$t_1 = L/(c+v) \tag{5-18}$$

$$t_2 = L/(c-v) \tag{5-19}$$

一般来说，流体的流速远小于超声波在流体中的传播速度，那么超声波传播时间差为

$$\Delta t = t_2 - t_1 = 2Lv/(c^2 - v^2) \tag{5-20}$$

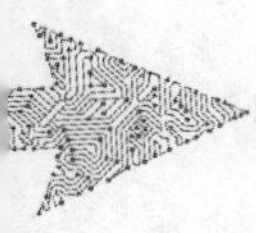

由于 $c \gg v$，则流体的流速为

$$v = (c^2/2L)\Delta t \tag{5-21}$$

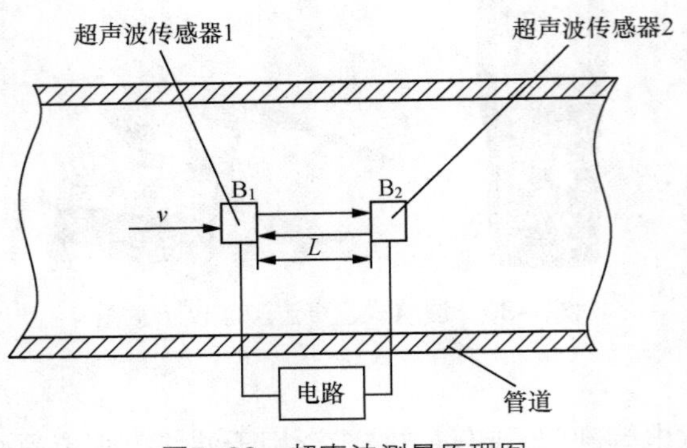

图5-32　超声波测量原理图

在实际应用中，超声波传感器常安装在管道的外部，从管道的外面透过管壁发射和接收，超声波传感器本身不会给管内流动的流体带来影响，如图 5-33 所示。

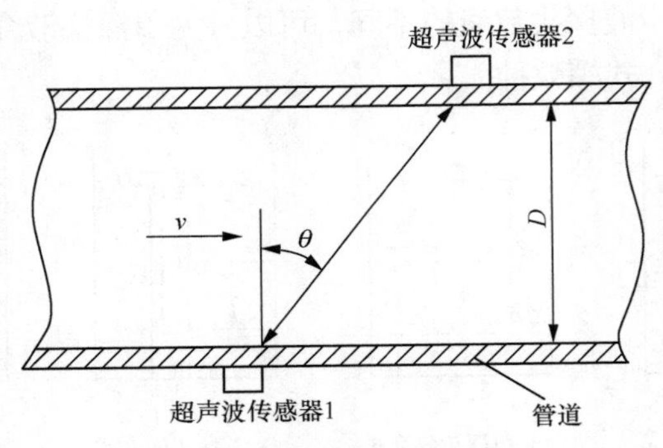

图5-33　超声波传感器安装位置图

超声波流量传感器具有不阻碍流体流动的特点，可测流体种类很多，不论是非导电的流体、高黏度的流体、浆状流体，只要能传输超声波的流体都可以进行测量，如工农业用水、生活用水、河流等流速的测量。

4. 超声波探伤

超声波探伤是无损探伤技术中的一种重要检测手段。它主要用于检测金属板材、管材、锻件和焊缝等材料的缺陷（如裂缝、气孔、夹渣等）及厚度等，超声波探伤因具有检测灵敏度高、速度快、成本低等优点，在生产实践中得以广泛应用。

超声波探伤方法有多种，其中穿透法探伤是根据超声波穿透工件后能量的变化情况来判断工件内部质量的，可避免盲区，适用于自动探伤和探测薄板。图 5-34 所示为穿透法探伤原理图，检测时使用两个超声波探头，分别置于被测工件的两个表面，其中一个发射超声波，另一个接收超声波。发射的超声波可以是连续波，也可以是脉冲信号。当被测工件无缺陷时，接收到的超声波能量大，显示仪表指示值大；当工件内有缺陷时，因为部分能量被反射，因此接收到的超声波能量小，显示仪表指示值小。根据这个变化，即可检测出工件内部有无缺陷。该方法探测灵敏度较低，不能发现小缺陷，而且只能根据能量的变化判断有无缺陷，而不能定位。

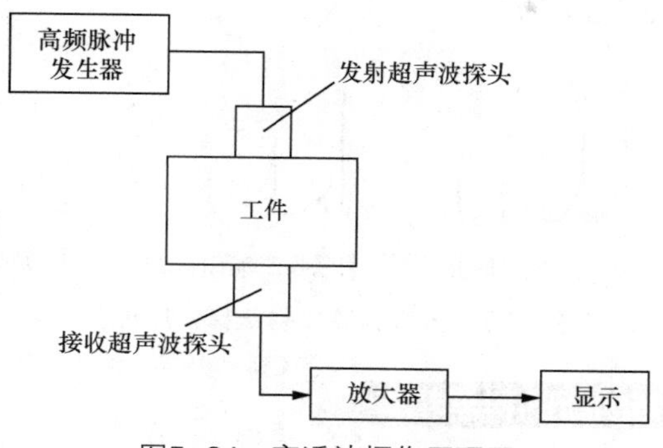

图5-34 穿透法探伤原理图

反射法探伤根据超声波在工件中反射情况的不同来探测工件内部是否有缺陷，可分为一次脉冲反射法和多次脉冲反射法两种。

一次脉冲反射法探伤原理图如图 5-35 所示。检测时，将超声波探头放于被测工件上，并在工件上来回移动进行检测。由高频脉冲发生器发出脉冲（发射脉冲 T）加在超声波探头上，激励其发生超声波。超声波探头发出的超声波以一定速度向工件内部传播。其中，一部分超声波遇到缺陷时反射回来，产生缺陷脉冲 F；另一部分超声波继续传至工件底面后也反射回来，产生底脉冲 B。缺陷脉冲 F 和底脉冲 B 被超声波探头接收后变为电脉冲，并与发射脉冲 T 一起经放大后，最终在显示器荧光屏上显示出来。通过荧光屏即可探知工件内是否存在缺陷，以及缺陷的大小和位置。荧光屏上的水平亮线为扫描线（时间基准），其长度与时间成正比。由发射脉冲、缺陷脉冲及底脉冲在扫描线上的位置，可求出缺陷位置。由缺陷脉冲的幅度，可判断缺陷大小。

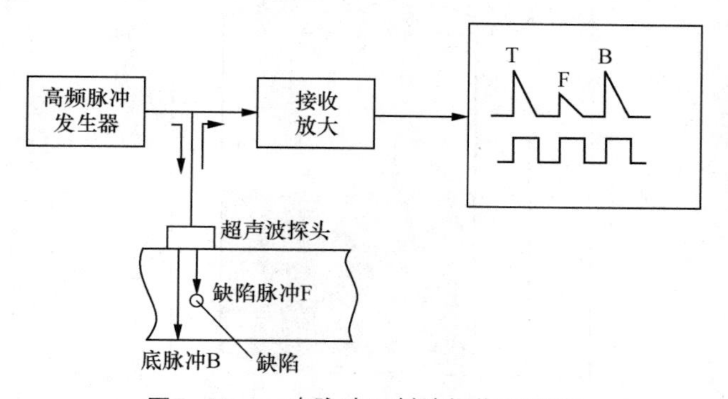

图5-35 一次脉冲反射法探伤原理图

当被测工件为板材时，为了观察方便，一般采用多次脉冲反射法进行探伤。多次脉冲反射法探伤原理图如图 5-36 所示。多次脉冲反射法是以多次底波为依据而进行探伤的方法。图 5-36（a）为超声波工作路径示意图。超声波探头发出的超声波由被测工件底部反射回超声波探头时，其中一部分超声波被超声波探头接收，而剩下部分又折回工件底部，如此重复反射，直至声能全部衰减完为止。因此，若工件内无缺陷，则荧光屏上会出现呈指

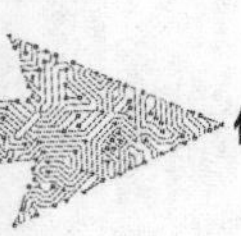

数函数曲线形式递减的多次反射底波，如图 5-36（b）所示。当工件内有吸收性缺陷时，声波在缺陷处的衰减很大，底波反射的次数减少，如图 5-36（c）所示。当缺陷严重时，底波甚至完全消失，如图 5-36（d）所示。

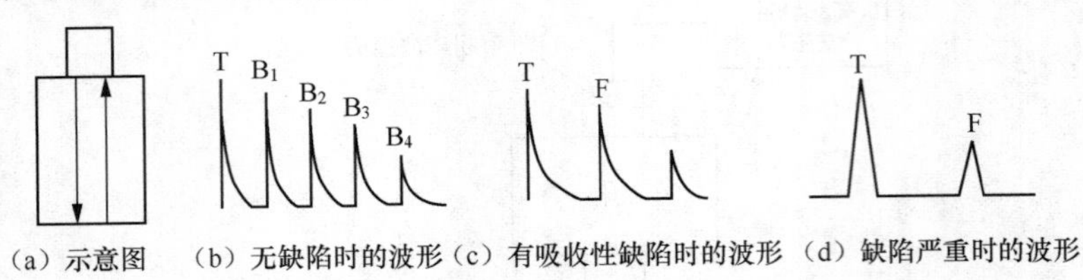

图5–36　多次脉冲反射法探伤原理图

【学海领航】——继承与创新的科学精神

继承与创新是科学精神的精髓所在，继承是创新的基础，继承确保了人类文明的延续性，确保了科学技术的渐进性；创新是与继承相对而言的，没有继承就无从创新。

在科技领域，许多科学家经过不断探索和不懈追求才取得开拓性的成就，造福人类。科学是人类探索自然同时又变革自身的伟大事业，科学家是科学知识和科学精神的重要承载者。一个国家的发达进步必须要有先进的科学技术作为推动力，而科学精神便是指引科学技术走向正轨的指路明灯。

【任务实施】——密闭罐超声波液位检测

根据密闭罐液位的检测要求，结合超声波传感器相关知识，选用超声波传感器进行检测，超声波传感器测量原理如图 5-37 所示。

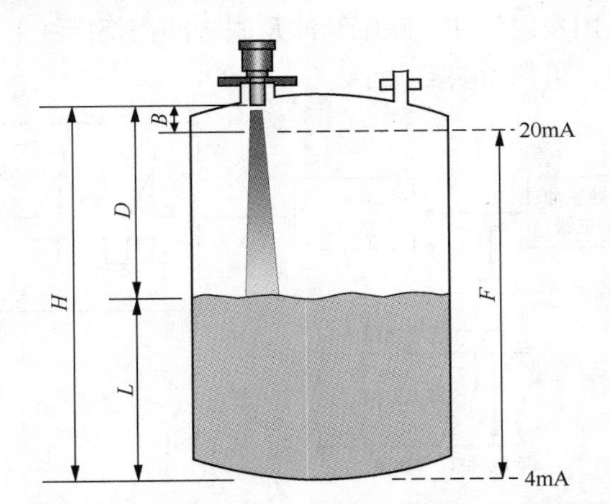

图5–37　超声波传感器测量原理

1. 工作原理

在液罐下方安装超声波传感器。超声波传感器发射出的超声波在液面被反射，经过时间 t 后，探头接收到从液面反射回的回声脉冲，如图 5-38 所示。这样探头到液面的距离 L 为

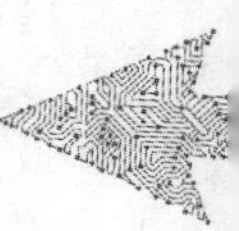

$$L = \frac{1}{2}ct \tag{5-22}$$

式中：c——超声波在被测介质中的传播速度；

t——从发出超声波到接收到超声波的时间。

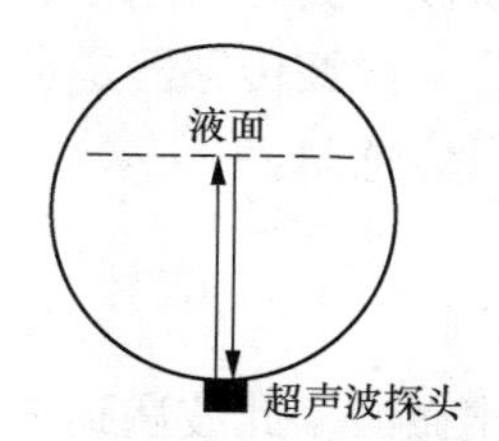

图5-38 超声波测液位示意图

2. 探头安装要求

超声波传感器的安装示意图如图 5-39 所示。

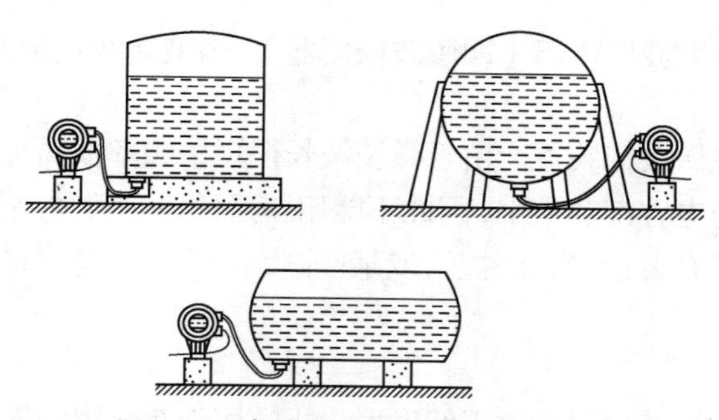

图5-39 超声波传感器的安装示意图

（1）对于铁质容器，可在超声波探头工作端面涂上硅脂并用磁性吸盘将其直接贴在容器底部；若容器外壳是玻璃等其他材料，可用胶将超声波探头粘贴或用支架固定于容器底部。超声波探头指向须与所测距离在同一方向。

（2）探头正上方无盘管等遮挡物。

（3）远离罐顶进液口下方位置，以避免进液冲击使液面剧烈波动影响测量。

（4）高于出液口或排污口，以避免罐底长期沉积污物对测量造成影响。如不满足条件，则应定期清除罐底污物。

（5）液位探头用磁吸、焊接或粘贴的固定方式安装时，容器壁上的安装表面应为不小于ϕ80mm 的圆面，表面粗糙度应达到 $Ra1.6\mu m$，倾斜度应小于 3°（旁通管除外）。

在进行液位测量时，首先根据具体的测量目标、测量对象以及测量环境，合理地选用超声波传感器。选用时应该考虑测量介质的混浊度、黏滞度和腐蚀性等；选择的测试方式是接触式还是非接触式；还要考虑外部环境、安装方式、使用寿命、输出信号、传输速率和距离、价格等因素。

【知识拓展】——微波传感器

微波是波长为 1mm～1m 的电磁波，既具有电磁波的性质，又与普通的无线电波及光波不同，是一种波长相对较长的电磁波，具有空间辐射装置容易制造、遇到障碍物易于反射、绕射能力差、传输特性好等特点。微波传感器是利用微波特性来检测某些物理量的器件或装置，是一种新型非接触式测量传感器。

一、微波传感器的工作原理

微波传感器由微波发射天线发出微波，此波遇到被测物体时将被吸收或反射，使微波功率发生变化。微波接收天线接收反射回来的微波，并转换为电信号，再经过信号调理电路显示出被测物体的信息。

二、微波传感器的组成

微波传感器通常由微波发生器（即微波振荡器）、微波天线及微波检测器 3 部分组成。

1. 微波发生器

微波发生器是产生微波的装置。由于微波波长很短，频率很高（300MHz～300GHz），要求振荡回路中电感与电容都非常小，因此不能用普通的电子管与晶体管构成微波振荡器。构成微波振荡器的器件有调速管、磁控管或某些固态器件，小型微波振荡器也可以采用体效应管。

2. 微波天线

微波振荡器产生的振荡信号通过天线发射出去。为了使发射的微波具有尖锐的方向性，微波天线要具有特殊的结构。常用的微波天线有喇叭形、抛物面形，如图 5-40 所示，除此之外还有介质天线与缝隙天线等。喇叭形天线结构简单，制造方便，可以看作波导管的延续，在波导管与空间之间起匹配作用，可以获得最大能量输出。

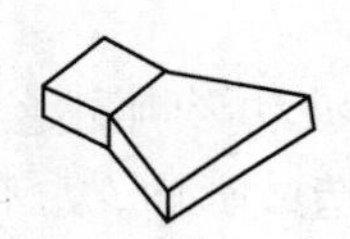

(a) 扇形喇叭天线　(b) 圆锥形喇叭天线

(c) 旋转抛物面天线

(d) 抛物柱面天线

图5-40　常用的微波天线

3. 微波检测器

电磁波通过空间的微小电场变动而传播，所以使用电流-电压特性呈现非线性的电子元件作为探测它的敏感探头。与其他传感器相比，敏感探头在其工作频率范围内必须有足够快的响应速度。

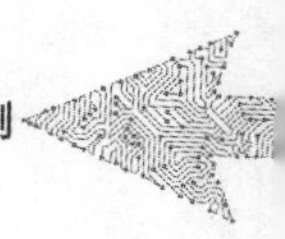

三、微波传感器的分类

根据微波传感器的工作原理，微波传感器可以分为反射式和遮断式两类。

1. 反射式传感器

反射式传感器通过检测被测物反射回来的微波功率或经过的时间间隔来获得被测量的信息，一般可以测量物体的位置、位移、厚度等参数。

2. 遮断式传感器

遮断式传感器通过检测微波接收天线收到的微波功率大小来判断微波发射天线与微波接收天线之间有无被测物体或测量被测物体的位置、含水量等参数。

四、微波传感器的应用

微波传感器的优点是定向辐射的装置容易制造；时间常数小，反应速度快，可以进行动态检测与实时处理，便于自动控制；传输特性好，传输过程中受烟雾、火焰、灰尘、强光的影响很小；微波无显著辐射公害；传输距离远，便于实现遥测和遥控；测量信号本身就是电信号，无须进行非电量的转换，从而简化了传感器与微处理器间的接口。微波传感器的主要问题是存在零点漂移和标定，目前尚未得到很好的解决。

1. 微波物位计

图 5-41 所示为微波开关式物位计示意图。当被测物位较低时，微波发射天线发出的微波束全部由微波接收天线接收，经放大、比较后发出正常工作信号。当被测物位升高到微波天线所在的高度时，微波束部分被吸收、部分被反射，微波接收天线接收到的功率相应减弱，经放大、比较后就可给出被测物位高出设定物位的信号。

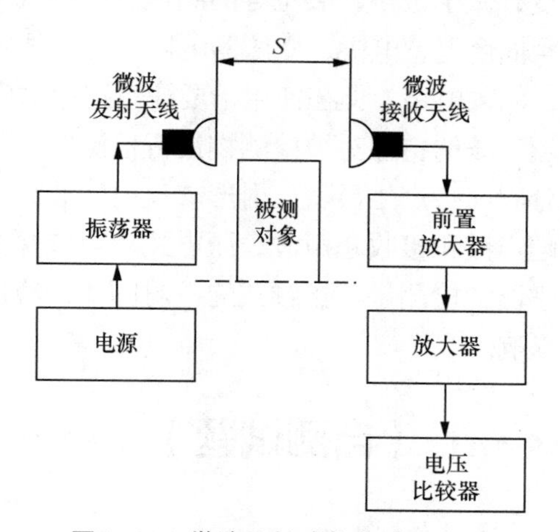

图5-41　微波开关式物位计示意图

2. 微波液位计

图 5-42 所示为微波液位计检测示意图，相距为 S 的微波发射天线和微波接收天线间构成一定的角度。波长为λ的微波从被测液位反射后进入微波接收天线。微波接收天线接收到的微波功率将随被测液面的高低不同而异。

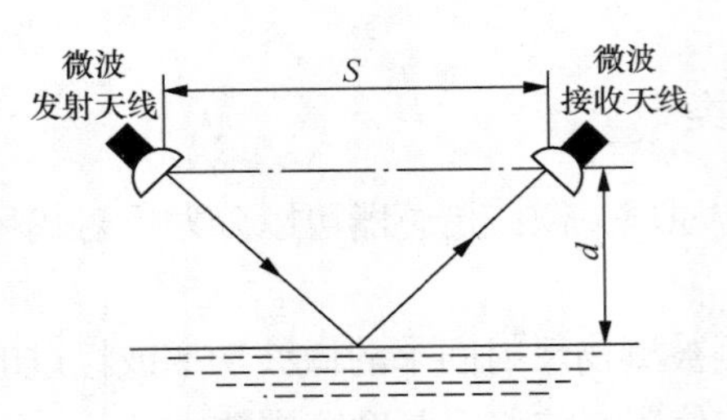

图5-42 微波液位计检测示意图

3. 微波湿度传感器

水分子是极性分子。当微波场中有水分子时，偶极子受场的作用而反复取向，不断从电场中得到能量（储能），又不断释放能量（放能），前者表现为微波信号的相移，后者表现为微波衰减。通过测量干燥物体与潮湿物体的信号相移与衰减量，就可以换算出物体的含水量。

微波湿度传感器最有价值的应用是微波遥测（远距离测量），将传感器装在航天器上，可以进行大气对流层的状况监测、大地测量与探矿、水质污染程度检测、水域范围监测、植物品种监测等。

【项目小结】

液位测量包括对液位、液位差、界面的连续监测、定点信号报警、流量与压力控制等。工业上常见的液位测量传感器有压力式、电容式、超声波式等。

电容式传感器是把被测非电量转换为电容量变化的一种传感器，它可以分为变面积型、变极距型和变介质型。电容式传感器具有结构简单、灵敏度高、动态响应快、适应性强等特点，常用于压力、加速度、微小位移、液位等的测量。电容式传感器的测量电路很多，常见的电路有交流电桥、紧耦合电感电桥、变压器电桥、差动脉冲调制电路、双 T 电桥电路、运算放大器测量电路、调频电路，但在使用中要注意边缘效应和寄生电容的影响。

超声波传感器是利用超声波的特性对被检测物进行检测的。超声波对液体、固体的穿透能力很强，碰到杂质或分界面会产生显著反射形成反射回波。以超声波作为检测手段，必须使用超声波探头产生超声波和接收超声波，压电式超声波探头是利用压电材料的压电效应来工作的。超声波传感器的检测是非接触式的，对固体、液体物质均能检测，其检测性能几乎不受环境条件的影响。

【自测试题】

一、单项选择题

1．如将变面积型电容传感器接成差动形式，则其灵敏度将（　　）。

A．保持不变　　B．增大一倍

C．减小一半　　D．增大两倍

2．当变极距型电容传感器两极板间的初始距离 d 增加时，将引起传感器的（　　）。

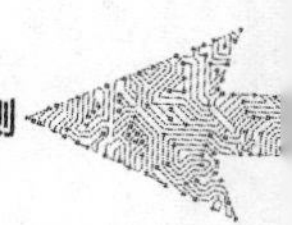

A．灵敏度增加　　B．灵敏度减小

C．非线性误差增加　　D．非线性误差不变

3．用电容式传感器测量固体或液体物位时，应该选用（　　）。

A．变极距型　　B．变面积型

C．变介质型　　D．空气介质变间隙型

4．电容式传感器通常用来测量（　　）。

A．交流电流　　B．电场强度　　C．重量　　D．位移

二、填空题

1．电容式传感器将________变化转换为________的变化来实现对物理量的测量。

2．电容式传感器根据其工作原理的不同可分为________电容式传感器、________电容式传感器和________电容式传感器。

3．变极距型电容传感器的灵敏度随极距变小而________________。

4．变极距型电容传感器的电容量与动极板的位移成________关系。

5．电容式传感器中，变介质型常用于________的测量，变面积型常用于较大的________的测量。

6．电涡流式传感器的测量电路主要有________式和________式。

7．电涡流式传感器可用于________、________、________和________。

三、简答题

1．电容式传感器根据工作原理可分为哪几种？各有什么特点？它能够测量哪些物理量？

2．为什么变极距型电容传感器的结构多采用差动形式？差动结构形式的特点是什么？

3．某型电容式液位传感器如图 5-43 所示，两个同心圆柱形极板的半径分别为 $r_1 = 20\text{mm}$ 和 $r_2 = 4\text{mm}$，储存罐也是圆柱形，直径为 50cm，高为 1.2m。被储存液体的介电常数 $\varepsilon_r = 2.1$。请计算该电容式液位传感器的最小电容量、最大电容量以及灵敏度。

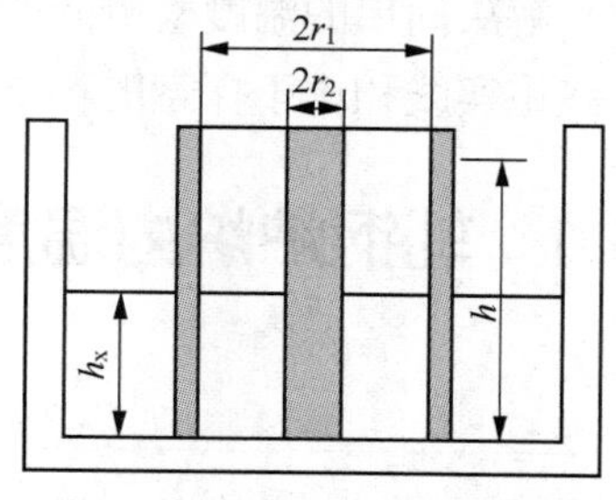

图5-43　电容式液位传感器

4．什么是超声波传感器？

5．超声波的波形有哪几种？分别有什么特点？

6．什么是超声波探头？常用超声波探头的工作原理有哪几种？

7．超声波探头在检测工件时，为何常在工件与超声波探头接触的表面涂上一层耦合剂？

项目6 温度检测

【项目描述】

温度是一个基本的物理量，是国际单位制 7 个基本量之一。自然界中，任何物理、化学过程都与温度紧密联系。在生产生活中，温度是产品质量、生产效率、节约能源等重大经济指标之一，是安全生活的重要保证。

日常生活与工业生产中，温度控制的应用非常广泛。例如，大家熟知的饮水机、冰箱、冷柜、空调、微波炉等制冷、制热产品都需要进行温度测量进而实现温度控制，汽车发动机、油箱、水箱的温度控制，化纤厂、化肥厂、炼油厂生产过程的温度控制，冶炼厂、发电厂锅炉温度的控制，蔬菜大棚的温度检测与控制等，其目的是对温度或温度上限进行控制，从而满足生活、生产、科研等的需求。本项目介绍工业常用的温度检测元件——热电偶和热电阻的基本知识和使用方法。

【学习目标】

知识目标：学习热电偶和热电阻的工作原理，熟悉常用热电极材料的类型、性能特点。

技能目标：学会识别一般温度检测元件和测温仪表，能够使用热电偶和热电阻，会利用手册查阅测温元件的技术参数，解决简单的温度检测问题。

素质目标：养成求真务实、注重实践和勇于探索的科学精神。

任务 6.1 轧钢炉炉内温度检测

【任务导入】

在轧钢过程中，钢坯的轧制温度是关键的工艺参数。钢坯温度控制得好坏，将直接影响产品的质量，加热炉的温度在 950～1 200℃，要随轧机轧制节奏的变化来随时调节。能否有效地控制加热炉的温度，将直接影响钢坯的质量和成本，而对温度进行精确的测量是有效控制的前提。本任务针对轧钢工艺钢坯温度的控制，选择一种温度传感器进行温度测量。

【知识讲解】

热电偶是工程上常用的一种温度检测传感器。它是一种自发电式传感器，测量时不需

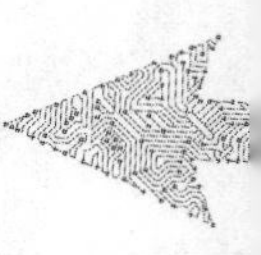

要外加电源，能直接将被测温度转换成电动势输出。热电偶在温度测量中具有结构简单、使用方便、测量精度高、测量范围宽等优点。常用的热电偶测温范围为−50～1 600℃。如果配用特殊材料，测量范围会更广，某些特殊热电偶最低可测到 −270℃（如镍铬-金铁热电偶），最高可测到 2 800℃（如钨铼热电偶）。

6.1.1 热电偶的工作原理

1. 热电效应

当有两种不同的导体或半导体 A 和 B 组成一个回路，其两端相互连接时，只要两结点处的温度不同，回路中将产生一个电动势，这种现象称为"热电效应"。如图 6-1 所示，两种导体所组成的闭合回路称为热电偶，回路中的电动势称为热电动势；两个导体 A 和 B 称为热电极。测量温度时，两个热电极的一个结点置于被测温度场 T 中，称该点为测量端（或工作端、热端）；另一个结点置于某个恒定温度为 T_0 的地方，称参考端（或自由端、冷端）。

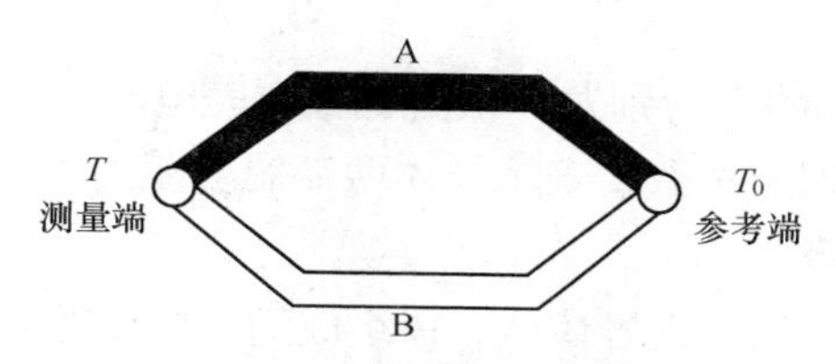

图6−1 热电偶的测温原理

2. 热电动势的组成

热电偶回路内产生的热电动势由接触电动势和温差电动势两部分组成。下面以导体为例说明热电动势的产生。

（1）接触电动势

由于不同的金属材料所具有的自由电子密度不同，因此，当两种不同的金属导体接触时，在接触面上就会发生电子扩散。电子的扩散速率与两导体的电子密度有关，并和接触区的温度成正比。设导体 A 和 B 的自由电子密度为 N_A 和 N_B，且有 $N_A > N_B$，电子扩散会使导体 A 失去电子而带正电，导体 B 则因获得电子而带负电，并在接触面形成电场。该电场阻碍了电子继续扩散，当电子扩散达到动态平衡时，在接触区会形成一个稳定的电位差，即接触电动势，如图 6-2 所示。

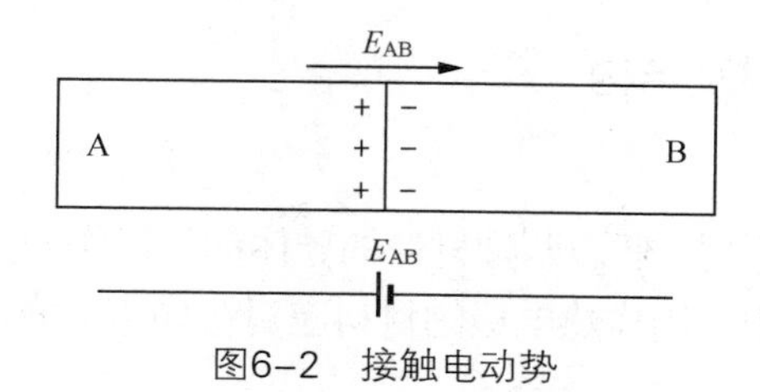

图6−2 接触电动势

接触电动势可由下式计算

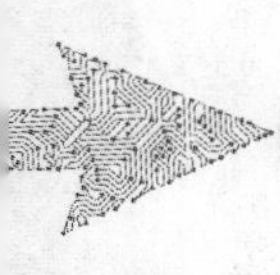

$$E_{AB}(T)=\frac{kT}{e}\ln\frac{N_A}{N_B} \tag{6-1}$$

式中：$E_{AB}(T)$——导体 A、B 在结点温度为 T 时形成的接触电动势；

k——玻耳兹曼常数；

T——接触处的热力学温度；

e——电子电荷量；

N_A、N_B——A、B 两种材料的自由电子浓度。

（2）温差电动势

同一导体中，如果两端温度不同，在两端间会产生电动势，即产生单一导体的温差电动势。这是由于导体内自由电子在高温端具有较大的动能，因而向低温端扩散的结果。高温端因失去电子而带正电，低温端由于获得电子而带负电，因此在高、低温端之间形成温差电位差。温差电动势的大小与导体的性质和两端的温差有关，即

$$E_A=(T,T_0)=\int_{T_0}^{T}\delta_A\mathrm{d}T \tag{6-2}$$

式中：E_A——导体 A 在两端温度分别为 T 和 T_0 时的温差电动势；

δ_A——导体 A 的汤姆逊系数，表示导体两端温度差为 1℃时产生的温差电动势。

（3）热电偶的总电动势

从热电偶的工作原理可知，设导体 A、B 组成的热电偶的两结点温度分别为 T 和 T_0，热电偶回路生成的总电动势为 $E_{AB}(T, T_0)$，其方向与 $E_{AB}(T)$方向一致，则

$$E_{AB}(T,T_0)=E_{AB}(T)-E_{AB}(T_0)-E_A(T,T_0)+E_B(T,T_0) \tag{6-3}$$

式中：$E_A(T, T_0)$和 $E_B(T, T_0)$在总电动势中所占比例很小，可以忽略不计。当热电偶选定后，N_A、N_B 为定值，k、e 为恒量，有

$$E_{AB}(T,T_0)=f(T)-f(T_0) \tag{6-4}$$

通过以上分析可以得出以下结论。

① 热电偶的两个热电极必须是两种不同材料的均质导体，否则热电偶回路的总电动势为零。

② 热电偶两结点温度必须不等，否则，热电偶回路总热电动势也为零。

③ 当热电偶材料均匀时，热电偶的热电动势只与两个结点温度有关，而与中间温度无关；与热电偶的材料有关，而与热电偶的尺寸、形状无关。

6.1.2 热电偶的材料及结构

热电偶的材料及结构（视频）

1. 热电偶的材料

根据金属的热电效应原理，任意两种材料的导体都可以作为热电极组成热电偶，但是在实际应用中，用作热电极的材料应具备如下几方面的条件。

（1）热电动势应足够大。

（2）热电性能稳定，热电动势与温度有单值对应关系或简单的函数关系。

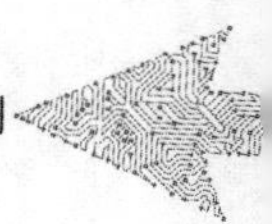

（3）电阻温度系数和电阻率要小。

（4）易于复制，工艺性与互换性好，便于制订统一的分度表，材料要有一定的韧性，焊接性能好，以利于制作。

一般来说，纯金属热电偶容易复制，但其热电动势小；非金属热电极的热电动势大，熔点高，但复制性和稳定性都较差；合金热电极的热电性能和工艺性能介于两者之间，所以目前合金热电极的应用较多。常用的热电偶材料有铂铑、镍铬、镍硅、康铜（由质量分数为 55%的铜和 45%的镍组成的合金）、镍铜、纯铂丝等。

2. 热电偶的基本结构

为了适应不同生产对象的测温要求和条件，热电偶的结构形式有普通型热电偶、铠装热电偶和薄膜热电偶等。

（1）普通型热电偶

普通型热电偶的外形及结构如图 6-3 所示，主要用于测量气体、液体等介质的温度。热电偶通常由热电极、绝缘管、保护管和接线盒等部分组成。它的热电极是一端焊在一起的两根金属丝，两热电极之间用绝缘管绝缘。

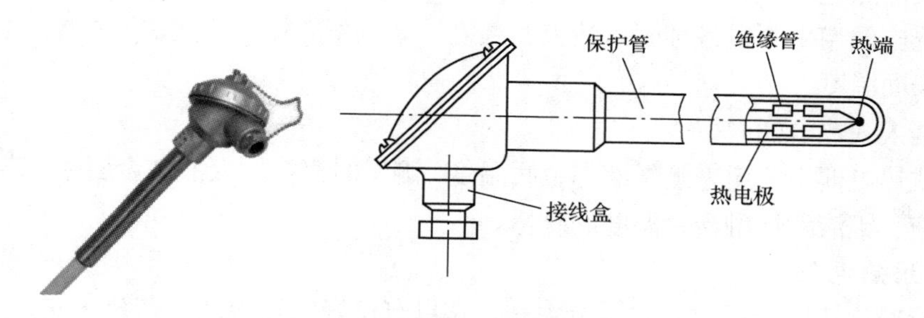

图6-3 普通型热电偶外形及结构

（2）铠装热电偶（缆式）

铠装热电偶是将热电极、绝缘材料和金属保护管组合在一起，经拉伸加工制成的。根据测量端的形式不同，其可分为碰底型、不碰底型、露头型、帽型等。铠装热电偶具有能弯曲、耐高压、热响应时间快和坚固耐用等优点，适用于位置狭小、结构复杂的测量对象。其实物外形如图 6-4 所示。

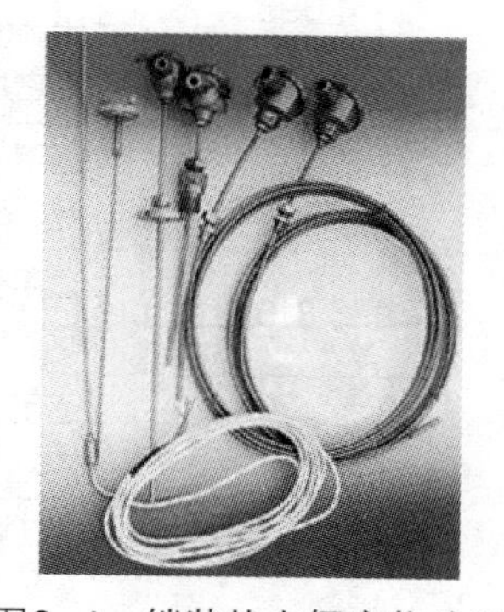

图6-4 铠装热电偶实物外形

（3）薄膜热电偶

薄膜热电偶是将两种薄膜热电极材料用真空蒸镀、化学涂层等办法蒸镀到绝缘基板上而制成的一种特殊热电偶，如图 6-5 所示。薄膜热电偶的热结点可以做得很小（厚度可达到 0.01～0.1μm），具有热容量小、反应速度快等特点，热响应时间达到微秒级，适用于微小面积的表面温度测量以及快速变化的动态温度测量。

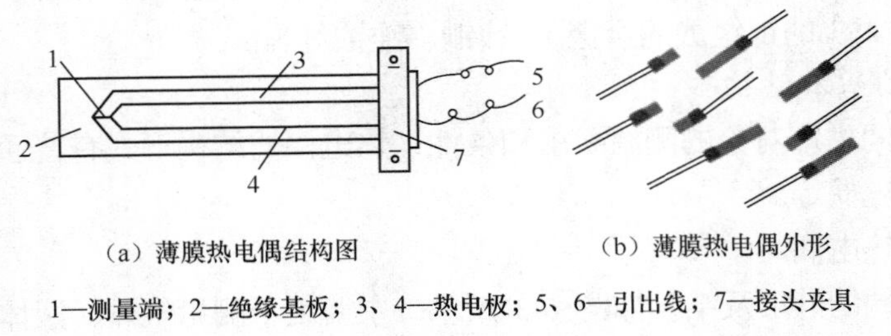

（a）薄膜热电偶结构图　　（b）薄膜热电偶外形

1—测量端；2—绝缘基板；3、4—热电极；5、6—引出线；7—接头夹具

图6-5　薄膜热电偶

（4）表面热电偶

表面热电偶用来测量各种固体的表面温度，如测量轧辊、金属块、炉壁、橡胶筒和涡轮叶片等表面温度。

（5）浸入式热电偶

浸入式热电偶主要用来测量液态金属温度，测量时直接插入液态金属中，常用于钢液、铁液、铜液、铝液和熔融合金温度的测量。

3. 常用热电偶

我国标准化热电偶已定型并批量生产。它具有良好的互换性，有统一的分度表，并有与之配套的记录和显示仪表，这为生产使用和维护都带来了方便。常用的热电偶及其特性如表 6-1 所示。

表 6-1　常用的热电偶及其特性

名称	分度号	测温范围/℃	100℃时的热电动势/mV	特性
镍铬-镍硅热电偶	K	−200～1 200	4.096	适用于氧化和中性气氛中测温，测温范围很宽，热电动势与温度的关系近似呈线性，热电动势大，价格低。其稳定性不如 B、S 型热电偶，但是它是非贵金属热电偶中性能最稳定的一种
铂铑$_{30}$-铂铑$_{6}$热电偶	B	0～1 700	0.033	适用于氧化性气氛中测温，测温上限高，稳定性好。在冶金（如钢液）等高温领域得到广泛应用
镍铬-铜镍热电偶	E	−200～900	6.319	适用于还原性气氛或惰性气体中测温，热电动势较其他热电偶大，稳定性好，灵敏度高，价格低
铁-铜镍热电偶	J	−200～750	5.269	适用于还原性气氛中测温，价格低，热电动势较大，仅次于 E 型热电偶。缺点是铁极易氧化
铜-铜镍热电偶	T	−200～350	4.279	加工性能好，稳定性好，精度高，铜在高温时易被氧化，多用于低温测量

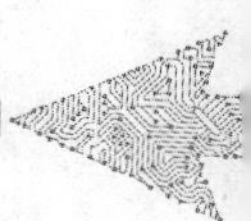

续表

名称	分度号	测温范围/℃	100℃时的热电动势/mV	特性
铂铑 $_{10}$–铂热电偶	S	0～1 600	0.646	适用于氧化性气氛、惰性气体中测温，热电性能稳定，抗氧化性强，精度高，但价格高，热电动势较小，常用作标准热电偶或用于高温测量

不同金属组成的热电偶，温度与热电动势之间有不同的函数关系，一般通过实验方法来确定，并将不同温度下测得的热电动势制成表格，各种热电偶的热电动势与温度的对照表称为分度表，如表 6-2～表 6-7 所示。

表 6–2　铂铑 $_{10}$–铂热电偶分度表

分度号：S　　参考端温度 0℃

温度/℃	0	10	20	30	40	50	60	70	80	90
	热电动势/mV									
0	0.000	0.055	0.113	0.173	0.235	0.299	0.365	0.432	0.502	0.573
100	0.645	0.719	0.795	0.872	0.950	1.029	1.109	1.190	1.273	1.356
200	1.440	1.525	1.611	1.698	1.785	1.873	1.962	2.051	2.141	2.232
300	2.323	2.414	2.506	2.599	2.692	2.786	2.880	2.974	3.069	3.164
400	3.260	3.356	3.452	3.549	3.645	3.743	3.840	3.938	4.036	4.135
500	4.234	4.333	4.432	4.532	4.632	4.732	4.832	4.933	5.034	5.136
600	5.237	5.339	5.442	5.544	5.648	5.751	5.855	5.960	6.065	6.169
700	6.274	6.380	6.486	6.592	6.699	6.805	6.913	7.020	7.128	7.236
800	7.345	7.454	7.563	7.672	7.782	7.892	8.003	8.114	8.255	8.336
900	8.448	8.560	8.673	8.786	8.899	9.012	9.126	9.240	9.355	9.470
1 000	9.585	9.700	9.816	9.932	10.048	10.165	10.282	10.400	10.517	10.635
1 100	10.754	10.872	10.991	11.110	11.229	11.348	11.467	11.587	11.707	11.827
1 200	11.947	12.067	12.188	12.308	12.429	12.550	12.671	12.792	12.912	13.034
1 300	13.155	13.397	13.397	13.519	13.640	13.761	13.883	14.004	14.125	14.247
1 400	14.368	14.610	14.610	14.731	14.852	14.973	15.094	15.215	15.336	15.456
1 500	15.576	15.697	15.817	15.937	16.057	16.176	16.296	16.415	16.534	16.653
1 600	16.771	16.890	17.008	17.125	17.243	17.360	17.477	17.594	17.711	17.826
1 700	17.942	18.056	18.170	18.282	18.394	18.504	18.612	—	—	—

表 6–3　镍铬–镍硅热电偶分度表

分度号：K　　参考端温度 0℃

温度/℃	0	10	20	30	40	50	60	70	80	90
	热电动势/mV									
0	0.000	0.397	0.798	1.203	1.611	2.022	2.436	2.850	3.266	3.681
100	4.095	4.508	4.919	5.327	5.733	6.137	6.539	6.939	7.338	7.737

续表

温度/℃	0	10	20	30	40	50	60	70	80	90
	热电动势/mV									
200	8.137	8.537	8.938	9.341	9.745	10.151	10.560	10.969	11.381	11.793
300	12.207	12.623	13.039	13.456	13.874	14.292	14.712	15.132	15.552	15.974
400	16.395	16.818	17.241	17.664	18.088	18.513	18.938	19.363	19.788	20.214
500	20.640	21.066	21.493	21.919	22.346	22.772	23.198	23.624	24.050	24.476
600	24.902	25.327	25.751	26.176	26.599	27.022	27.445	27.867	28.288	28.709
700	29.128	29.547	29.965	30.383	30.799	31.214	31.214	32.042	32.455	32.866
800	33.277	33.686	34.095	34.502	34.909	35.314	35.718	36.121	36.524	36.925
900	37.325	37.724	38.122	38.915	38.915	39.310	39.703	40.096	40.488	40.879
1 000	41.269	41.657	42.045	42.432	42.817	43.202	43.585	43.968	44.349	44.729
1 100	45.108	45.486	45.863	46.238	46.612	46.985	47.356	47.726	48.095	48.462
1 200	48.828	49.192	49.555	49.916	50.276	50.633	50.990	51.344	51.697	52.049
1 300	52.398	52.747	53.093	53.439	53.782	54.125	54.466	54.807	—	—

表 6-4 铂铑 $_{30}$–铂铑 $_{6}$ 热电偶分度表

分度号：B

参考端温度 0℃

温度/℃	0	10	20	30	40	50	60	70	80	90
	热电动势/mV									
0	−0.000	−0.002	−0.003	0.002	0.000	0.002	0.006	0.11	0.017	0.025
100	0.033	0.043	0.053	0.065	0.078	0.092	0.107	0.123	0.140	0.159
200	0.178	0.199	0.220	0.243	0.266	0.291	0.317	0.344	0.372	0.401
300	0.431	0.462	0.494	0.527	0.516	0.596	0.632	0.669	0.707	0.746
400	0.786	0.827	0.870	0.913	0.957	1.002	1.048	1.095	1.143	1.192
500	1.241	1.292	1.344	1.397	1.450	1.505	1.560	1.617	1.674	1.732
600	1.791	1.851	1.912	1.974	2.036	2.100	2.164	2.230	2.296	2.363
700	2.430	2.499	2.569	2.639	2.710	2.782	2.855	2.928	3.003	3.078
800	3.154	3.231	3.308	3.387	3.466	3.546	2.626	3.708	3.790	3.873
900	3.957	4.041	4.126	4.212	4.298	4.386	4.474	4.562	4.652	4.742
1 000	4.833	4.924	5.016	5.109	5.202	5.2997	5.391	5.487	5.583	5.680
1 100	5.777	5.875	5.973	6.073	6.172	6.273	6.374	6.475	6.577	6.680
1 200	6.783	6.887	6.991	7.096	7.202	7.038	7.414	7.521	7.628	7.736
1 300	7.845	7.953	8.063	8.172	8.283	8.393	8.504	8.616	8.727	8.839
1 400	8.952	9.065	9.178	9.291	9.405	9.519	9.634	9.748	9.863	9.979
1 500	10.094	10.210	10.325	10.441	10.588	10.674	10.790	10.907	11.024	11.141
1 600	11.257	11.374	11.491	11.608	11.725	11.842	11.959	12.076	12.193	12.310
1 700	12.426	12.543	12.659	12.776	12.892	13.008	13.124	13.239	13.354	13.470
1 800	13.585	13.699	13.814	—	—	—	—	—	—	—

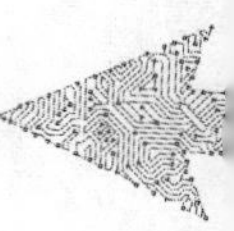

表 6-5 镍铬–铜镍（康铜）热电偶分度表

分度号：E 参考端温度 0℃

温度/℃	0	10	20	30	40	50	60	70	80	90
	热电动势/mV									
0	0.000	0.591	1.192	1.801	2.419	3.047	3.683	4.329	4.983	5.646
100	6.317	6.996	7.683	8.377	9.078	9.787	10.501	11.222	11.949	12.681
200	13.419	14.161	14.909	15.661	16.417	17.178	17.942	18.710	19.481	20.256
300	21.033	21.814	22.597	23.383	24.171	24.961	25.754	26.549	27.345	28.143
400	28.943	29.744	30.546	31.350	32.155	32.960	33.767	34.574	35.382	36.190
500	36.999	37.808	38.617	39.426	40.236	41.045	41.853	42.662	43.470	44.278
600	45.085	45.891	46.697	47.502	48.306	49.109	49.911	50.713	51.513	52.312
700	53.110	53.907	54.703	55.498	56.291	57.083	57.873	58.663	59.451	60.237
800	61.022	61.806	62.588	63.368	64.147	64.924	65.700	66.473	67.245	68.015
900	68.783	69.549	70.313	71.075	71.835	72.593	73.350	74.104	74.857	75.608
1 000	76.358	—	—	—	—	—	—	—	—	—

表 6-6 铁–铜镍（康铜）热电偶分度表

分度号：J 参考端温度 0℃

温度/℃	0	10	20	30	40	50	60	70	80	90
	热电动势/mV									
0	0.000	0.507	1.019	1.536	2.058	2.585	3.115	3.649	4.186	4.725
100	5.268	5.812	6.359	6.907	7.457	8.008	8.560	9.113	9.667	10.222
200	10.777	11.332	11.887	12.442	12.998	13.553	14.108	14.663	15.217	15.771
300	16.325	16.879	17.432	17.984	18.537	19.089	19.640	20.192	20.743	21.295
400	21.846	22.397	22.949	23.501	24.054	24.607	25.161	25.716	26.272	26.829
500	27.388	27.949	28.511	29.075	29.642	30.210	30.782	31.356	31.933	32.513
600	33.096	33.683	34.273	34.867	35.464	36.066	36.671	37.280	37.893	38.510
700	39.130	39.754	40.382	41.013	41.647	42.288	42.922	43.563	44.207	44.852
800	45.498	46.144	46.790	47.434	48.076	48.716	49.354	49.989	50.621	51.249
900	51.875	52.496	53.115	53.729	54.341	54.948	55.553	56.155	56.753	57.349
1 000	57.942	58.533	59.121	59.708	60.293	60.876	61.459	62.039	62.619	63.199
1 100	63.777	64.355	64.933	65.510	66.087	66.664	67.240	67.815	68.390	68.964
1 200	69.536	—	—	—	—	—	—	—	—	—

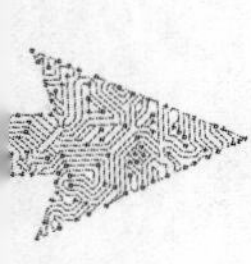

表 6–7　铜–铜镍（康铜）热电偶分度表

分度号：T　　　　参考端温度 0℃

温度/℃	0	10	20	30	40	50	60	70	80	90
	热电动势/mV									
−200	−5.603	—	—	—	—	—	—	—	—	—
−100	−3.378	−3.378	−3.923	−4.177	−4.419	−4.648	−4.865	−5.069	−5.261	−5.439
0	0.000	0.383	−0.757	−1.121	−1.475	−1.819	−2.152	−2.475	−2.788	−3.089
0	0.000	0.391	0.789	1.196	1.611	2.035	2.467	2.980	3.357	3.813
100	4.277	4.749	5.227	5.712	6.204	6.702	7.207	7.718	8.235	8.757
200	9.268	9.820	10.360	10.905	11.456	12.011	12.572	13.137	13.707	14.281
300	14.860	15.443	16.030	16.621	17.217	17.816	18.420	19.027	19.638	20.252
400	20.869	—	—	—	—	—	—	—	—	—

6.1.3　热电偶的基本定律

1. 均质导体定律

如果组成热电偶的两个热电极的材料相同，无论两结点的温度是否相同，热电偶回路中的总热电动势均为零。

均质导体定律可以检验两个热电极材料成分是否相同和热电极材料的均匀性是否一致。

2. 中间导体定律

在热电偶测温回路接入第三种导体，只要第三种导体的两端温度相同，则回路的总热电动势不受影响。

由于

$$E_{BA}(T_0) = -E_{AB}(T_0) \tag{6-5}$$

所以

$$E_{ABC}(T, T_0) = E_{AB}(T) + E_{BA}(T_0) = E_{AB}(T) - E_{AB}(T_0) = E_{AB}(T, T_0) \tag{6-6}$$

根据这一定律，可以方便地在回路中引入各种测量仪表和导线，只要保证两端温度相等，则对热电偶的测量没有影响。

图 6-6 为引入导线 C 和测量仪表的两种热电偶回路。图 6-6（a）为在热电极材料 A、B 的同一温度场 T_0 中引入测量仪表和导线，图 6-6（b）为在热电极材料 A 的同一温度场 T_1 中引入测量仪表和导线。

3. 中间温度定律

如图 6-7 所示，热电偶 AB 在两结点的温度为 T、T_0 时所产生的热电动势 $E_{AB}(T, T_0)$等于它在两结点温度为 T、T_n（T_n 为中间温度）和 T_n、T_0 时的热电动势 $E_{AB}(T, T_n)$与 $E_{AB}(T_n, T_0)$的代数和，即

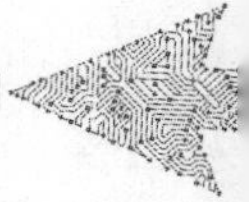

$$E_{AB}(T,T_0)=E_{AB}(T,T_n)+E_{AB}(T_n,T_0) \tag{6-7}$$

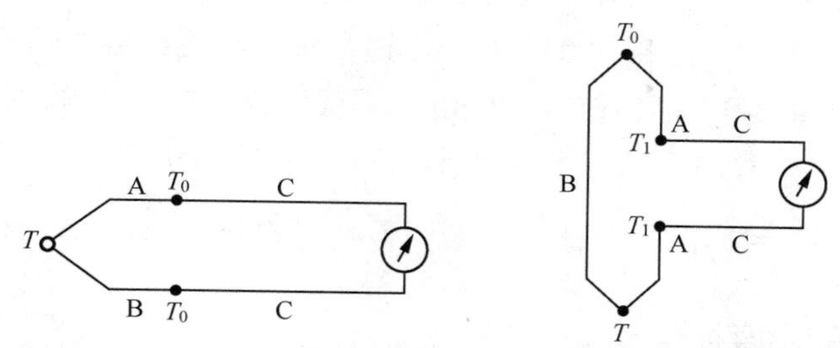

图6-6 具有中间导体的热电偶回路

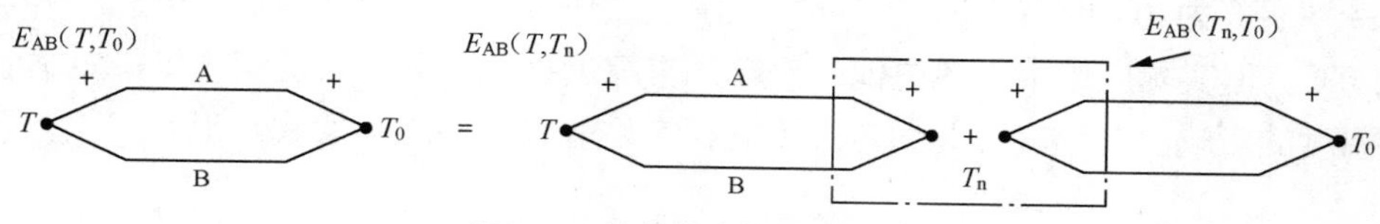

图6-7 热电偶中间温度定律

中间温度定律为补偿导线的使用提供了理论依据。它表明：若热电偶的热电极被导体延长，只要接入的导体组成热电偶的热电特性与被延长的热电偶的热电特性相同，且它们之间连接的两结点温度相同，则总回路的热电动势与结点温度无关，只与延长以后的热电偶两端的温度有关。

4. 标准电极定律

如图 6-8 所示，当结点温度为 T、T_0 时，热电极 A、B 与参考电极 C 组成的热电偶所产生的热电动势分别为 $E_{AC}(T,T_0)$、$E_{BC}(T,T_0)$，则在相同的温度下，热电偶 AB 的热电动势 $E_{AB}(T,T_0)$为

$$E_{AB}(T，T_0)=E_{AC}(T，T_0)-E_{BC}(T，T_0) \tag{6-8}$$

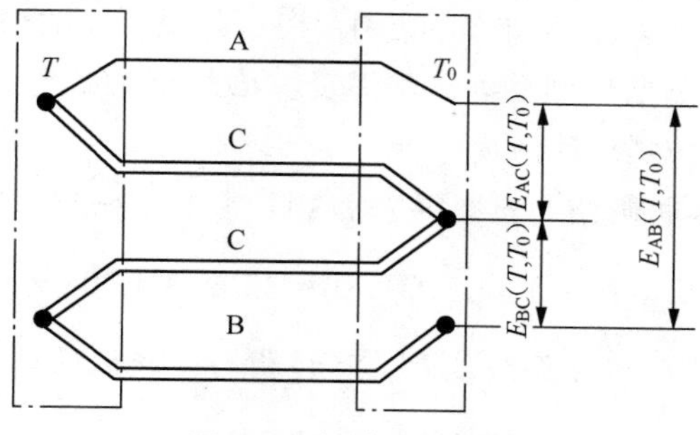

图6-8 标准电极结构

标准电极定律的意义在于：纯金属的种类很多，而合金类型更多，要得出这些金属组

合而成的热电偶的热电动势，其工作量是极大的。由于铂的物理-化学性质稳定，熔点高，因此常选用高纯铂丝作为标准电极，只要测得铂与各种金属组成的热电偶的热电动势，则各种金属组合而成的热电偶的热电动势可根据标准电极定律直接计算得出。

例如：当热端为 100℃、冷端为 0℃时，镍-铬合金与纯铂组成的热电偶的热电动势为 2.95mV，而考铜（BMn43-0.5 锰白铜，一种电工铜镍合金）与纯铂组成的热电偶的热电动势为 −4.0mV，则镍-铬和考铜组成的热电偶所产生的热电动势应为

$$E_{AB}(T,\ T_0) = E_{AC}(T,\ T_0) - E_{BC}(T,\ T_0) = 2.95 - (-4.0) = 6.95(\text{mV})$$

6.1.4 热电偶的温度补偿

热电偶的温度补偿（视频）

由热电效应的原理可知，热电偶产生的热电动势与两端温度有关。只有冷端的温度恒定，热电动势才是热端温度的单值函数。由于热电偶分度表是在冷端温度为 0℃时得出的，因此为正确反映热端温度，应使冷端温度恒为 0℃。但实际应用中，热电偶的冷端通常靠近被测对象，且受到周围环境温度的影响，其温度并非恒定。因此，常采取以下相应补偿或修正方法。

1. 冷端恒温法

（1）将热电偶的冷端置于 0℃的恒温容器（如冰点槽）中，使冷端的温度恒为 0℃。该方法只适用于实验室或精密温度测量。

（2）在实际测量中，使冷端恒定在 0℃常常会遇到困难，可以设法使冷端恒定在某一常温 T_n 下。通常采用恒温器盛装热电偶的冷端，或将冷端置于温度变化缓慢的油槽中。

2. 计算修正法

当冷端温度保持恒定，但不等于 0℃时，也可以采用计算修正法，对热电偶回路的测量电动势值 $E_{AB}(T,T_0)$加以修正。

根据中间温度定律，可得

$$E_{AB}(T,0) = E_{AB}(T,\ T_0) + E_{AB}(T_0,\ 0) \tag{6-9}$$

若测得热电偶输出热电动势 $E_{AB}(T,T_0)$的数值，再由冷端温度 T_0 查分度表得到冷端温度对应的热电动势 $E_{AB}(T_0,0)$，即可求得 $E_{AB}(T,0)$，再查分度表就能得到被测温度 T。

例 6-1 用镍铬-镍硅热电偶测量加热炉温度。已知冷端温度 $T_0 = 30℃$，测得热电动势 $E_{AB}(T,T_0)$为 33.29mV，求加热炉的温度。

解：先由镍铬-镍硅热电偶分度表查得 $E_{AB}(30,0) = 1.203\text{mV}$。根据中间温度定律可得

$$E_{AB}(T,\ 0) = E_{AB}(T,\ T_0) + E_{AB}(T_0,\ 0) = 33.29 + 1.203 = 34.493\ (\text{mV})$$

再查表 6-3 即镍铬-镍硅热电偶分度表，可得出与之接近的热电动势为 34.502mV，得加热炉的温度 T 为 830℃。

3. 自动补偿法

自动补偿法又称电桥补偿法，若实现冷端恒温也有困难，可采用自动补偿法。利用不

平衡电桥产生的电势来补偿热电偶因冷端温度波动引起的热电动势的变化。如图 6-9 所示，在热电偶与测温仪表之间串接一个直流不平衡电桥，电桥中的 R_1、R_2、R_3 由电阻温度系数很小的锰铜丝制作，另一桥臂的 R_{Cu} 由温度系数较大的铜线绕制。自动补偿法解决了计算修正法不适合连续测温的问题。

设计时，使电桥在 20℃（或 0℃）处于平衡状态，此时电桥的 A、B 两端无电压输出，电桥对仪表无影响。当环境温度变化时，热电偶冷端温度随之变化，这将导致热电动势发生改变，但此时 R_{Cu} 的阻值也随温度变化而变化，电桥平衡被破坏，电桥 A、B 两端将有不平衡电压 U_{AB} 输出，U_{AB} 与热电偶的热电动势叠加输入测量仪表，而电桥产生的不平衡电压 U_{AB} 正好补偿热电动势的变化量，从而达到自动补偿的目的。

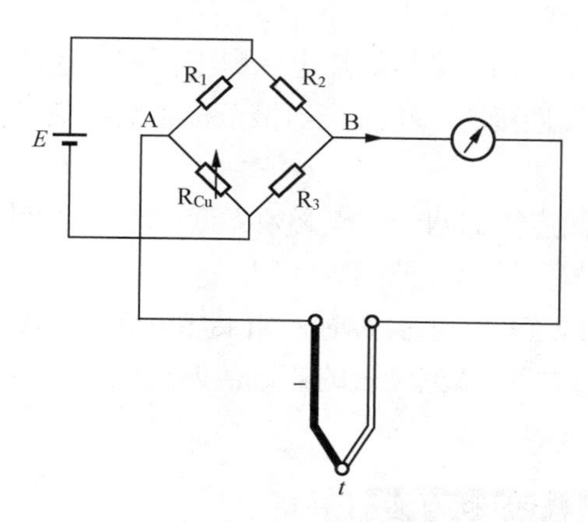

图6–9　电桥补偿原理图

4. 补偿导线法

补偿导线法又称冷端延长法，在实际工作中，热电偶常置于所测的温度场中，指示仪表与温度场往往相距很远。热电偶的材料通常为贵重金属，从经济的角度考虑，常用廉价的补偿导线来完成这种远距离的连接，所用的连接线称为冷端补偿导线或延长线。所谓补偿导线，实际上是一对材料化学成分不同的导线，要求在 0～150℃温度范围内与配接的热电偶有一致的热电特性，但价格相对要便宜。补偿导线法如图 6-10 所示，热电极加长部分的导线 P 和 Q 称为冷端补偿导线，是用两种不同材质的金属制成的，常见的补偿导线类型如表 6-8 所示。

使用补偿导线不仅可以延长热电偶的冷端，节省大量的贵金属，还可以选用直径大、导电系数大的金属材料，以减小导线的直流电阻，从而减小测量误差。

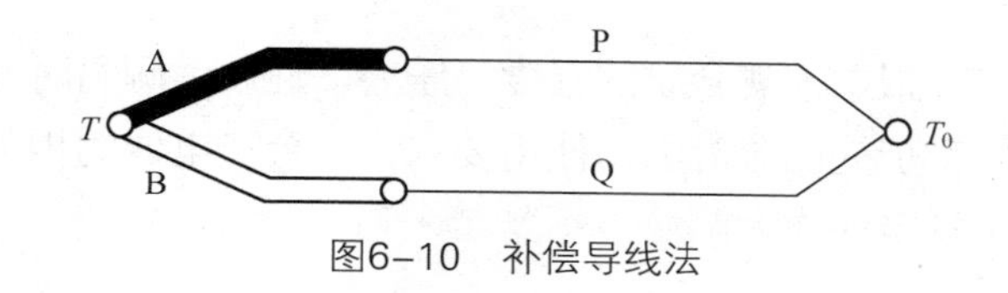

图6–10　补偿导线法

表 6-8　热电偶补偿导线类型

热电偶类型	补偿导线类型	补偿导线	
		正　极	负　极
铂铑$_{10}$-铂	铜-铜镍合金	铜	铜镍合金（镍的质量分数为 0.6%）
镍铬-镍硅	Ⅰ型：镍铬-镍硅	镍铬	镍硅
镍铬-镍硅	Ⅱ型：铜-铜镍	铜	铜镍
镍铬-铜镍	镍铬-铜镍	镍铬	铜镍
铁-铜镍	铁-铜镍	铁	铜镍
铜-铜镍	铜-铜镍	铜	铜镍

使用补偿导线时必须注意以下几点。

（1）各种补偿导线只能与相应型号的热电偶配用，不能互换。

（2）补偿导线与热电极连接时，正极应当接正极，负极应当接负极，极性不能反，否则会造成更大的误差。

（3）补偿导线与热电偶连接的两个结点必须靠近，使其温度相同，不会增加温度误差。

（4）补偿导线必须在规定的温度范围内使用。

当热电偶通过补偿导线连接显示仪表时，如果热电偶冷端温度已知且恒定，可预先将有零位调整器的显示仪表的指针从刻度表的初始值调至已知的冷端温度值上，这时显示仪表的示值即为被测量的实际值。

【学海领航】——正确的认识来源于实践

热电偶是使用较普遍的一种温度计。科学家从实验出发，得出相关规律，做出热电偶测温元件。科学实验是自然科学发展的基础，正确的认识来源于实践。纵观自然科学的整个发展历史，任何一个科学理论的建立和发展都离不开科学实验的佐证。它们有的是直接建立在科学家们大量实验现象的发现、观察和探索之上；有的是学者提出了大胆的设想或理论模型，或者在演绎的基础上提出了理论的预言。但是不论这样的理论看起来多么合理，在数学上多么完美无缺，但是在得到实验验证之前，它都不能成为科学的定论。科学理论正确与否必须接受实验的检验。学生要树立科学实验精神，在学习研究中，持有怀疑求真的态度，用实践发现事物的真相，积极探索研究客观事物的本质，提高解决实际问题的能力。

【任务实施】——检测轧钢炉的炉内温度

1. 热电偶的选用

在实际应用中，应该根据被测介质的温度、压力、性质、测温时间长短来选择热电偶类型和保护管。根据轧钢炉的测温范围及使用要求，结合热电偶的相关知识，选用性价比最优的镍铬-镍硅（K）热电偶作为测温传感器。

2. 热电偶的安装

热电偶的安装位置要能准确反映被测温度，安装方法要正确。一般将热电偶安装在管

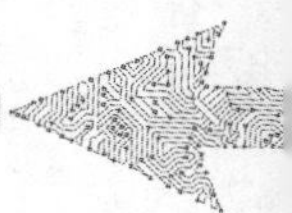

道的中心线位置上，并使热电偶测量端（热端）面向流体，使测量端与被测介质充分接触，提高测量准确性。

3. 轧钢炉的炉内温度检测

将热电偶的热端插入炉内，以检测炉温 T，如图 6-11 所示。冷端通过补偿导线与测量仪表的输入铜导线相连，并在做好绝缘措施后插入冰水瓶，保证冷端温度 $T_0 = 0℃$，通过测得的热电动势即可确定炉内的实际温度。

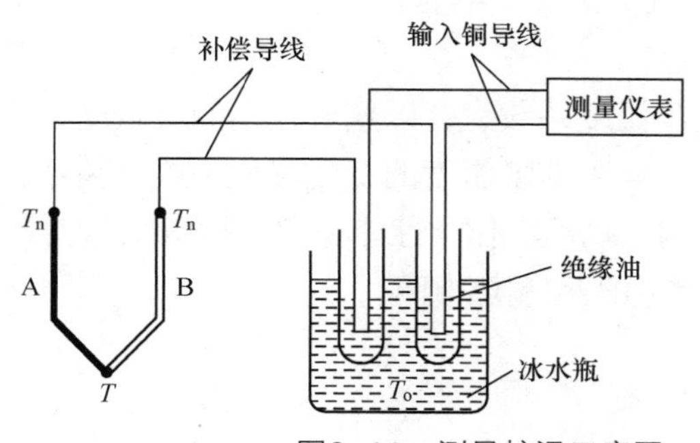

图6-11 测量炉温示意图

4. 检测注意事项

为保证测温精度，热电偶需定期校验。校验的方法是用标准热电偶与被校验热电偶在同一校验炉或恒温水槽中进行比对。

任务 6.2 气化炉炉体温度检测

【任务导入】

石油、化工行业常用到气化炉，炉内正常温度在 1 300℃左右，高温时可达 1 500℃以上。此时，炉内所衬炉砖（耐火砖）发生熔蚀，并且在炽热气体和熔渣的冲刷下，耐火砖不断减薄甚至脱落，炽热气体通过砖缝侵入到气化炉炉壁，使其表面温度升高，气化炉金属外壳强度降低，使设存在安全隐患。本任务的学习内容就是要检测气化炉表面温度并给予报警，以便及时确定更换耐火砖的时间。气化炉的耐压压力为 6.5MPa（表压），炉表面温度在 400～450℃，正常值为 425℃左右。

根据传感器温度测量范围，可以选择热电阻温度传感器为测温元件，并组成温度报警系统。热电阻温度传感器是如何测量温度的？

【知识讲解】

热电阻温度传感器可将温度变化转化为温度敏感元件的电阻变化，再由测量电路转换为电压或电流信号输出。导体或半导体材料的电阻值随温度变化而变化，即材料的电阻率随温度的变化而变化，这种现象称为热电阻效应。一般由把金属导体制成的测温元件称为

金属热电阻，简称“热电阻”；把由半导体材料制成的测温元件称为半导体热电阻，简称“热敏电阻”。

6.2.1 热电阻

1. 热电阻的基本原理与特性

热电阻通常是用纯金属制成的。金属导体的电阻值随温度的增加而增加。热电阻是中低温区（−200～650℃）最常用的一种测温敏感元件。它的主要特点是测量精度高，性能稳定。

热电阻应满足下列要求：电阻温度系数大，以获得较高的灵敏度；电阻率高，以使元件尺寸尽可能小；电阻值随温度的变化尽量呈线性关系，以减小非线性误差；在测量范围内，物理、化学性能稳定；材料工艺性好、价格便宜；等等。常用的金属热电阻主要有铂热电阻和铜热电阻。

2. 常用热电阻

（1）铂热电阻

铂热电阻在氧化性介质中，甚至在高温下，其物理、化学性能稳定，重复性好，测量精度高，其电阻值与温度之间有很近似的线性关系。但其缺点是电阻温度系数小，价格较高。铂热电阻主要用于制成标准电阻温度计，其测量范围一般为 −200～850℃。

当温度 t 在 −200～0℃的温度范围时，铂热电阻的特性方程（电阻值与温度的关系）为

$$R_t = R_0[1 + At + Bt^2 + Ct^3(t - 100)] \tag{6-10}$$

当温度 t 在 0～850℃的温度范围时，铂热电阻的特性方程为

$$R_t = R_0(1 + At + Bt^2) \tag{6-11}$$

式中：R_0——温度为 0℃时铂热电热的电阻值；

R_t——温度为 t℃时铂热电热的电阻值；

A——温度系数（$A = 3.908 \times 10^{-3}$）；

B——温度系数（$B = -5.802 \times 10^{-7}$）；

C——温度系数（$C = -4.274 \times 10^{-12}$）。

可见：热电阻在温度 t 时的电阻值 R_t 不仅与 t 有关，还与其在 0℃时的标准电阻值 R_0 有关。即在同样温度下，R_0 取值不同，R_t 的值也不同。

目前我国规定工业用铂热电阻有 $R_0 = 10\Omega$ 和 $R_0 = 100\Omega$ 两种，它们的分度号分别为 Pt_{10} 和 Pt_{100}，其中以 Pt_{100} 为常用。不同分度号的铂热电阻也有相应的分度表（即 R_t-t 的关系表），这样在实际测量中，只要测得热电阻的阻值 R_t，便可从分度表上查出对应的温度值。

分度号为 Pt_{100} 的铂热电阻分度表见表 6-9（标准号：GB/T 30121—2013）。对于分度号为 Pt_{10} 的铂热电阻，可由表 6-9 查得电阻值除以 10 得到。

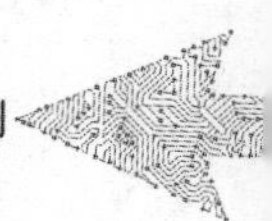

表 6-9　铂热电阻分度表

分度号：Pt_{100}　　　　$R_0 = 100\,\Omega$

t_{90}/℃	t_{90}对应的电阻值/Ω										t_{90}/℃
	0	−1	−2	−3	−4	−5	−6	−7	−8	−9	
−200	18.52										−200
−190	22.83	22.40	21.97	21.54	21.11	20.68	20.25	19.82	19.38	18.95	−190
−180	27.10	26.67	26.24	25.82	25.39	24.97	24.54	24.11	23.68	23.25	−180
−170	31.34	30.91	30.49	30.07	29.64	29.22	28.80	28.37	27.95	27.52	−170
−160	35.54	35.12	34.70	34.28	33.86	33.44	33.02	32.60	32.18	31.76	−160
−150	39.72	39.31	38.89	38.47	38.05	37.64	37.22	36.80	36.38	35.96	−150
−140	43.88	43.46	43.05	42.63	42.22	41.80	41.39	40.97	40.56	40.14	−140
−130	48.00	47.59	47.18	46.77	46.36	45.94	45.53	45.12	44.70	44.29	−130
−120	52.11	51.70	51.29	50.88	50.47	50.06	49.65	49.24	48.83	48.42	−120
−110	56.19	55.79	55.38	54.97	54.56	54.15	53.75	53.34	52.93	52.52	−110
−100	60.26	59.85	59.44	59.04	58.63	58.23	57.82	57.41	57.01	56.60	−100
−90	64.30	63.90	63.49	63.09	62.68	62.28	61.88	61.47	61.07	60.66	−90
−80	68.33	67.92	67.52	67.12	66.72	66.31	65.91	65.51	65.11	64.70	−80
−70	72.33	71.93	71.53	71.13	70.73	70.33	69.93	69.53	69.13	68.73	−70
−60	76.33	75.93	75.53	75.13	74.73	74.33	73.93	73.53	73.13	72.73	−60
−50	80.31	79.91	79.51	79.11	78.72	78.32	77.92	77.52	77.12	76.73	−50
−40	84.27	83.87	83.48	83.08	82.69	82.29	81.89	81.50	81.10	80.70	−40
−30	88.22	87.83	87.43	87.04	86.64	86.25	85.85	85.46	85.06	84.67	−30
−20	92.16	91.77	91.37	90.98	90.59	90.19	89.80	89.40	89.01	88.62	−20
−10	96.09	95.69	95.30	94.91	94.52	94.12	93.73	93.34	92.95	92.55	−10
0	100.00	99.61	99.22	98.83	98.44	98.04	97.65	97.26	96.87	96.48	0
t_{90}/℃	0	1	2	3	4	5	6	7	8	9	t_{90}/℃
0	100.00	100.39	100.78	101.17	101.56	101.95	102.34	102.73	103.12	103.51	0
10	103.90	104.29	104.68	105.07	105.46	105.85	106.24	106.63	107.02	107.40	10
20	107.79	108.18	108.57	108.96	109.35	109.73	110.12	110.51	110.90	111.29	20
30	111.67	112.06	112.45	112.83	113.22	113.61	114.00	114.38	114.77	115.15	30
40	115.54	115.93	116.31	116.70	117.08	117.47	117.86	118.24	118.63	119.01	40
50	119.40	119.78	120.17	120.55	120.94	121.32	121.71	122.09	122.47	122.86	50
60	123.24	123.63	124.01	124.39	124.78	125.16	125.54	125.93	126.31	126.69	60
70	127.08	127.46	127.84	128.22	128.61	128.99	129.37	129.75	130.13	130.52	70
80	130.90	131.28	131.66	132.04	132.42	132.80	133.18	133.57	133.95	134.33	80
90	134.71	135.09	135.47	135.85	136.23	136.61	136.99	137.37	137.75	138.13	90

续表

t_{90}/℃	t_{90}对应的电阻值/Ω									t_{90}/℃
	0	1	2	3	4	5	6	7	8	9	
100	138.51	138.88	139.26	139.64	140.02	140.40	140.78	141.16	141.54	141.91	100
110	142.29	142.67	143.05	143.43	143.80	144.18	144.56	144.94	145.31	145.69	110
120	146.07	146.44	146.82	147.20	147.57	147.95	148.33	148.70	149.08	149.46	120
130	149.83	150.21	150.58	150.96	151.33	151.71	152.08	152.46	152.83	153.21	130
140	153.58	153.96	154.33	154.71	155.08	155.46	155.83	156.20	156.58	156.95	140
150	157.33	157.70	158.07	158.45	158.82	159.19	159.56	159.94	160.31	160.68	150
160	161.05	161.43	161.80	162.17	162.54	162.91	163.29	163.66	164.03	164.40	160
170	164.77	165.14	165.51	165.89	166.26	166.63	167.00	167.37	167.74	168.11	170
180	168.48	168.85	169.22	169.59	169.96	170.33	170.70	171.07	171.43	171.80	180
190	172.17	172.54	172.91	173.28	173.65	174.02	174.38	174.75	175.12	175.49	190
200	175.86	176.22	176.59	176.96	177.33	177.69	178.06	178.43	178.79	179.16	200
210	179.53	179.89	180.26	180.63	180.99	181.36	181.72	182.09	182.46	182.82	210
220	183.19	183.55	183.92	184.28	184.65	185.01	185.38	185.74	186.11	186.47	220
230	186.84	187.20	187.56	187.93	188.29	188.66	189.02	189.38	189.75	190.11	230
240	190.47	190.84	191.20	191.56	191.92	192.29	192.65	193.01	193.37	193.74	240
250	194.10	194.46	194.82	195.18	195.55	195.91	196.27	196.63	196.99	197.35	250
260	197.71	198.07	198.43	198.79	199.15	199.51	199.87	20.23	200.59	200.95	260
270	201.31	201.67	202.03	202.39	202.75	203.11	203.47	203.83	204.19	204.55	270
280	204.90	205.26	205.62	205.98	206.34	206.70	207.05	207.41	207.77	208.13	280
290	208.48	208.84	209.20	209.56	209.91	210.27	210.63	210.98	211.34	211.70	290
300	212.05	212.41	212.76	213.12	213.48	213.83	214.19	214.54	214.90	215.25	300
310	215.61	215.96	216.32	216.67	217.03	217.38	217.74	218.09	218.44	218.80	310

（2）铜热电阻

铜热电阻的优点是铜材料容易提纯，价格比较便宜，具有较大的电阻温度系数；铜热电阻的阻值与温度之间接近线性关系。铜热电阻的缺点是电阻率较小，所以体积较大，稳定性也较差，容易氧化。在一些测量精度要求不高、测温范围较小（−50～150℃）的场合，普遍采用铜热电阻。其特性方程可用式（6-12）表示。

$$R_t = R_0(1 + \alpha t) \tag{6-12}$$

式中：α——0℃时铜热电阻的温度系数（$\alpha = 4.28 \times 10^{-3}$/℃）。

我国常用的铜热电阻为 Cu_{50} 和 Cu_{100}，即在 0℃时其阻值 R_0 为 50Ω 和 100Ω。铜热电阻的阻值与温度之间的关系可以查 Cu_{50} 或 Cu_{100} 铜热电阻分度表。表 6-10 为 Cu_{50} 铜热电阻的分度表（标准号：ITS—1990），对于 Cu_{100} 的铜热电阻，将表 6-10 中的电阻值加倍即可。

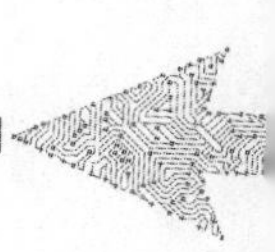

表 6-10 铜热电阻的分度表

分度号：Cu_{50} $R_0=50\Omega$

温度/℃	0	10	20	30	40	50	60	70	80	90
	电阻/Ω									
−0	50.00	47.85	45.70	43.55	41.40	39.24				
+0	50.00	52.14	45.28	56.42	58.56	60.70	62.84	64.98	67.12	69.26
100	71.40	73.54	75.68	77.83	79.98	82.13				

（3）其他热电阻

镍和铁的电阻温度系数大，电阻率高，可用于制成体积大、灵敏度高的热电阻。但由于其容易氧化，化学稳定性差，不易提纯，重复性和线性度差，因此目前应用不多。

其他热电阻（视频）

近年来，在低温和超低温测量方面，开始采用一些较为新颖的热电阻，例如铑铁电阻、铟电阻、锰电阻、碳电阻等。铑铁电阻是由含铁量约为 0.5%（原子百分比）的铑铁合金丝制成的，常用于测量 0.3～20K 范围内的温度，具有较高的灵敏度、稳定性和重复性较好等优点。铟电阻是一种高精度低温热电阻，铟的熔点约为 429K，在 4.2～15K 范围内其灵敏度比铂高 10 倍，故可用于铂热电阻不能使用的测温范围。

3. 热电阻的结构

在测量环境良好、无腐蚀性的气体或测量固体的表面温度时，可直接使用电阻式温度敏感元件。但在测量液体或测量环境比较恶劣时，无法直接使用电阻式温度敏感元件，需要在其外表加防护罩进行保护。在工业测量过程中，为了使热电阻耐腐蚀、抗冲击、延长使用寿命、便于安装和接线，常用以下 4 种标准结构的热电阻温度传感器。

（1）普通型热电阻温度传感器

普通型热电阻温度传感器由热电阻元件（如铂电阻）、绝缘套管、引出线、转换电路、保护套管及接线盒等组成。如图 6-12 所示。保护套管不仅用来保护热电阻感温元件免受被测介质化学腐蚀和机械损伤，还具有导热功能，可将被测介质的温度快速传导至热电阻。

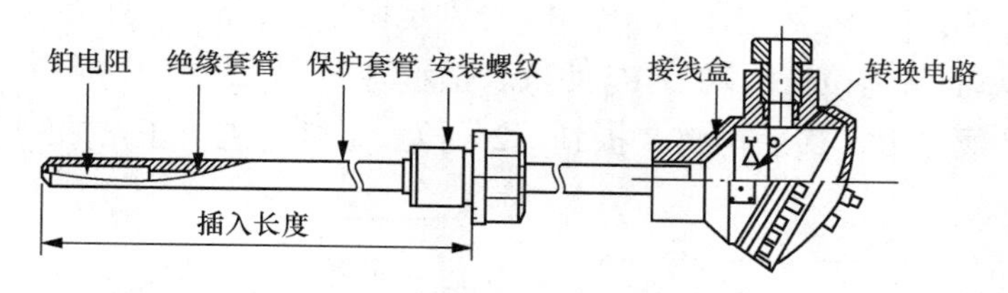

图6-12 普通型热电阻温度传感器

（2）铠装热电阻温度传感器

铠装热电阻是由感温元件（电阻体）、引线、高绝缘氧化镁、1Cr18Ni9Ti 不锈钢套管经多次一体拉制而成的坚实体。这种结构在安装、弯曲时，不会损坏热电阻元件。与普通型热电阻相比，它具有体积小、热惯性小，机械性能好、便于安装、耐腐蚀、寿命长等优点。

（3）端面热电阻温度传感器

端面热电阻温度传感器的感温元件紧贴在温度计端面，由特殊处理的电阻丝材绕制而成，能更准确和快速地反映被测端面的实际温度。端面热电阻温度传感器适于测量轴瓦和其他部件的端面温度，其外形如图 6-13 所示。

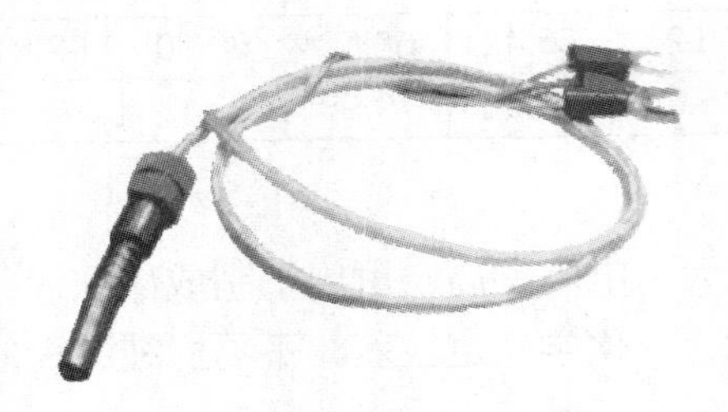

图6-13　端面热电阻温度传感器

（4）隔爆型热电阻温度传感器

隔爆型热电阻温度传感器装有隔爆外壳的接线盒，把火花或电弧阻隔在接线盒内，阻止其向盒外空间传爆，如图 6-14 所示。隔爆型热电阻温度传感器一般用于爆炸危险场所的温度检测。

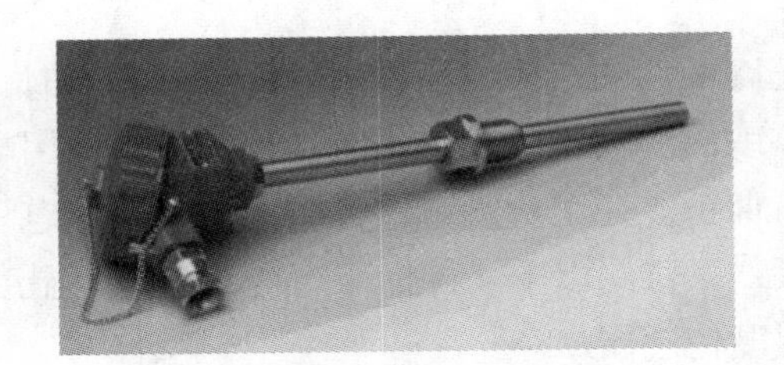

图6-14　隔爆型热电阻温度传感器

4. 热电阻的测温电路

热电阻常用的电桥测温电路如图 6-15 所示。图中 R_1、R_2、R_3 和 R_t（或 R_q、R_M）组成电桥的 4 个桥臂，其中 R_t 是热电阻，R_q 和 R_M 分别是调零和调满刻度的调整电阻（电位器）。测量时先将 S 扳到“1”位置，调节 R_q 使仪表指示为零，然后将 S 扳到“3”位置，调节 R_M 使仪表指示到满刻度，最后再将 S 扳到“2”位置，则可进行正常的测量。

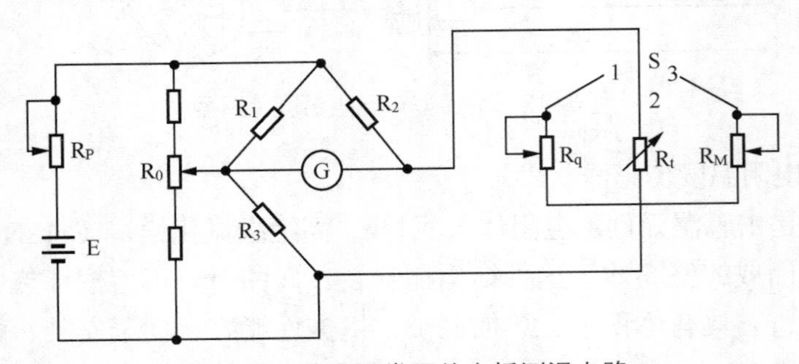

图6-15　热电阻常用的电桥测温电路

在实际应用中，热电阻敏感元件安装在测量现场，感受被测介质的温度变化，而测量电路、显示仪表安装在远离现场的控制室内，热电阻的引线电阻对测量结果有较大影响，易造成测量误差。为了克服环境温度的影响常采用三线单臂电桥电路。图 6-16 为热电阻测量电桥的三线连接法，G 为指示电表，R_1、R_2、R_4 为固定电阻，R_a 为调节电阻。热电阻通过阻值分别为 r_1、r_2、r_3 的 3 根导线和电桥连接，阻值 r_2 和 r_3 的导线分别接在相邻的两臂，当温度变化时，只要它们的长度和电阻温度系数相同（同一种材料的导线），其电阻的变化就不会影响电桥的状态，即不会产生温度测量误差。

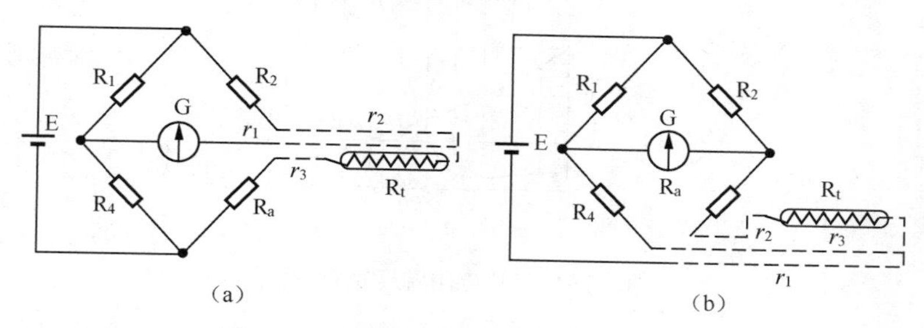

图6-16 热电阻测量电桥的三线连接法

6.2.2 热敏电阻

1. 热敏电阻的特性

热敏电阻是一种新型的半导体测温元件，它是用电阻值随温度变化而显著变化的半导体电阻制成的，通常采用重金属氧化物锰、钛、钴等材料在高温下混合烧结而成。

热敏电阻的测温原理（视频）

用半导体材料制成的热敏电阻与金属热电阻相比，有如下特点：电阻温度系数大，灵敏度高；结构简单，体积小；电阻率高，热惯性小，适宜动态测量；阻值与温度变化呈非线性关系；稳定性和互换性相对较差。热敏电阻的常见结构和图形符号如图 6-17 所示。

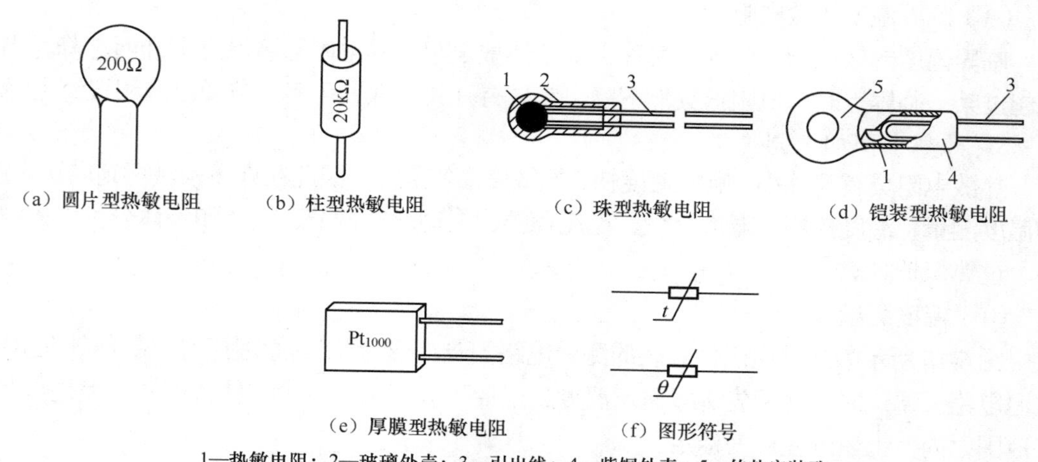

（a）圆片型热敏电阻（b）柱型热敏电阻（c）珠型热敏电阻（d）铠装型热敏电阻

（e）厚膜型热敏电阻（f）图形符号

1—热敏电阻；2—玻璃外壳；3—引出线；4—紫铜外壳；5—传热安装孔

图6-17 热敏电阻的常见结构和图形符号

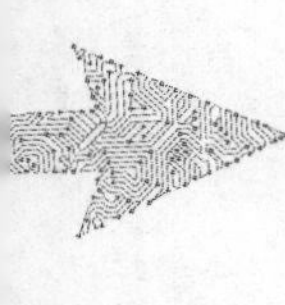

2. 热敏电阻的分类

热敏电阻按其温度特性通常分为两大类：负温度系数热敏电阻（NTC）和正温度系数热敏电阻（PTC）。NTC 和 PTC 都可以细分为指数变化型和突变型（突变型又称临界温度型，英文缩写为 CTR）。它们的电阻和温度特性的变化关系曲线如图 6-18 所示。

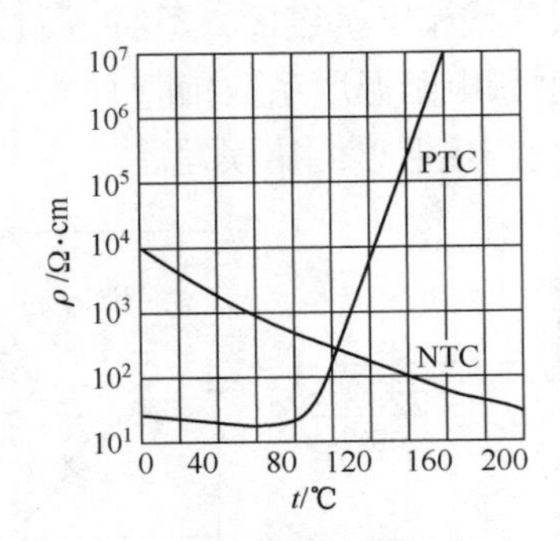

图6-18 热敏电阻温度特性曲线

（1）负温度系数热敏电阻

负温度系数热敏电阻（NTC）的电阻率 ρ 随着温度的增加而均匀地减小。它主要由一些金属氧化物（如锰、钴、铁、镍、铜等的多种氧化物）混合烧结而成，一般用于各种电子产品中的微波功率测量、温度检测、温度补偿、温度控制及稳压等，其测温范围一般为 −50～350℃，温度系数为 −(1～6)%/℃。选用时应根据应用电路的需要选择合适的类型及型号。

（2）正温度系数热敏电阻

正温度系数热敏电阻（PTC）是指某温度下电阻急剧增加的一种新型测温器件，其温度变化与其电阻率变化之间呈非线性关系。典型的 PTC 热敏电阻通常在钛酸钡中掺入其他金属离子，以改变其温度系数和临界点温度。PTC 一般用于电热毯的控温元件、电冰箱压缩机启动电路、电动机过热保护电路和限流电路等。

（3）临界温度热敏电阻

临界温度热敏电阻（CTR）又称突变型热敏电阻，其电阻随着温度上升而下降，当温度超过某一临界点时，电阻值突然下降。其具有开关特性，可用于自动控温和报警电路。

3. 热敏电阻的应用

热敏电阻具有尺寸小、响应速度快、灵敏度高等优点，因此在许多领域得到广泛应用，如温度测量、温度控制、温度补偿、稳压稳幅、自动增益调节、气体和液体分析、火灾报警、过热保护等。

（1）温度测量

图 6-19 所示为热敏电阻体温表的测量电路图及外形，利用其原理还可以制作其他测温、控温电路。调试时，必须先调零再调温度，最后再验证刻度盘中其他各点的误差是否在允许范围之内，上述过程称为标定。

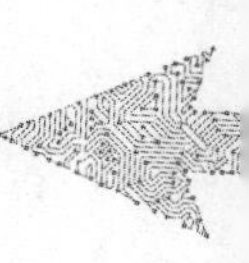

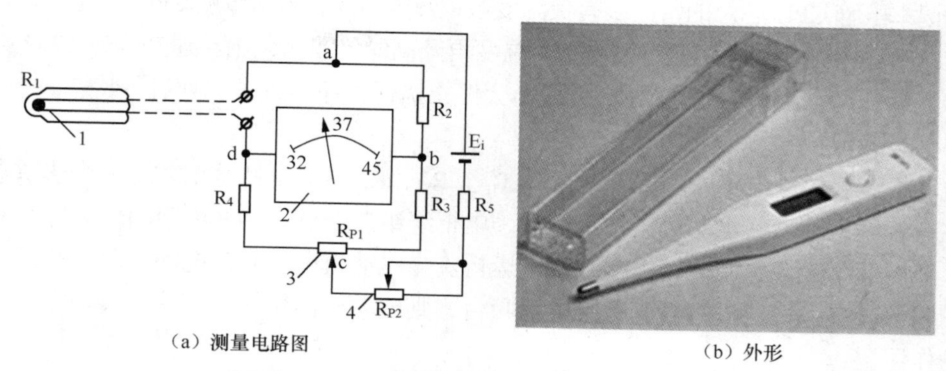

(a) 测量电路图 (b) 外形

图6-19 热敏电阻体温表的测量电路图及外形

具体做法如下：将绝缘的热敏电阻放入 32℃的温水中，待热量平衡后，调节 R_{P1}，使指针指在刻度 32 上，再加热水，用更高一级的温度表监测水温，使其上升 5℃，待热量平衡后，调节 R_{P2}，使指针指在刻度 45 上，再加冷水，逐步降温检查 32～45℃内刻度指示的准确程度。

（2）液位测量

给 NTC 施加一定的加热电流，它的表面温度将高于周围空气的温度，此时它的阻值相对较小。当被测液体的液面高于 NTC 的安装高度时，液体吸收 NTC 的热量，使之温度下降，阻值升高。根据它的阻值变化，就可以知道液面是否低于设定值。汽车车厢中的油位报警传感器就是利用以上原理制作的。

（3）温度补偿

热敏电阻可以在一定范围内对某些元件进行温度补偿。图 6-20 所示为热敏电阻用于三极管温度补偿电路。当环境温度升高时，三极管的放大倍数 β 随温度的升高将增大，温度每上升 1℃，β 值增大 0.5%～1%。其结果是：在相同的基极电流 I_B 情况下，集电极电流 I_C 随温度上升而增大，使得输出电压 U_{SC} 增大。若要使 U_{SC} 维持不变，则需要提高基极电位，减小三极管基极电流。为此，需选用负温度系数热敏电阻进行温度补偿。

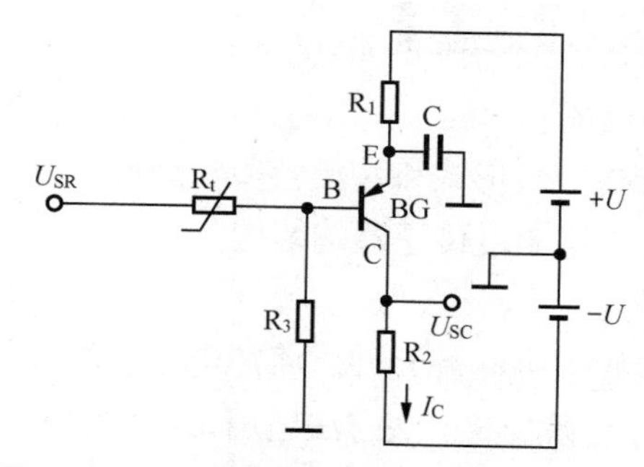

图6-20 热敏电阻用于三极管温度补偿电路

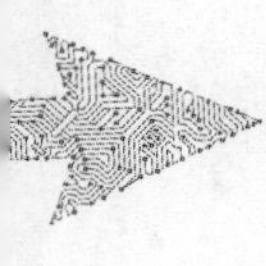

（4）笔记本电脑 CPU 的超温保护

笔记本电脑 CPU 芯片的背面装有负温度系数热敏电阻，用来检测 CPU 的温度。当 CPU 超温时，启动风扇控制电路，排风冷却；温度再升高时，提高风扇转速并降低 CPU 工作频率；若继续升高，系统为防止 CPU 烧毁，会停止执行程序，进入“死机”状态。

（5）过载保护

电动机过载保护电路如图 6-21 所示，R_{t1}、R_{t2}、R_{t3} 是热电特性相同的 3 个热敏电阻，安装在三相绕组附近。电动机正常运行时，电枢绕组温度低，热敏电阻阻值高，三极管不导通，继电器不吸合，使电动机继续正常运行。当电动机过载时，电动机温度升高，热敏电阻的阻值减小，使三极管导通，继电器吸合，则电动机停止转动，从而实现电动机的过载保护作用。

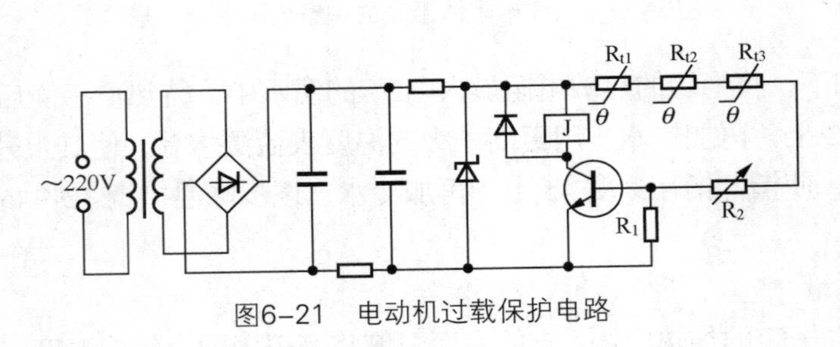

图6-21　电动机过载保护电路

【学海领航】——百折不挠的科学探索精神

“4μs、1800℃”—— 两个看似毫无关联的词，就是我国某大学机械学科现代传感器与执行器理论及应用重点实验室的研究成果。该研究团队多年来致力于薄膜传感器的研究，利用薄膜热电偶，在毫秒和微秒的时间内，把温度的变化测试出来。

反应时间短、测试瞬态高温，这是研究团队的目标。研究团队在首次接触到测试化爆材料切削过程中瞬态温度的课题时，迎难而上，经过反复试验，先后解决了绝缘问题、瞬态热源，并将传感器直径减小到 2mm，最终做出的针状薄膜热电偶能在 4μs 的响应时间里测试 1800℃的高温。当前，针状薄膜热电偶已应用在航空航天和军工等领域。

【任务实施】——检测气化炉炉体温度

1．气化炉炉体温度的检测

热电阻温度传感器的结构安装形式和种类较多，因此应先分析气化炉的使用安装要求和温度测量范围，再确定热电阻温度传感器的结构。

（1）炉体表面温度的测量

使用端面热电阻温度传感器为测温元件。将热电阻感温元件紧贴在温度计端面，可准确并快速地反映被测端面的实际温度，该方法适用于炉体表面温度的测量。这种传感器的测量精度高，使用寿命长，但价格偏高。

测量步骤如下。

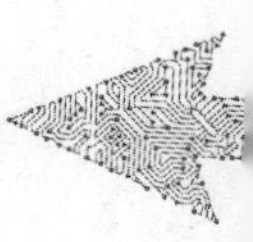

① 在炉体表面安装一个固定支架。

② 将端面热电阻温度传感器安装在固定支架上，使传感器端面紧贴炉体表面。

③ 将测温传感器连接二次仪表，观察仪表显示数值。

④ 在炉体不同位置测量 3 次，求平均值，即得到炉体表面温度。

（2）热电阻温度传感器的安装注意事项

热电阻温度传感器在安装时，需考虑安装场所、测量精度、机械强度、密封情况等因素，以下是需要注意的几点。

① 热电阻温度传感器的安装应选择在便于安装、维护且不易受到外界破坏的位置。

② 热电阻温度传感器的插入方向应与被测介质流向相逆，或者垂直，尽量避免与被测介质流向一致。

③ 在管道上安装热电阻温度传感器时，应使传感器感温元件处于流速最大的管道中心，其插入深度不小于 300mm，或大于管道直径的 1/3。

④ 热电阻温度传感器的热电阻感温元件插入部分越长，测量误差越小，因此应争取较大的插入深度。一般将其安装在管道弯处以增加插入深度，或斜插，或扩张。

⑤ 为防止热量损耗，热电阻感温元件暴露在设备外面的部分要尽量短，而且在露出部分要加保温层。

⑥ 热电阻温度传感器安装在负压管道或容器时，要保证安装的密封性。对于密封性要求较高的腔体温度的测量，热电阻温度传感器安装完成后，应进行气密检查。

⑦ 热电阻温度传感器安装在具有固体颗粒和流速很高的介质中时，为防止热电阻感温元件长期受到冲刷而损坏，需在热电阻感温元件之前加装保护板。

2. 气化炉超温报警电路

本超温报警电路是采用 LM45C 贴片式温度传感器设计的，报警温度可任意设定，超过设定温度时会发出声、光报警信号。

（1）贴片式温度传感器的安装方式

贴片式温度传感器主要用于测量物体表面的温度。贴片式温度传感器通过螺钉或其他固定方式将传感器贴在物体表面，从而实现较理想的测温效果。贴片式温度传感器和被测物体接触面积大，接触紧密，所以在表面温度测量方面具有比较明显的优势：测温准确性高，反应速度快，体积小，方便固定安装。

（2）贴片式温度传感器的技术参数

① 材料：铂热电阻 Pt_{100}、Pt_{500}、Pt_{1000}。

② 测温范围：−200～400℃。

③ 精度等级：A 级（$0.15 + 0.002|t|$）℃；B 级（$0.30 + 0.005|t|$）℃，注：$|t|$为实测温度的绝对值。

④ 公称压力：标准大气压。

（3）制作方法

超温报警电路主要由贴片式温度传感器 LM45C、基准电源 LM4431 及运算放大器 CA3140 组成的比较器构成，如图 6-22 所示。

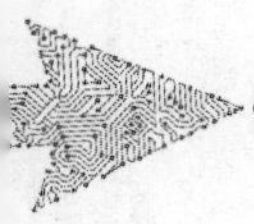

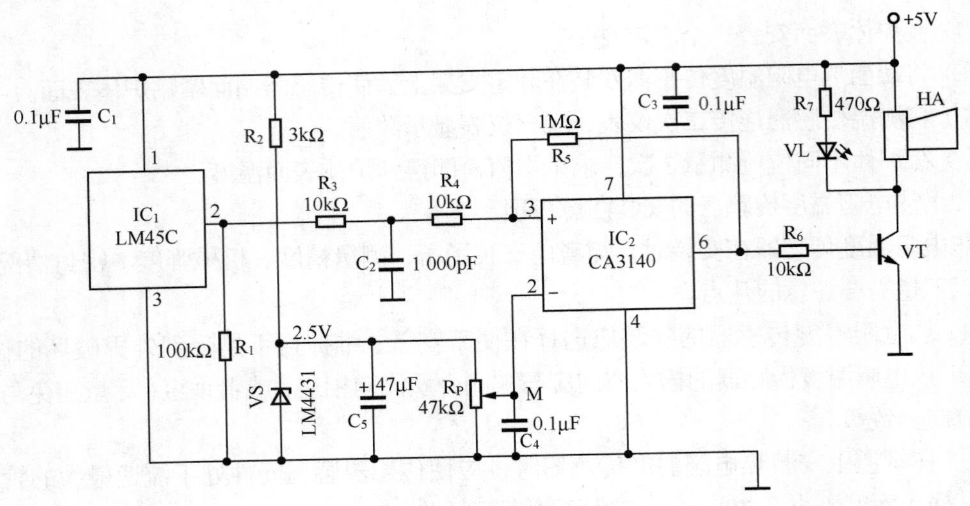

图6-22　超温报警电路

（4）元件选择

① 传感器 IC_1 选用 LM45C 贴片式温度传感器，其输出电压与摄氏温度成正比，灵敏度为 10mV/℃，不需要调整。运算放大器 IC_2 选用 CA3140 运算放大器。

② 基准电源 VS 采用 2.5V 硅稳压二极管，如 LM4431；警报灯 VL 采用 ϕ3mm 高亮度发光二极管；三极管 VT 采用 9013 或 3DK4 型硅 NPN 中功率三极管，要求电流放大系数 $\beta>100$。

③ 电阻 R_1～R_7 选用碳膜电阻器 RTX-1/8W。电阻 R_P 采用 WSZ-1 型自锁式有机实心电位器。

④ 电容 C_1～C_4 均采用 CT1 瓷介电容器；C_5 选用 CD11-10V 的电解电容器。

⑤ 声音报警器 HA 采用语音报警专用蜂鸣器。

⑥ 电源选用直流 5V 稳压电源。

（5）制作与调试

① 由电位器 R_P 设定报警温度（每 10mV 相当于 1℃），例如报警温度为 80℃时，调节 R_P 使 M 点电压为 800mV 即可。

② 当 IC_1 所在环境超过设定温度时，IC_2 的 6 脚输出高电平，三极管 VT 导通，VL 发光，HA 发声以示超温报警。

③ 比较器有一定的滞后，这是为了防止测量温度在阈值温度上下波动时，产生不稳定的报警声。

④ 由于本电路较简单，按电路图焊接安装好后，一般无须调试即可使用。

任务 6.3　红外测温仪温度检测

【任务导入】

在日常生活中，人们一般使用水银柱进行接触式体温测量，这种方法方便、实用、准确，

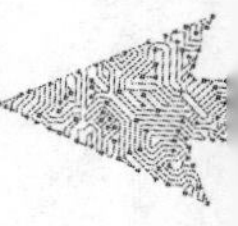

因而得到广泛使用。但是这种方法在公共场合测量人体体温尤其是测量婴幼儿体温时，会十分不方便。这就需要使用非接触式体温测量，可用红外测温仪。本任务主要学习红外测温仪中的红外传感器温度测量原理及实际应用。

【知识讲解】

任何物质的温度只要高于绝对零度，都能辐射红外线。物体的温度越高，辐射功率就越大。因此只要测量出物质所发射的辐射功率，就能确定物质的温度。红外传感器是一种非接触式测温传感器，它是将红外辐射的能量转换成电能的光敏器件。红外传感器主要由红外辐射源和红外探测器两部分组成，有红外辐射的物体可以视为红外辐射源；红外探测器是指能将红外辐射能转换为电能的器件或装置。

6.3.1 红外辐射

红外辐射是一种人眼不可见光，因为其介于可见光中红色光和微波之间，故常称为红外线。

图 6-23 为电磁波波谱图。红外线的波长范围大致在 0.76～1 000μm，对应的频率在 4×10^4～3×10^{11}Hz，工程上通常把红外线所占据的波段分成近红外、中红外、远红外和极远红外 4 个部分。

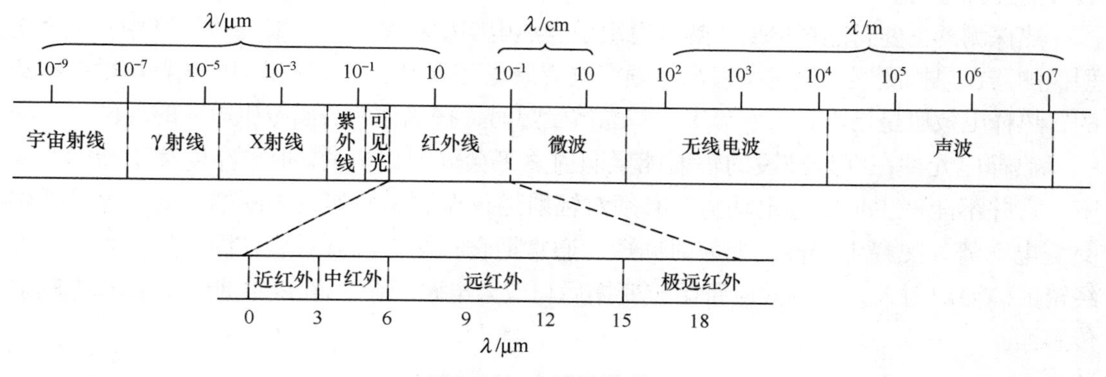

图6-23 电磁波波谱图

常温下，自然界的所有物体都是红外辐射的发射源，只是红外辐射的波长不同，例如，人的体温为 37℃，红外辐射的波长为 9～109μm（属远红外区），400～700℃物体的红外辐射波长为 3～5μm（属中红外区）。红外辐射的物理本质是热辐射。物体的温度越高，辐射出的红外线越多，红外辐射的能量越强。研究发现，太阳光谱中的各种单色光的热效应从紫色到红色是逐渐增大的，且最大热效应出现在红外辐射的频率范围内，因此又将红外辐射称为热辐射。另外，红外线被物体吸收后可以转化成热能。

红外线作为电磁波的一种形式，红外辐射和所有的电磁波一样，是以波的形式在空间直线传播的，具有电磁波的一般特性，如反射、折射、散射、干涉和吸收等。红外线在真空中传播的速度等于波的频率与波长的乘积，即

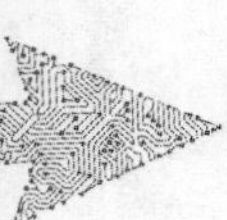

$$c = \lambda f \tag{6-13}$$

式中：c——红外辐射在真空中的传播速度；

λ、f——红外辐射的波长及频率。

红外辐射在大气中传播时，由于大气中的气体分子、水蒸气以及固体微粒、尘埃等物质的散射、吸收作用，使辐射在传输过程中逐渐衰减，仅在2～2.6μm、3～5μm和8～14μm 3个波段能较好地穿透大气层，因此这3个波段称为“大气窗口”，一般红外传感器都工作在这3个波段。

6.3.2 红外探测器

红外传感器一般由光学系统、红外探测器、信号调理电路及显示单元等组成。红外探测器是红外传感器的核心。红外探测器是利用红外辐射与物质相互作用所呈现的物理效应来探测红外辐射的。红外探测器的种类很多，按探测机理的不同，分为热探测器和光子探测器两大类。

1. 热探测器

热探测器是利用红外辐射的热效应制成的。探测器的敏感元件吸收辐射能后引起温度升高，进而使某些有关物理参数发生相应变化，通过测量物理参数的变化来确定探测器所吸收的红外辐射。

热探测器主要有热释电型、热敏电阻型、热电阻型和高莱气动型4类。其中，热释电型探测器在热探测器中探测率最高，频率响应最宽，应用最广。它是根据热释电效应制成的，热释电效应是指电石、水晶等一些晶体受热时，在晶体两表面产生电荷的现象。

热释电元件在红外波段的辐射能量照射之下会释放出电荷。但是在连续不断的照射下，它并不能产生恒定的电动势，必须对辐射进行调制，使其成为断续辐射，才能得到交变电动势。热释电元件的响应时间短，通常把它和场效应管封装在同一外壳里，辐射经锗或硅窗口射入，由场效应管阻抗变换后与放大电路配合。图6-24所示为热释电辐射传感器。

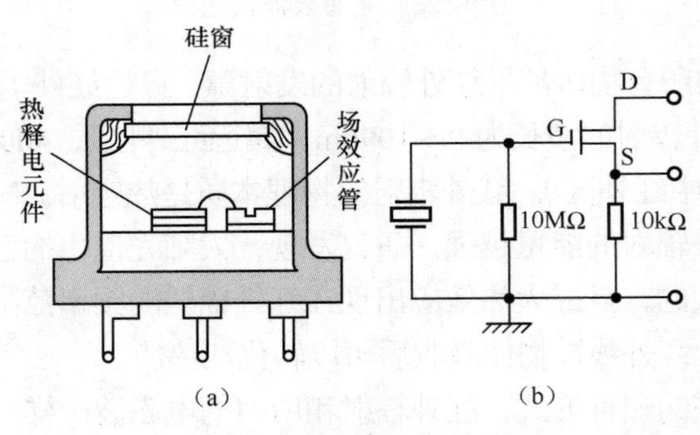

图6-24 热释电辐射传感器

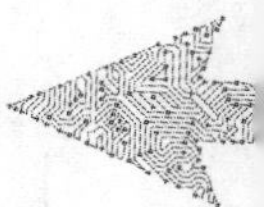

热释电型红外传感器在家庭自动化、保安系统以及节能领域广泛使用，如由人体红外感应实现自动电灯开关、自动水龙头开关、自动门开关等。

2. 光子探测器

光子探测器是根据光子效应制成的。光子效应是指利用入射光辐射的光子流与探测器材料中的电子互相作用，从而改变电子的能量状态，引起各种电学现象。光子探测器有内光电探测器和外光电探测器两种，后者又分为光电导探测器、光生伏特探测器和光磁电探测器 3 种。光子探测器的主要特点是灵敏度高，响应速度快，具有较高的响应频率，但探测波段较窄，一般需在低温下工作。通过光子探测器测量材料电子性质的变化，可以确定红外辐射的强弱。

6.3.3 红外传感器的应用

红外传感器普遍用于红外测温、遥控器、红外摄像机、夜视镜等，红外摄像管成像、电荷耦合器件是目前较为成熟的红外成像技术。红外传感器不受周围可见光的影响，可昼夜进行测量；由于待测对象自身辐射红外线，因此不需要光源；大气对某些特定波长范围内的红外线吸收甚少，因此适用于遥感、遥测。以大规模集成电路为代表的微电子技术的发展，使红外线的发射、接收以及控制的可靠性得以提高，促进了红外传感器的迅速发展。

1. 红外测温

红外测温技术在产品质量监控、设备在线故障诊断和安全保护等方面发挥着重要作用。近年来，非接触红外测温仪在技术上得到迅速发展，性能不断完善，功能不断增强，品种不断增多，适用范围不断扩大，市场占有率也逐年增长。比起接触式测温方法，红外测温有着响应时间快、非接触、使用安全及使用寿命长等优点。

2. 红外监视

由于红外线是不可见的，因此可以在需要的地方设置红外光和红外探测器，一旦有人越过遮挡住光束，探测器立即发出报警信号，实现自动监视。

3. 红外检测

电力输电线接头由于接触不良，引起输电线发热，不仅损耗能源，也容易发生事故。若采用接触式测温会很不方便，而采用红外探测器，在地面上就可以测得接头处温度的高低，既节省人力，又无须停电。

4. 红外无损探伤

当两块金属板焊接在一起，要检测焊接是否良好，可将某一面均匀加热，当温度升高时就向另一面传热。若焊接良好，内部无缺陷，则另一面用红外探测器测出的温度是均匀的；若某处温度异常，说明内部有缺陷。

5. 人体感应自动照明灯

由红外线检测集成电路 RD8702 构成的人体感应自动照明灯开关电路，适用于家庭、公共厕所、公共走道等照明灯的开关电路，如图 6-25 所示。

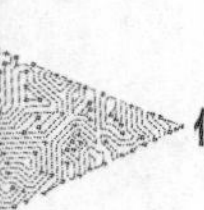

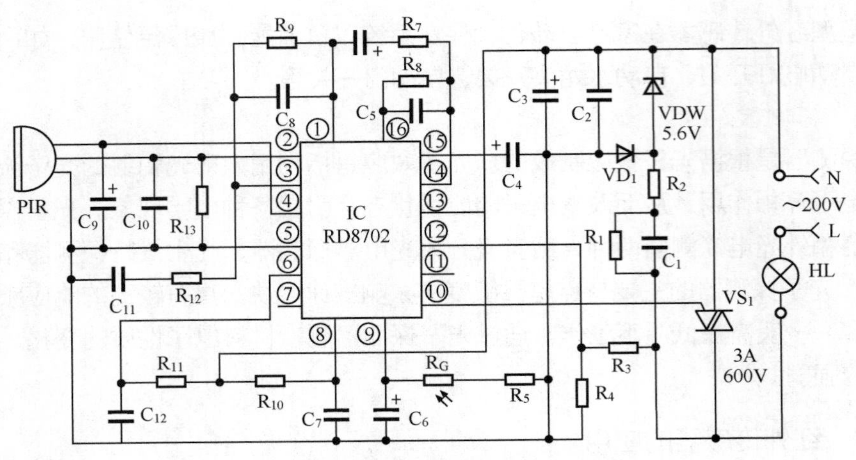

图6-25　人体感应自动照明灯开关电路

该电路主要由人体红外线检测电路、信号放大及控制电路、晶闸管开关及光控电路等组成。由于照明灯串接在电路中，所以不接灯泡电路不工作。

当红外感应传感器 PIR 未检测到人体感应信号时，电路处于守候状态，RD8702 的⑩脚和⑪脚（未使用）无输出，双向晶闸管 VS_1 截止，灯 HL 处于关闭状态。当有人进入检测范围时，红外感应传感器 PIR 中产生的交变信号通过②脚输入 IC 内。经 IC 处理后从⑩脚输出晶闸管过零触发信号，使双向晶闸管 VS_1 导通，灯得电点亮，⑪脚输出继电器驱动信号（未使用）供执行电路使用。光敏电阻 R_G 连接在 RD8702 的⑨脚。有光照时，R_G 的阻值较小，⑨脚内电路抑制⑩脚和⑪脚输出控制信号。晚上光线较暗时，R_G 的阻值较大，⑨脚内电路解除对输出信号的抑制作用。

【学海领航】——勇于探索，科技强国

随着科学技术的不断发展，许多电气设备利用红外探测器进行状态监测和诊断因其具有远距离、不接触，且准确、快速、直观等特点，可实时在线监测和诊断电气设备大部分故障。红外检测技术的应用，对提高电气设备的可靠性与有效性、提高运行经济效益、降低维修成本具有重要的意义。因此，要提高我国电气设备在世界上的竞争力，就需要我们不断进行科技创新，优化产品性能。我们要勇担科技强国的责任，让“科技强国”的理念根植于心中，发奋学习相关知识和技能，提高未来的竞争力，为国家的繁荣富强贡献自己的力量。

【任务实施】——用非接触式红外测温仪测量体温

1. 非接触式红外测温仪的工作原理

红外测温仪的红外探测器是利用热辐射体在红外波段的辐射通量来测量温度的，一般为热释电型。物体温度在低于 1 000℃时，向外辐射红外光。非接触式红外测温仪可以通过感知人体热量来测量体温。常见的红外辐射温度计的温度测量范围为 −30～3 000℃，可根据需要进行选择。可以看出，红外辐射温度计既可用于高温测量，又可用于冰点以下的温

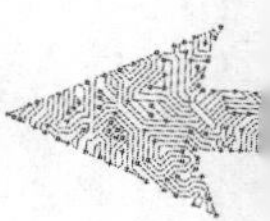

度测量，是辐射温度计的未来发展趋势。

2. 红外测温仪的测量方法

红外测温仪的测量原理如图 6-26 所示，透镜 1 将红外光聚焦，经滤光片 2 过滤后，只有 8～14μm 波段的红外光通过。步进电动机 5 驱动调制盘 3 转动，将被测的红外辐射调制成交变的辐射红外线后，聚焦在红外探测器 4 上，红外探测器 4 将红外光转换为电信号输出。

3. 红外测温仪测量转换电路

红外测温仪转换电路由前置放大、选频放大、同步检波、温度补偿、发射率调节、线性化等电路组成，如图 6-26 所示。

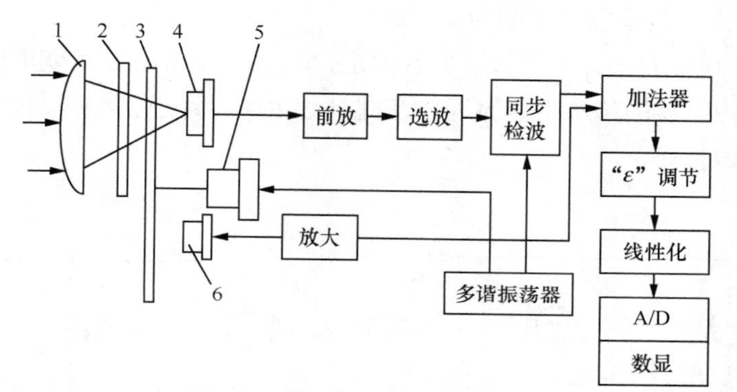

1—透镜；2—滤光片；3—调制盘；4—红外探测器；5—步进电动机；6—温度传感器

图6–26 红外测温仪测量原理图

4. 选用红外测温仪的注意事项

（1）了解红外传感器的性能和应用范围。

（2）掌握红外传感器的使用条件。

（3）调整红外传感器的工作点，以达到最佳工作状态。

（4）严禁用手摸、擦红外传感器的光学部分，防止损伤和沾污。

（5）存放时注意防潮、防振和防腐。

【知识拓展】——集成温度传感器

集成温度传感器是利用晶体管 PN 结的电流电压与温度的关系，把感温元件 PN 结及电子线路集成在一个小硅片上，构成一个小型化的专用集成电路。传统的热敏电阻、热电阻、热电偶、双金属片等温度传感器相比，集成温度传感器具有测温精度高、复现性好、线性优良、体积小、热容量小、稳定性好、输出电信号大等优点。由于传感器内部的晶体管 PN 结受耐热性能和测温范围的限制，只能用来测量 150℃以下的环境温度。

一、基本工作原理

目前在集成温度传感器中，都采用一对非常匹配的差分对管作为温度敏感元件。图 6-27

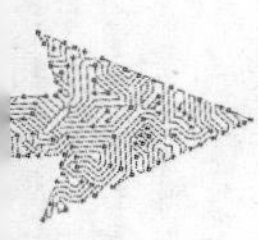

是集成温度传感器基本原理图。其中，VT_1 和 VT_2 是互相匹配的晶体管，I_1 和 I_2 分别是 VT_1 和 VT_2 管的集电极电流，由恒流源提供。VT_1 和 VT_2 管的两个发射极和基极电压之差 ΔU_{be} 可用下式表示，即

$$\Delta U_{\mathrm{be}}=\frac{kT}{q}\ln\left(\frac{I_1}{I_2}\cdot\gamma\right) \tag{6-14}$$

式中：k——玻耳兹曼常数；

q——电子电荷量；

T——热力学温度；

γ——VT_1 和 VT_2 管发射结的面积之比。

从式（6-14）可以看出，如果保证 I_1/I_2 恒定，则 ΔU_{be} 就与温度 T 成单值线性函数关系。这就是集成温度传感器的基本工作原理，在此基础上可设计出各种不同电路以及不同输出类型的集成温度传感器。

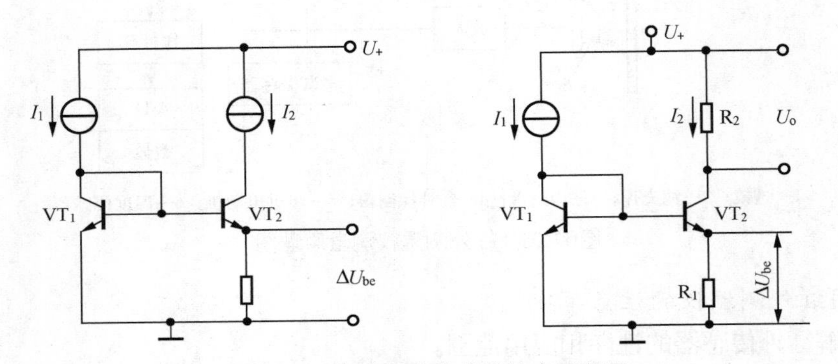

图6-27　集成温度传感器基本原理图

集成温度传感器按输出形式可分为电压输出型和电流输出型两种。电压输出型一般以0℃为零点，温度系数为 10mV/K；电流输出型一般以 0K（热力学零度）为零点，温度系数为 1μA/K。电流输出型集成温度传感器适合于远距离测量。

二、AD590集成温度传感器应用实例

AD590 是一种应用广泛的集成温度传感器。由于它内部有放大电路，再配上相应外电路，可方便地构成各种应用电路。下面介绍 AD590 两种简单的应用。

1. 温度测量

图 6-28 所示是一个简单的测温电路。AD590 在 25℃（298.2K）时，理想输出电流为 298.2μA，但实际上存在一定误差，可以在外电路中进行修正。将 AD590 串联一个可调电阻，在已知温度下调整电阻值，使输出电压 U_T 满足 1mV/K 的关系（如 25℃时，U_T 应为 298.2mV）。调整好以后，固定可调电阻，即可由输出电压 U_T 读出 AD590 所处的热力学温度。

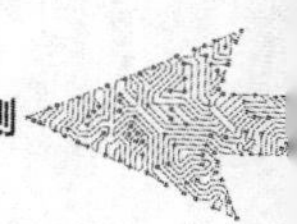

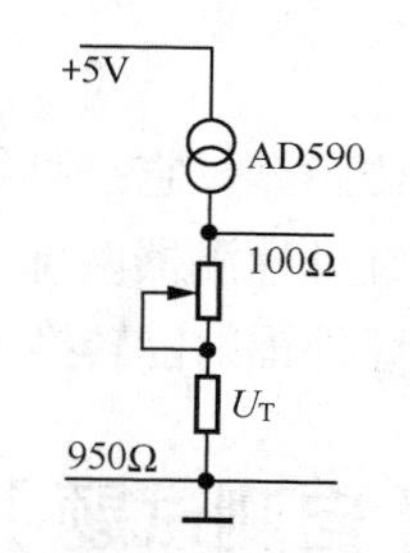

图6–28 简单的测温电路

2. 温度控制

简单的控温电路如图 6-29 所示。AD311 为比较器，它可输出控制加热元件电流，调节 R_1 可改变比较电压，从而改变控制温度。AD581 是稳压器，可为 AD590 提供一个合理的稳定电压。

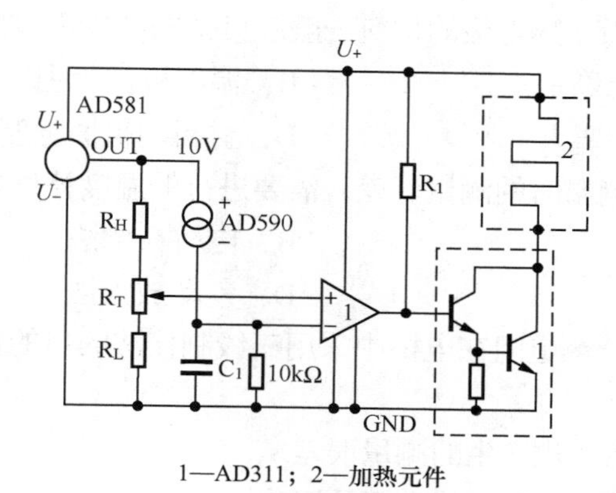

1—AD311；2—加热元件

图6–29 简单的控温电路

【项目小结】

温度测量方法通常可分为接触式和非接触两大类。每一类温度传感器都有多种类型，在实际应用中，应根据具体的使用场合、条件和要求，选择较为适用的传感器，做到既经济又合理。

热电偶的测温是基于热电效应原理的一种自发电式传感器，测量时不需要外加电源，可直接将被测温度转换成电动势输出。它是工业上常用的温度检测组件，优点是测量精度高，测温范围广。

热电阻传感器利用电阻随温度变化的特性而制成，主要用于对温度或与温度有关的参量进行检测。热电阻是中低温区最常用的一种温度检测器，其主要特点是测量精度高，性能稳定。热电阻按性质不同，可分为金属热电阻和热敏电阻，金属热电阻是利用电阻与温度成一定函数关系的特性，由金属材料制成的感温组件；热敏电阻是利用半导体的电阻随温度变化的特性而制成的，按其温度特性通常分为负温度系数热敏电阻和正温度

系数热敏电阻。

红外传感器是一种非接触式测温传感器，它是将红外辐射的能量转换成电能的光敏器件。红外传感器主要由红外辐射源和红外探测器两部分组成，有红外辐射的物体就可以视为红外辐射源；红外探测器是指能将红外辐射能转换为电能的器件或装置。

【自测试题】

一、单项选择题

1．热电偶的基本组成部分是（　　）。

A．热电极　　B．保护管

C．绝缘管　　D．接线盒

2．在实际应用中，用作热电极的材料一般应具备的条件不包括（　　）。

A．物理化学性能稳定　　B．温度测量范围广

C．电阻温度系数要大　　D．材料的机械强度要高

3．为了减小热电偶测温时的测量误差，需要进行的温度补偿方法不包括（　　）。

A．补偿导线法　　B．电桥补偿法

C．冷端恒温法　　D．差动放大法

4．用热电阻测温时，热电阻在电桥中采用三线制接法的目的是（　　）。

A．接线方便

B．减小引线电阻变化产生的测量误差

C．减小桥路中其他电阻对热电阻的影响

D．减小桥路中电源对热电阻的影响

二、填空题

1．热电偶是将温度变化转换为________的测温元件；热电阻和热敏电阻是将温度变化转换为________变化的测温元件。

2．热电动势来源于两个部分，一部分由两种导体的________构成，另一部分是单一导体的________。

3．由于两种导体________不同而在其________形成的电动势称为接触电动势。

4．接触电动势的大小与导体的________、________有关，而与导体的直径、长度、几何形状等无关。

5．热电阻最常用的材料是________和________，工业上被广泛用来测量________温区的温度，在测量温度要求不高且温度较低的场合，________电阻得到了广泛应用。

三、简答题

1．热电偶的基本工作原理是什么？

2．热电偶测温为什么要采用补偿导线？

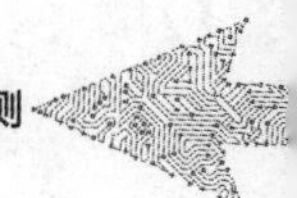

3．简述热电偶参考（冷）端温度补偿的方法。

4．什么叫热电阻效应？试述金属热电阻效应的特点。

5．制造热电阻的材料应具备哪些特点？常用的热电阻材料有哪几种？

6．热敏电阻有什么特点？

7．试述热敏电阻的 3 种类型及其特点和应用。

8．红外探测器有哪些类型？请说明它们的工作原理。

项目7 环境量检测

【项目描述】

随着工业现代化的进步，被人们所利用的和在生活、工业上排放出的气体种类、数量都日益增多。这些气体中，许多易燃、易爆（如氢气、煤矿瓦斯、天然气、液化石油气等）或者对人体有毒害的（如一氧化碳、氟利昂等）气体一旦泄漏到空气中，就会污染环境、影响生态平衡，甚至导致爆炸、火灾、中毒等灾害性事故。为了保护自然环境，防止事故的发生，需要对各种有害、可燃性气体在环境中存在的情况进行有效监控。

同样，湿度的检测与控制在工业、农业、气象、医疗以及日常生活中的地位越来越重要。例如，储物仓库在湿度超过某一个程度时，物品易发生变质或者霉变现象；家庭居室的湿度适中才能适于居住；集成电路生产车间相对湿度低于 30%RH 时，容易产生静电而影响生产；温室中的育苗、食用菌培养、水果保鲜等都需要对湿度进行检测和控制。本项目主要学习和掌握气体测量和湿度测量常用传感器的基本知识及使用。

【学习目标】

知识目标：掌握气敏电阻和湿度传感器的基本工作原理，了解气体和湿度测控在相关领域的应用。

技能目标：学会识别气体和湿度检测元件，能解决气体和湿度检测中的常见问题。

素质目标：树立安全意识，增强遵纪守法、爱岗敬业意识。

任务 7.1　可燃性气体检测

【任务导入】

一般家庭厨房烹调热源有煤气、天然气、石油液化气等，由于这些可燃性气体的泄漏、点火失误等原因，造成爆炸、火灾和中毒死伤事故的数量十分惊人。为了保障生命财产安全，要对厨房可燃性气体泄漏进行检测。厨房可燃性气体怎样进行检测？

【知识讲解】

气体传感器又叫气敏传感器，主要用来监测气体中的特定成分，并将其变成相应的电信号输出，图 7-1 所示为几种气体传感器外形。气体传感器的应用很广，在日常生活中，有检测饮酒者呼气中的酒精含量的酒精传感器；测量汽车空燃比的氧气传感器；家庭和工厂用的煤气泄漏传感器；火灾之后检测建筑材料发出的有毒气体的空气质量传感器；坑内沼气警报用的甲烷传感器；等等。气体传感器主要检测对象及其应用场合如表 7-1 所示。

（a）酒精传感器

（b）甲烷传感器

（c）空气质量传感器

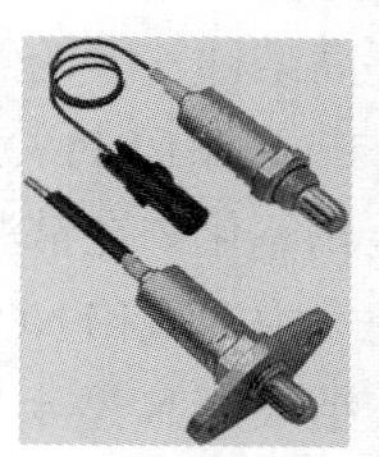
（d）氧气传感器

图7–1　气体传感器外形

表 7–1　气体传感器主要检测对象及其应用场合

分类	检测对象气体	应用场合
易燃易爆气体	液化石油气、焦炉煤气、发生炉煤气、天然气	家庭用
	甲烷	煤矿
	氢气	冶金、试验室
有毒气体	一氧化碳（不完全燃烧的煤气）	煤气灶等
	硫化氢、含硫的有机化合物	石油工业、制药厂
	卤素、卤化物、氨气等	冶炼厂、化肥厂
环境气体	氧气（缺氧）	地下工程、家庭
	水蒸气（调节湿度，防止结露）	电子设备、汽车、温室
	大气污染（SO_x，NO_x，Cl_2 等）	工业区
工业气体	燃烧过程气体控制，调节空燃比	内燃机、锅炉
	一氧化碳（防止不完全燃烧）	内燃机、冶炼厂
	水蒸气（食品加工）	电子灶
其他灾害	烟雾，驾驶员呼出的酒精气体	火灾预报，事故预报

气体传感器可分为半导体气体传感器、固体电解质气体传感器、接触燃烧式气体传感器和电化学气体传感器等多种类型，其中最常见的是半导体气体传感器。

7.1.1　半导体气体传感器

半导体气体传感器（视频）

目前半导体气体传感器常用于工业上天然气、煤气、石油化工等部门的易燃、易爆、有毒、有害气体的监测、预报和自动控制。

半导体气体传感器的基本工作原理是利用半导体气体元件同气体接触，造成半导体性质变化来检测气体的成分或浓度的。按照半导体与气体的相互作用是在其表面还是在其内部，可分为表面控制型和体控制型两种；按照半导体变化的物理性质，又可分为电阻型和非电阻型两种。

1. 电阻型半导体气体传感器

电阻型半导体气体传感器简称“气敏电阻”。气敏电阻的材料是金属氧化物，在合成材料时，通过化学计量比的偏离和杂质缺陷制成。金属氧化物半导体分N型半导体（如氧化锡、氧化铁、氧化锌、氧化钨等），和P型半导体（如氧化钴、氧化铅、氧化铜、氧化镍等）。为了提高某种气敏元件对某些气体成分的选择性和灵敏度，合成材料有时还掺入了催化剂，如钯（Pd）、铂（Pt）、银（Ag）等。

金属氧化物在常温下是绝缘的，制成半导体后可显示气敏特性。通常器件工作在空气中，空气中的氧和NO_2这样电子兼容性大的气体，会接收来自半导体材料的电子而吸附负电荷，结果使N型半导体材料的表面空间电荷层区域的传导电子减少，使表面电导减小，从而使器件处于高阻状态。一旦元件与被测还原性气体接触，就会与吸附的氧起化学反应，将被氧束缚的电子释放出来，敏感膜表面电导增加，使元件电阻减小，从阻值变化可以判断吸入气体的种类和浓度。

气敏电阻元件种类很多，按制造工艺可分为烧结型、薄膜型、厚膜型，如图7-2所示。

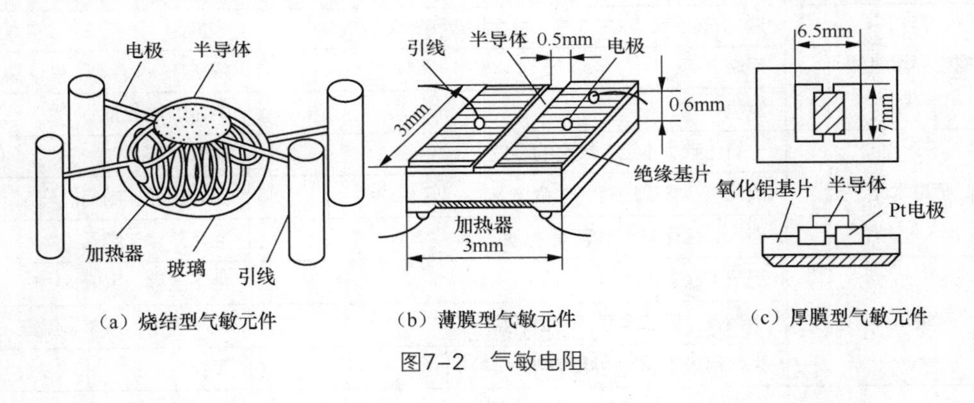

图7-2　气敏电阻

（1）烧结型气敏元件

烧结型气敏元件将元件的电极和加热器均埋在金属氧化物气敏材料中，经加热成型后低温烧结而成。目前最常用的是氧化锡（SnO_2）烧结型气敏元件，其加热温度较低，一般在200～300℃，SnO_2烧结型气敏元件对许多可燃性气体，如氢气、一氧化碳、甲烷、丙烷、乙醇等都有较高的灵敏度。

（2）薄膜型气敏元件

薄膜型气敏元件采用真空镀膜或溅射方法，在石英或陶瓷基片上制成金属氧化物薄膜（厚度在0.1μm以下），构成薄膜型气敏元件。氧化锌（ZnO）薄膜型气敏元件以石英玻璃或陶瓷作为绝缘基片，通过真空镀膜在基片上蒸镀锌金属，用铂或钯膜作引出电极，最后将基片上的锌氧化。氧化锌敏感材料是N型半导体，当添加铂作催化剂时，其对丁烷、丙

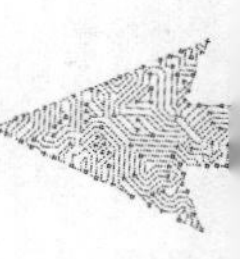

烷、乙烷等烷烃气体有较高的灵敏度，而对 H_2、CO_2 等气体的灵敏度很低。若用钯作催化剂，则对 H_2、CO 有较高的灵敏度，而对烷烃类气体的灵敏度低。因此，这种元件有良好的选择性，工作在 400～500℃的较高温度。

（3）厚膜型气敏元件

将气敏材料（如 SnO_2、ZnO）与一定比例的硅凝胶混制成能印刷的厚膜胶。把厚膜胶用丝网印刷到事先安装有铂电极的氧化铝（Al_2O_3）基片上，在 400～800℃的温度下烧结 1～2h 便可制成厚膜型气敏元件。用厚膜工艺制成的器件一致性较好，机械强度高，适于批量生产。

以上 3 种气敏元件都附有加热器，在实际应用时，加热器能使附着在测控部分上的油雾、尘埃等烧掉，同时加速气体氧化还原反应，从而提高器件的灵敏度和响应速度。

电阻型半导体气体传感器的优点是价格便宜、使用方便、对气体浓度变化响应快、灵敏度高，缺点是稳定性差、老化快、气体识别能力不强、各器件之间的特性差异大等。

2. 非电阻型半导体气体传感器

非电阻型半导体气体传感器是利用 MOS 二极管的电容-电压特性的变化以及 MOS 场效应晶体管的阈值电压变化等特性制成的。这类传感器的制造工艺成熟，便于器件集成化，因而其性能稳定，且价格便宜。

7.1.2 固体电解质式气体传感器

固体电解质是一类介于固体与液体之间的特殊材料。其固体中的内部粒子具有液体中离子的快速迁移性，因此又称为快离子导体。

固体电解质式气体传感器使用电解质气敏材料作为气敏元件，气敏材料在通过气体时会产生离子，从而形成电动势。通过测量电动势的大小，可间接测得气体的浓度。这类传感器电导率高，灵敏度和选择性好，广泛用于高温下检测 O_2、H_2、SO_x、NO_x 等气体浓度。

7.1.3 接触燃烧式气体传感器

通常空气中达到一定浓度、触及火种可引起燃烧的气体称为可燃性气体，如甲烷、乙炔、甲醇、乙醇、乙醚、一氧化碳及氢气等均为可燃性气体。

接触燃烧式气体传感器是将白金等金属线圈埋设在氧化催化剂中制成的。使用时对金属线圈通以电流，使之保持 300～600℃的高温状态，同时将元件接入电桥电路中的一个桥臂，调节桥路使其平衡。一旦有可燃性气体与传感器表面接触，燃烧热量使金属丝进一步升温，造成器件阻值增大，从而破坏了电桥的平衡，输出的不平衡电流或电压与可燃气体浓度成比例，检测出这个电流或电压就可测得可燃气体的浓度。

接触燃烧式气体传感器只能测量可燃性气体，普遍用于石油化工厂、造船厂、矿井隧道和厨房可燃性气体泄漏的检测和报警。它在环境温度下非常稳定，能对处于爆炸下限的绝大多数可燃性气体进行检测。

7.1.4 电化学气体传感器

电化学气体传感器的构成类似于常用的电池，电解质可以是电解质溶液或固体电解质。当气体存在于由铂、铜等贵重电极、比较电极和电解质组成的电池中时，气体与电解质发生反应或在电极表面发生氧化-还原反应，使得两个电极之间有了电流或电压输出。根据电流或电压的大小可计算出气体浓度。

电化学气体传感器包括离子电极型、定电位型和伽伐尼电池型等。这类传感器可以检测一氧化碳、二氧化碳、硫化氢、氨气、氯气等气体。

7.1.5 气体传感器的应用

1. 可燃性气体泄漏报警器

用 QM-N10 气敏电阻制作的可燃性气体检测电路，可以用于家庭对煤气、一氧化碳、液化石油气等的泄漏检测报警，如图 7-3 所示。

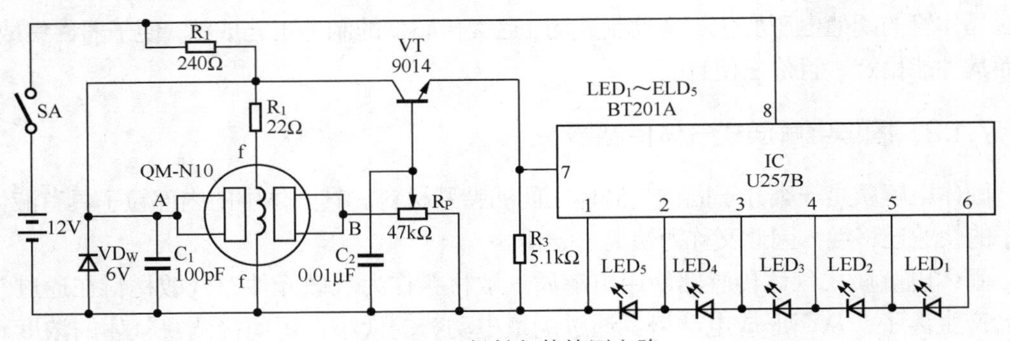

图7-3 可燃性气体检测电路

该电路由电源、检测、放大和显示 3 部分组成。电源部分由 12V 供电电源、VD_W、C_1 等组成，电池选用 12V 叠层电池，经开关 SA 提供 12V 电压，同时 VD_W 提供 6V 电压，为检测与放大和显示电路提供电源。检测元件为低功耗、高灵敏度的 QM-N10 气敏电阻。VT 选用 9014 三极管，以放大检测到的信号。显示电路选用 LED 条形驱动器集成块 U257B，额定工作电压为 8～25V，输入电压最大为 5V，输入电流为 0.5mA，功耗为 690mW。LED 被点亮的只数，取决于 7 脚电位的高低。当 7 脚电位低于 0.18V 时，其输出端 2～6 脚均为低电平，LED_1～LED_5 均不亮。当 7 脚电位由 0.18V 升高至 2V 时，LED_1～LED_5 被依次点亮。工作中，当 QM-N10 气敏电阻未接触可燃气体时，其 A、B 两极间呈高阻抗，使得 IC 的输入端 7 脚的电压趋于 0V，LED_1～LED_5 均不亮。当 QM-N10 气敏电阻处于一定浓度的可燃性气体中时，其 A、B 两电极端电阻变小，使得 IC 的输入端 7 脚有一定的电压（≥1.8V），相应的发光二极管点亮，可燃性气体的浓度越高，LED_1～LED_5 依次被点亮的只数越多。

注意，气敏电阻通电时的电阻值很小，经过一定时间后，才能恢复到稳定状态，因此，气敏检测装置需接通预热几分钟后，才可投入使用。

2. 防止酒后驾车控制器

防止酒后驾车控制器原理电路如图 7-4 所示。图中，QM-J_1 为酒敏传感器。若驾驶员没喝酒，在驾驶室内合上开关 S，此时气敏电阻的阻值很高，U_a 为高电平，U_1 为低电平，U_3 为高电平，继电器 K_2 线圈失电，其常闭触点 K_{2-2} 闭合，发光二极管 VD_1 通电，发绿光，能点火启动发动机。

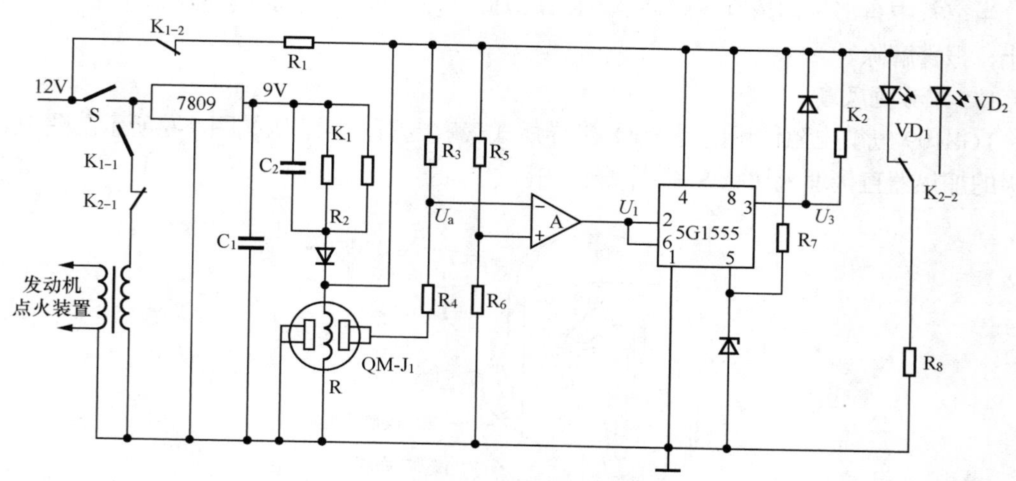

图7-4 防止酒后驾车控制器原理电路

若驾驶员酒后驾驶，气敏电阻的阻值会急剧下降，使 U_a 为低电平，U_1 为高电平，U_3 为低电平，继电器 K_2 线圈通电，K_{2-2} 常开触点闭合，发光二极管 VD_2 通电，发红光，以示警告，同时常闭触点 K_{2-1} 断开，无法启动发电机。

若驾驶员拔出气敏器件，继电器 K_1 线圈失电，其常开触点 K_{1-1} 断开，仍然无法启动发动机。常闭触点 K_{1-2} 的作用是长期加热气敏电阻，保证此控制器处于工作的状态。5G1555 为集成定时器。

3. 家用有毒气体探测报警器

一氧化碳、液化气、甲烷、丙烷都是有毒可燃气体，当空气中达到一定浓度时，将危及人的健康与安全。图 7-5 所示为家用有毒气体探测报警电路，本电路虽然线路简单，但具有很高的灵敏度，对探测上述有毒气体是非常有效的。

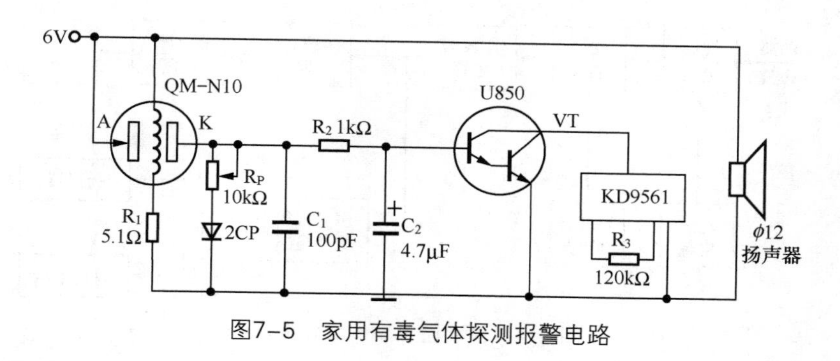

图7-5 家用有毒气体探测报警电路

该探测报警电路用 QM-N10 气敏电阻作为探测头。当空气不含有毒气体时，A、K 两点间的电阻很大，流过 R_P 的电流很小，K 点为低电位，达林顿管 U850 不导通；当空气中含有还原性气体时（如上述有毒气体），A、K 两点间的电阻迅速下降，通过 R_P 的电流增大，K 点电位升高，向 C_2 充电直至达到 U850 导通电位（约 1.4V）时，U850 导通，驱动发声集成片 KD9561 发声。

当空气中有毒气体浓度下降使 A、K 两点间恢复高电阻时，K 点电位低于 1.4V，U850 截止，报警解除。

4. 自动通风扇

TGS109 气敏电阻使用的是 SnO_2 半导体式气敏电阻，其结构如图 7-6 所示。图中兼作电极的加热器直接埋入块状 SnO_2 半导体内。

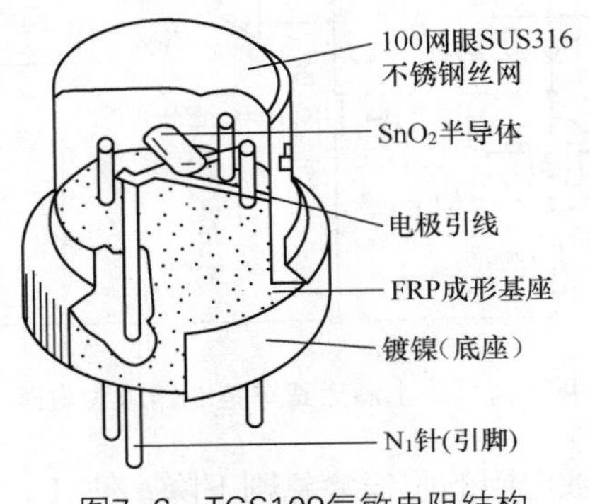

图7-6　TGS109气敏电阻结构

TGS109 气敏电阻用于自动通风扇的气体检测，其工作原理如图 7-7 所示。当被测气体（如油烟、煤气等）的浓度达到一定值时，气敏电阻的阻值将发生变化，经放大电路放大并转换成电压信号输出，再送入比较器电路与给定上限电压（即报警电压）进行比较，如果高于报警电压，就会产生触发脉冲，使晶闸管电路导通产生直流电压，给排风扇提供电源，自动通风，同时还可以从比较器电路输出端，通过声光报警驱动电路驱动扬声器和闪光指示，产生报警信号。随着气体浓度的降低，放大电路输出电压也随之降低，当其低于某一电压的给定下限时，晶闸管电路截止，通风扇停止工作，报警消除。系统工作的同时需要借助辅助电路（如加热电源、温度补偿电路）。

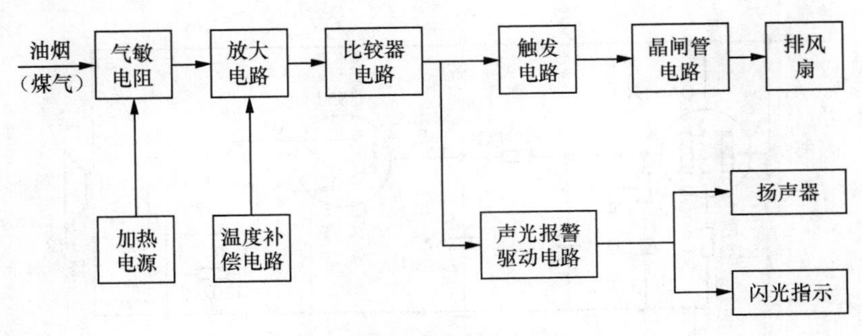

图7-7　自动通风扇的工作原理

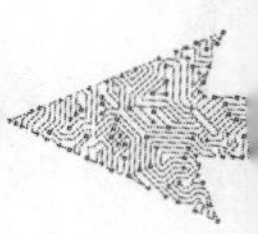

【学海领航】——自由的真正内涵

酒精检测仪的原理是利用酒精传感器检测驾驶员是否酒驾，“喝酒不开车，开车不喝酒”既是法律规定，也是人尽皆知的常识。如果违反了这一规定，人身和驾驶自由就会受到限制。酒后开车给自身和他人造成的危害是巨大的、不可逆转的，醉酒驾车甚至会付出生命的代价，因此不能心存侥幸。自由的真正内涵是遵纪守法，而不是挑战法律法规的出格行为，学生不但要遵守交通法规，还要养成自觉遵纪守法的习惯。

【任务实施】——检测厨房可燃气体是否泄漏

1. 传感器选择

根据厨房可燃性气体泄漏检测的使用要求，结合气敏传感器相关知识，选用电阻型半导体气体传感器。图 7-8 为常温型半导体气体传感器外形。

图7-8　常温型半导体气体传感器外形

2. 气敏电阻的使用

（1）气敏电阻使用时一定要加热：一般由变压器二次绕组交流输出或直流电压提供低电压加热。加热温度对气敏电阻的特性影响很大，因此加热器的加热电压必须恒定。

（2）半导体气敏电阻在气体中的电阻值与温度、湿度有关。当温度和湿度较低时，电阻值较大；当温度和湿度较高时，电阻值较小。因此，即使气体浓度相同，电阻值也会不同，需要进行温度补偿。常用的温度补偿电路如图 7-9 所示。

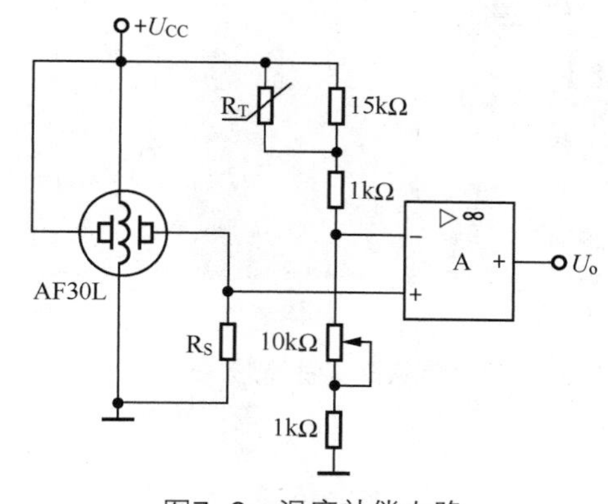

图7-9　温度补偿电路

3. 燃气泄漏报警器的安装

（1）厨房使用煤气和天然气

由于煤气和天然气比空气轻，应将报警器安装在靠近天花板处，容易感测上升的煤气和天然气。

（2）厨房使用液化石油气

由于液化石油气的主要成分为丙烷，比空气重，容易沉积到地面上，因此报警器要安装在接近地面处。

4. 厨房气体报警器的性能指标

（1）精度

当空气中可燃性气体的体积百分比达到0.1%～0.3%时，能可靠报警。

（2）工作温度

厨房气体报警器的工作环境温度为 -10～40℃。

任务 7.2 物料与环境湿度检测

【任务导入】

生活中，粮仓必须保持干燥的环境，否则粮食容易霉变。因此湿度的检测和控制是非常重要的。本任务就是要学习湿度传感器的相关知识，检测粮食含水量与环境湿度。

【知识讲解】

湿度传感器是由湿敏元件和转换电路等组成，能感受外界湿度（通常将空气或其他气体中的水分含量称为湿度）变化，并通过器件材料的物理或化学性质变化，将环境湿度转换为电信号的装置。图 7-10 所示为湿度传感器实物外形。

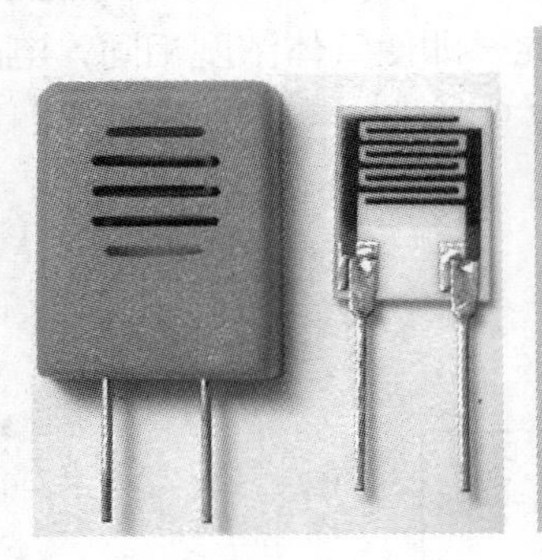
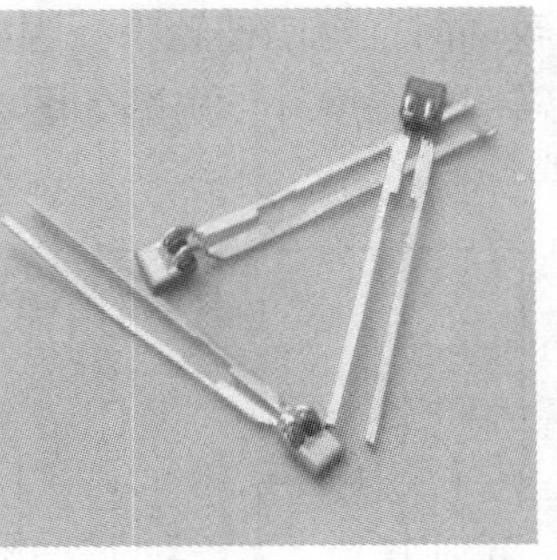

图7-10 湿度传感器实物外形

湿度的表示方法（视频）

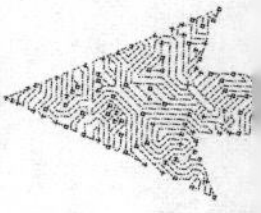

7.2.1 湿度的表示方法

湿度是指物质中所含水蒸气的量，目前的湿度传感器多数是测量气体中的水蒸气含量，通常用绝对湿度、相对湿度和露点（或露点温度）来表示。

1. 绝对湿度

绝对湿度是指单位体积的气氛中含水蒸气的质量，其表达式为

$$H_a = \frac{m_v}{V} \tag{7-1}$$

式中：H_a——绝对湿度；

m_v——待测空气中水蒸气的质量；

V——待测空气总体积。

2. 相对湿度

相对湿度为待测气体中水汽分压（p_v）与相同温度下水的饱和水汽压（p_w）的比值的百分数，即

$$H_r = \left(\frac{p_v}{p_w}\right)_T \times 100\%\mathrm{RH} \tag{7-2}$$

式中：H_r——相对湿度；

T——温度。

3. 露点

在一定大气压下，将含水蒸气的空气冷却，当降到某温度时，空气中的水蒸气达到饱和状态，开始从气态变成液态而凝结成露珠，这种现象称为结露。此时的温度称为露点或露点温度。如果这一特定温度低于 0℃，水汽将凝结成霜。

7.2.2 湿度传感器的分类

湿度传感器按输出电学量可分为电阻式、电容式；按探测功能可分为绝对湿度型、相对湿度型和结露型等；按感湿材料可分为陶瓷式、高分子式、半导体式和电解质式等。这里主要介绍电阻式湿度传感器和电容式湿度传感器。

湿度传感器的分类（视频）

1. 电阻式湿度传感器

（1）电解质式湿度传感器

电解质式湿度传感器的典型代表是氯化锂湿敏电阻。氯化锂湿敏电阻是利用吸湿性盐类潮解，离子导电率发生变化而制成的测湿元件。该元件的结构如图 7-11 所示，由引线、基片、感湿层与金属电极组成。

氯化锂通常与聚乙烯醇组成混合体，在氯化锂（LiCl）溶液中，Li 和 Cl 分别以正、负离子的形式存在，而 Li^+对水分子的吸引力强，离子水合程度高，其溶液中的离子导电能力与浓度成正比。当溶液置于一定温湿场中时，若环境相对湿度高，溶液将吸收水分，使浓度降低，因此，其溶液电阻率增高；反之，若环境相对湿度变低，则溶液浓度升高，其溶

液电阻率下降，从溶液电阻率的变化可实现对湿度的测量。

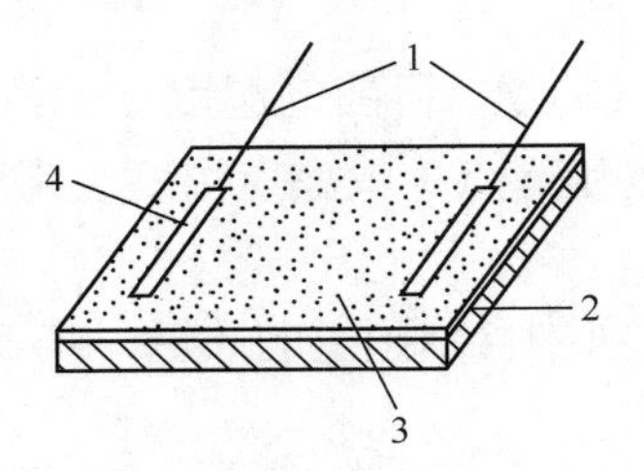

1—引线；2—基片；3—感湿层；4—金属电极

图7–11　氯化锂湿敏电阻结构示意图

氯化锂湿敏电阻的优点是滞后小，不受测试环境风速影响，检测精度高达±5%，但其耐热性差，不能在露点以下湿度的测量，器件性能的重复性不理想，使用寿命短。

（2）半导体陶瓷湿度传感器

半导体陶瓷湿度传感器通常用两种以上的金属氧化物半导体材料混合烧结成多孔陶瓷，有 ZnO-LiO_2-V_2O_5 系、Si-Na_2O-V_2O_5 系、TiO_2-MgO-Cr_2O_3 系、Fe_3O_4 等。前 3 种材料的电阻率随湿度增加而下降，故称为负特性湿度半导瓷；最后一种的电阻率随湿度增加而增大，故称为正特性湿度半导瓷。以下是两种典型半导体陶瓷湿度传感器的介绍。

① $MgCr_2O_4$-TiO_2 湿度传感器。氧化镁复合氧化物–二氧化钛湿敏材料通常制成多孔陶瓷型“湿–电”转换器件，它是负特性半导瓷，结构如图 7-12 所示。$MgCr_2O_4$ 为 P 型半导体，它的电阻率低，阻值温度特性好。在 $MgCr_2O_4$-TiO_2 陶瓷片的两面涂覆有多孔金电极。金电极与引线烧结在一起。为了减少测量误差，在陶瓷片外设置由镍铬丝制成的加热线圈，以便对器件加热清洗，排除恶劣气体对器件的污染。整个器件安装在陶瓷基片上，电极引线一般采用铂–铱合金。

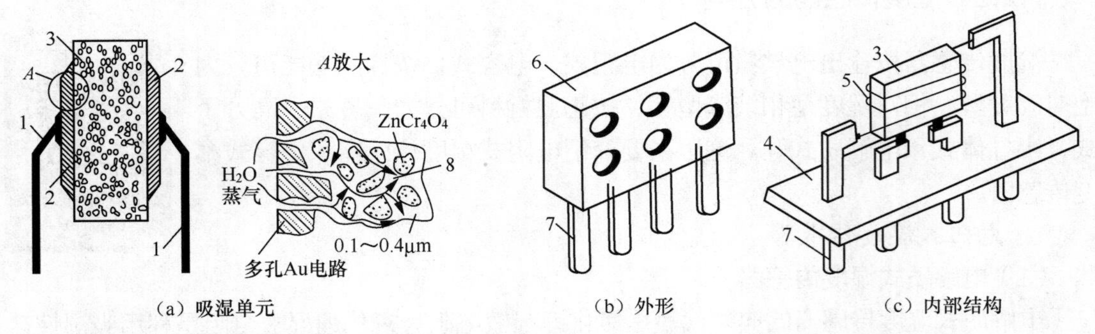

1—引线；2—多孔性电极；3—多孔陶瓷；4—底座；5—镍铬加热丝；6—外壳；7—引脚；8—气孔

图7–12　$MgCr_2O_4$–TiO_2湿度传感器结构

该传感器的电阻值既随所处环境的相对湿度的增加而减少，又随周围环境温度的变化而有所变化。

② ZnO-Cr_2O_3 陶瓷湿度传感器。ZnO-Cr_2O_3 陶瓷湿度传感器是将多孔材料电极烧结在多孔陶瓷圆片的两表面上，并焊上铂引线，然后将敏感元件装入有网眼过滤的方形塑料盒

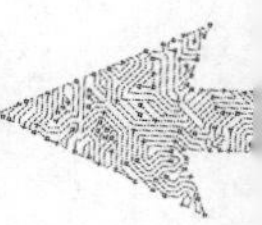

中，并用树脂固定制成。该传感器能连续稳定地测量湿度，而无须加热除污装置，功耗低于0.5W，体积小，成本低，是一种常用的测湿传感器。

（3）有机高分子湿度传感器

用有机高分子材料制成的湿度传感器，主要是利用有机高分子的吸湿性与胀缩性。某些高分子电介质吸湿后，介电常数明显改变，可制成电容式湿度传感器；某些高分子电解质吸湿后，电阻明显变化，可制成电阻式湿度传感器；利用胀缩性高分子（如树脂）材料和导电粒子在吸湿之后的开关特性，可制成结露传感器。

2. 电容式湿度传感器

电容式湿度传感器是有效利用湿敏元件电容量随湿度变化的特性来进行测量的。通过检测其电容量的变化值，从而间接获得被测湿度的大小。这类湿敏元件是一种吸湿性电介质材料的介电常数随湿度而变化的薄片状电容器。吸湿电介质材料（感湿材料）主要有高分子聚合物（例如乙酸-丁酸纤维素和乙酸-丙酸纤维素）和金属氧化物（例如多孔氧化铝）等。

电容式湿度传感器的结构示意图如图 7-13 所示。电容式湿度传感器是在微晶玻璃衬底上，利用具有很大吸湿性的绝缘材料作为电容传感器的介质，在其两侧面镀上多孔电极组成的。当环境相对湿度增大时，环境气体中的水分子沿着电极的毛细微孔进入感湿膜面被吸附，使两块电极之间的介质相对介电常数大为增加（水的相对介电常数为 80），电容量增大。感湿膜是只有一层微孔结构的薄膜，吸湿和脱湿容易，因此这类传感器的响应速度快。电容式湿敏传感器检测范围宽，线性好，因此在实际中得到了广泛的应用。

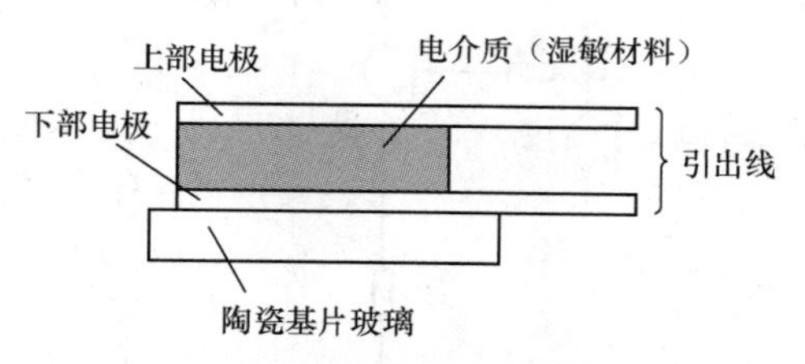

图7-13 电容式湿度传感器的结构示意图

7.2.3 湿度传感器的应用

1. 汽车后风窗玻璃自动去湿装置

汽车后风窗玻璃自动去湿装置的安装及电路如图 7-14 所示，R_H 为设置在后风窗玻璃上的湿敏传感器，R_L 为嵌入玻璃的加热电阻丝。J 为继电器线圈，J_1 为其常开触点。晶体管 VT_1 和 VT_2 接成施密特触发器电路，在 VT_1 的基极上接有由电阻 R_1、R_2 及湿敏传感器电阻 R_H 组成的偏置电路。

在常温常湿情况下，调节好各电阻值，因 R_H 阻值较大，使 VT_1 导通，VT_2 截止，继电器 J 不工作，其常开触点 J_1 断开，加热电阻 R_L 无电流流过。当汽车内外温差较大，且湿度过大时，将导致湿敏电阻 R_H 的阻值减小，不足以维持 VT_1 管导通，此时 VT_1 管截止，VT_2 管导通，使其负载继电器 J 通电，控制常开触点 J_1 闭合，加热电阻丝 R_L 开始加热，驱散后风窗玻璃上的湿气，同时加热指示灯亮。当玻璃上湿度减小到一定程度时，随着 R_H 增大，施密特电路又开始翻转到初始状态，VT_1 管导通，VT_2 管截止，常开触点 J_1 断开，R_L 断电停止加热，从而实现了防湿自动控制。该装置也可以用于仓库、车间等湿度控制。

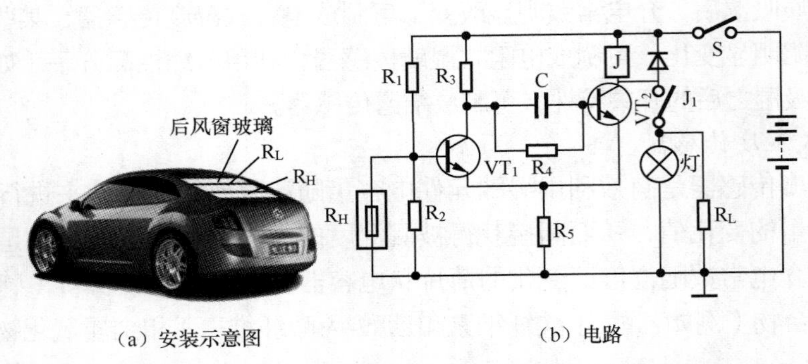

图7-14　汽车后风窗玻璃自动去湿装置的安装及电路

2. 录像机结露报警控制电路

录像机结露报警控制电路如图 7-15 所示。该电路由 BG_1～BG_4 组成。结露时，LED 亮（结露信号），并输出控制信号使录像机进入停机保护状态。

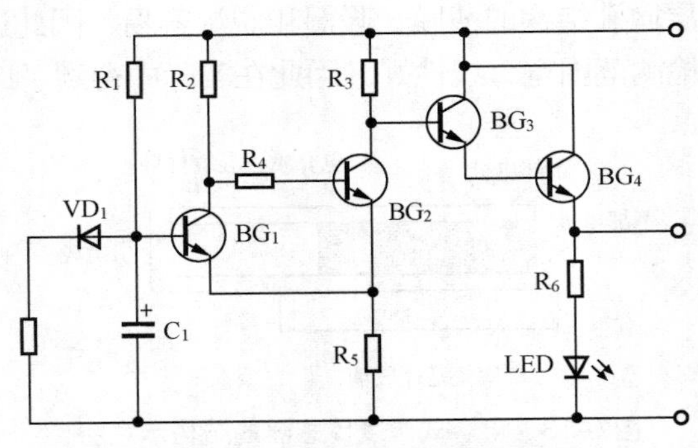

图7-15　录像机结露报警控制电路

在低湿时，结露传感器的电阻值为 2kΩ 左右，BG_1 因其基极电压低于 0.5V 而截止，BG_2 集电极电位低于 1V，所以 BG_3 及 BG_4 也截止。结露指示灯不亮，输出的控制信号为低电平。

在结露时，结露传感器的电阻值大于 50kΩ，BG_1 饱和导通，BG_2 截止。从而使 BG_3 及 BG_4 导通，结露指示灯亮，输出的控制信号为高电平。

【学海领航】——工匠精神的“小事不小”

对于从事温度、湿度测量的工作者来说，虽然工作难度并不大，但却是一种较烦琐的测量工作，一是涉及大量测量的准备工作，二是涉及大量的测量数据处理，这需要足够的细心和耐心。把每一件小事做到最好、做到极致，就是工匠精神。工匠精神源于对岗位的

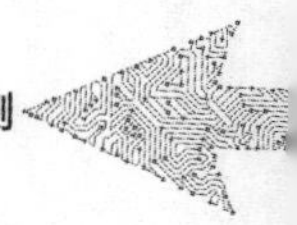

热爱，源于对创新精神的实践。传感器的设计、制造过程中，工作人员几十年如一日的执着，为提高传感器性能而日夜测试、反复试验的辛劳，正是爱岗敬业的有力体现。

爱岗敬业是平凡的奉献精神，因为它是每个人都可以做到的，而且应该具备的；爱岗敬业又是伟大的奉献精神，因为伟大出自平凡，没有平凡的爱岗敬业，就没有伟大的奉献。

【任务实施】——检测粮食含水量与环境湿度

1. 粮食含水量检测

（1）粮食含水量检测原理

粮食含水量不同，电导率也不同。检测粮食含水量是将两根金属探头插入粮食中，当粮食含水量越高时，电导率越大，两根金属探头间的阻值就越小；反之，阻值就越大。通过检测两根金属探头间阻值的变化，就能测出粮食含水量的大小。

（2）电阻型湿度传感器应用电路

① 传感器探头设计。粮食中的水分含量不同，其导电率也不同。所选测量仪的传感器是由两根金属探头 A、B 组成，将探头 A、B 插入粮食内，测量两探头间粮食的电阻。由于粮食是高阻物质，因此，两探头不能相距太远，以相距 2mm 左右为宜。要保证相距 2mm，又不能相碰，可用绝缘材料相隔离。因此，探头要安装在一起，用截面 2mm × 2mm 的不锈钢即可，长度在 300～500mm 为宜。探头要安装绝缘手柄，插入粮食的深度在 200～400mm 左右。

② 测量电路设计。粮食含水量检测电路由高压电源、检测电路、电流/电压转换电路、A/D 转换电路和显示电路组成，如图 7-16 所示。传感器两个探头插入粮食内，A、B 间的电阻可达到几十兆欧至上百兆欧，要使如此大的电阻通过电流，必须提高 A、B 间的电压，本仪器要达到 150V 左右。因此需要高压发生器，提高 A、B 间电压，就有电流通过，再用电流/电压变换器将电流变换成电压，然后将电压通过 A/D 转换，以数字形式显示出来。

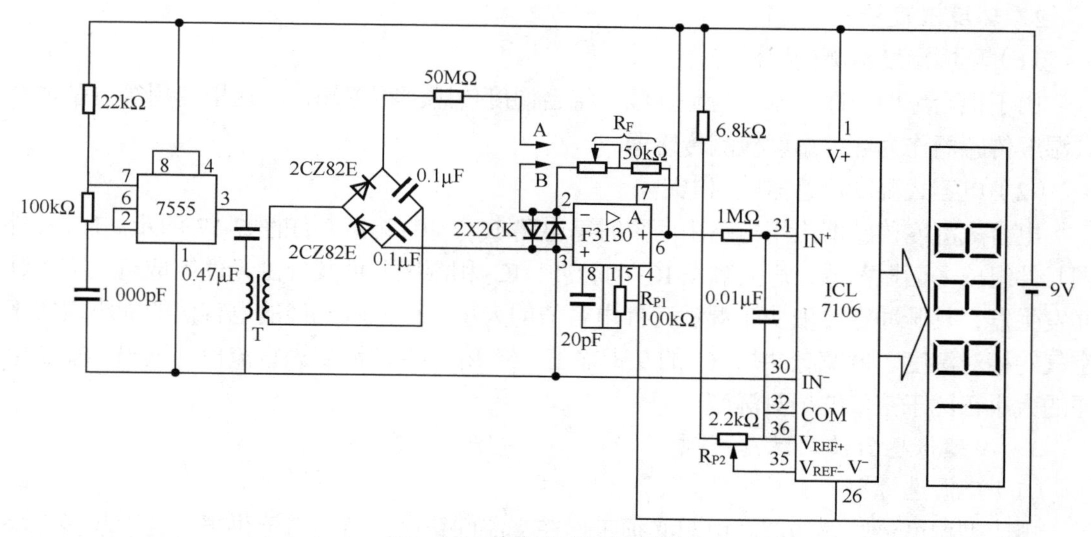

图7–16 粮食含水量检测电路

③ 测量电路组件与调试。本仪器电源电压为 9V。高压电源由 CMOS 时基电路 7555、变压器和整流电路组成。CMOS 时基电路 7555 电源电压范围较宽，3～18V 都能正常工作。根据电路设计的需要，CMOS 时基电路 7555 的电源取自 7106 内部的基准电压源，即 V+（1 脚）和 COM（32 脚）之间的电压，V+到 COM 间的电压一般为 2.8V。7555 的振荡频率为 6 500Hz，用变压器 T 将 CMOS 时基电路 7555 的振荡电压提高到 20 多倍。因此，要求变压器的一次绕组匝数为 100 匝，二次绕组匝数为 2 000 匝，这样经过整流后可得到约 150V 的电压。

电流/电压变换器以 F3130 为核心。当探头 A、B 间加上高压以后，可插入粮食内，来检测两探头间粮食的阻值 R_{AB}。其电流一般在 1μA 以内，要把这样小的电流转换电压，要求高阻抗运算放大器，高输入阻抗运算放大器 F3130，其差模输入电阻为 $1.5 \times 10^{12}\Omega$，输入偏流仅为 5pA。因此，通过 R_{AB} 的电流，基本不通过 F3130 内部，而是通过反馈电阻 R_F 并在输出端形成电压，这样便把电流转换成电压。

为了限制通过 R_F 的电流，在 A 探头上串联一个 50MΩ 的电阻，又为了限制 F3130 输出电压，应使反馈电阻 R_F 较小，如 R_F 太大，将使 F3130 饱和而不能限量。把 F3130 的输出电限制在 2V 以内，即把 A/D 转换器的电压量程定在 2V 以下。

A/D 转换以 ICL7106 为核心，F3130 为单端输出，而 7106 要求双端输入，因此，按图 7-17 所示电路连线。把 F3130 的输出端与同相端间的电压送入到 7106 的 IN^+和 IN^-两输入端。7106 的 IN^+（31 脚）和 V^-（26 脚）应和公共端 COM（32 脚）相连。根据 7160 的原理分析，满度时（粮食全为水，即 A、B 短路）应使数码管的读数为 100（%），即 $N = 100$，此时基准电压（V_{REF}+）约为 1.5V。

V_{REF} 的调整由 6.8kΩ 的电阻串联 2.2kΩ 电位器 R_{P2} 完成。调试时，将探头 A、B 开路，调节 3130 的 5 脚电位器 R_{P1}（100kΩ）使显示值为“0.00”。将 A、B 短路（相当于粮食全泡在水中），调整电位器 R_{P2}，使显示值为 100（%），即含水量 100（%）。

2. 环境湿度检测

（1）环境湿度检测传感器选择

由于粮仓环境洁净，水分检测连续，结合湿度传感器相关知识，这里选用高分子电容式湿度传感器作为环境湿度检测传感器。

（2）电容式湿度传感器应用电路

电容式湿度传感器应用电路由两个时基电路 IC_1、IC_2 组成，如图 7-17 所示。IC_1 及外围元件组成多谐振荡器，产生触发 IC_2 的脉冲；IC_2 和湿敏元件及外围元件组成可调宽的脉冲发生器，其脉冲宽度取决于湿敏元件电容值的大小，而湿敏元件的电容值的大小取决于空气的相对湿度。调宽脉冲从 IC_2 的 9 脚输出，经 R_5、C_3 滤波变为直流信号输出，输出电压的大小正比于空气的相对湿度。

3. 湿度传感器使用注意事项

（1）电源选择

电阻型湿度传感器的湿敏电阻必须工作在交流回路中。若用直流供电，会引起多孔陶瓷表面结构改变，湿敏特性变差；若交流电源频率过高，由于元件的附加容抗而影响测湿灵敏度和准确性。因此应以不产生正、负离子积聚为原则，使电源频率尽可能低。对于离子导电型湿度传感器，电源频率一般以 1kHz 为宜；对于电子导电型湿度传感器，电源频率应低于 50Hz。

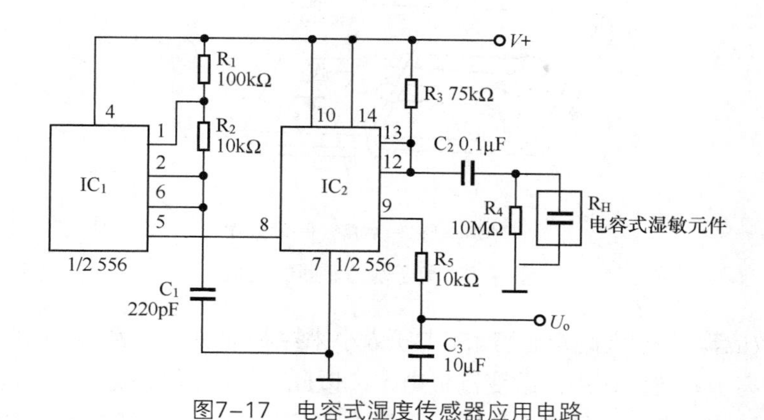

图7–17 电容式湿度传感器应用电路

（2）线性化处理

一般湿度传感器的特性均为非线性，为准确地获得湿度值，要加入线性化电路，使输出信号正比于湿度的变化。

（3）测量湿度范围

电阻式湿度传感器在湿度超过 95%RH 时，湿敏膜因湿润溶解，厚度会发生变化，若反复结露与潮解，特性将变坏而不能复原。电容式湿度传感器在 80%RH 以上高湿及 100%RH 以上结露或潮解状态下，也难以检测。另外，不能将电容式湿度传感器直接浸入水中或长期用于结露状态，也不能用手摸或用嘴吹其表面。

（4）温度补偿

通常氧化物半导体陶瓷湿度传感器的温度系数为 0.1～0.3，在测湿精度要求高的情况下必须进行温度补偿。

【知识拓展】——离子敏传感器

离子敏传感器（ISFET）是一种对离子具有选择敏感作用的场效应晶体管。它由离子性电极（ISE）与金属-氧化物-半导体场效应管（MOSFET）组成，主要用来测量溶液或体液中的离子活度的微型固态电化学敏感器件。

一、离子敏传感器的工作原理

离子敏传感器由离子敏感膜和转换器两部分组成。敏感膜用以识别离子的种类和浓度，转换器则将敏感膜感知的信息转换为电信号。离子敏场效应管的结构和一般的场效应管之间的不同在于，离子敏场效应管没有金属栅电极，而是在绝缘栅上用铂膜做出引线，并在铂膜上涂覆一层敏感膜，这就构成了一只离子敏传感器，结构如图 7-18 所示。敏感膜的种

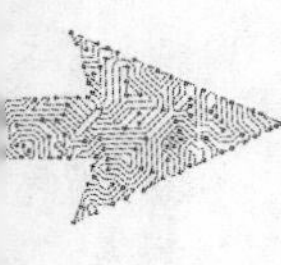

类很多，不同的敏感膜所检测的离子种类也不同，具有离子的选择性。因此在使用时，选择敏感膜的材料以检测所需离子的浓度。

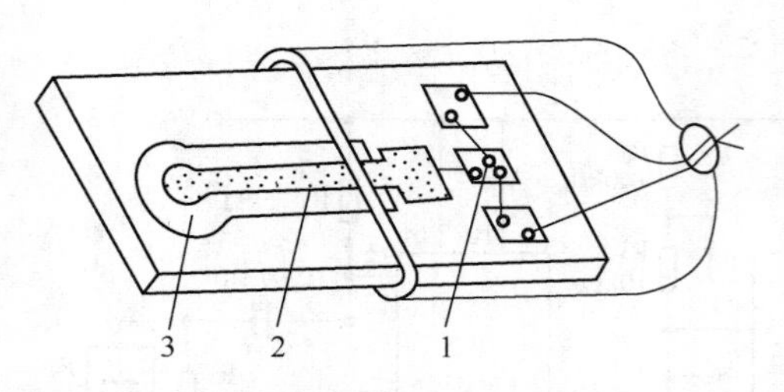

1—MOSFET；2—铂膜；3—敏感膜

图7–18　离子敏传感器的结构

MOS 场效应管是利用金属栅上所加电压大小来控制漏源电流的；离子敏传感器则是利用其对溶液中离子有选择作用而改变栅极电位，以此来控制漏源电流变化的。

当将离子敏传感器插入溶液时，它的漏源电流将随溶液中被测离子的浓度的变化而变化，在一定条件下，漏源电流与离子浓度的对数呈线性关系，因此可以用漏极电流来确定离子浓度。

二、离子敏传感器的应用

离子敏传感器可以用来测量离子敏感电极（ISE）所不能测量的生物体中的微小区域和微量离子。因此，它在生物医学领域、环境保护、化工、矿山、地质、水文以及家庭生活等各方面都有应用。

1. 对生物体液中无机离子的检测

临床医学和生理学的主要检查对象是人或动物的体液，包括血液、脑髓液、脊髓液、汗液和尿液等。体液中某些无机离子的微量变化都与身体某个器官的病变有关。利用离子敏传感器迅速而准确地检测出体液中某些离子的变化，就可以为正确诊断、治疗及抢救提供可靠依据。

2. 在环境保护中应用

用离子敏传感器对植物的不同生长期体内离子的检测，可以研究植物在不同生长期对营养成分的需求情况，以及土壤污染对植物生长的影响等。用离子敏传感器对江河湖海中鱼类及其他动物血液中有关离子的检测，可以确定水域污染情况及其对生物体的影响。离子敏传感器也可用在大气污染的监测中，例如通过检测雨水成分中多种离子的浓度，可以监测大气污染的情况及查明污染的原因。

【项目小结】

气体传感器是能够感受环境中某种气体及其浓度并将其转换成电信号的器件。气体传感器有半导体式、接触燃烧式、电化学反应式、固体电解质式等几种类型，其中最常见的

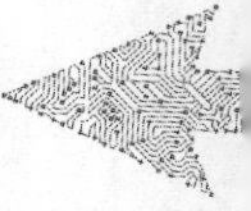

是半导体气体传感器。其基本工作原理是利用半导体气敏元件同气体接触，造成半导体性质变化，来检测气体的成分或浓度的。按照半导体变化的物理性质，其可分为电阻型和非电阻型两种。

湿度传感器是一种将被测环境湿度转换成电信号的器件。湿度传感器都是利用湿敏材料对水分子的吸附能力或对水分子产生物理效应的方法测量湿度的。常见的湿度传感器主要是电阻式湿度传感器和电容式湿度传感器。

【自测试题】

一、单项选择题

1．SnO_2 气敏元件可用于测量（　　）的浓度。

A．CO_2　　B．H_2

C．气体打火机车间的有害气体　　D．锅炉烟道中剩余的氧气

2．湿敏电阻使用交流电作为激励电源是为了（　　）。

A．提高灵敏度　　B．防止产生极化、电解作用

C．减小交流电桥平衡难度　　D．防止烧毁

3．在使用测谎器时，被测试人由于说谎，紧张而手心出汗，可用（　　）传感器来检测。

A．应变片　　B．热敏电阻

C．气敏电阻　　D．湿敏电阻

4．利用电容式湿度传感器可以测量（　　）。

A．空气的绝对湿度　　B．空气的相对湿度

C．空气温度　　D．纸张的含水量

二、填空题

1．气体传感器可分为________、________、________、________等多种类型。

2．金属氧化物在常温下是________，制成半导体后却显示________。

3．接触燃烧式气体传感器只能测量________，并且在环境温度下非常稳定。

4．湿度传感器按输出电学量可分为________、________。

三、简答题

1．气体传感器主要可检测哪些气体？

2．简述电阻型半导体气体传感器的分类及工作原理。

3．湿度有哪些表示方法？

4．简述湿度传感器的分类。

5．什么叫水分子亲和力？这类传感器有哪些？

参考文献

[1] 胡向东. 传感器与检测技术[M]. 北京：机械工业出版社，2016.

[2] 刘靳. 传感器原理及应用技术[M]. 西安：西安电子科技大学出版社，2013.

[3] 郁有文. 传感器原理及工程应用[M]. 西安：西安电子科技大学出版社，2014.

[4] 于彤. 传感器原理及应用（项目式教学）[M]. 北京：机械工业出版社，2012.

[5] 钱爱玲，钱显毅. 传感器原理与检测技术[M]. 北京：机械工业出版社，2015.

[6] 林锦实. 传感器与检测技术[M]. 北京：机械工业出版社，2011.

[7] 王建新，隋美丽. LabWindows/CVI 虚拟仪器测试技术及工程应用[M]. 北京：化学工业出版社，2011.

[8] 田宏宇，陈瑞阳. 机械工程检测技术[M]. 北京：高等教育出版社，2016.

[9] 刘丽. 传感器与自动检测技术[M]. 北京：中国铁道出版社，2012.

[10] 陈晓军. 传感器与检测技术项目式教程[M]. 北京：电子工业出版社，2014.

[11] 牛百齐，董铭. 传感器与检测技术[M]. 北京：机械工业出版社，2018.

[12] 贾海瀛. 传感器技术与应用[M]. 北京：高等教育出版社，2015.

[13] 刘习军，张素侠. 工程振动测试技术[M]. 北京：机械工业出版社，2016.

[14] 许同乐. 机械工程振动测试技术[M]. 2 版. 北京：机械工业出版社，2018.

[15] 封素敏，范文静. 传感器与检测技术[M]. 哈尔滨：哈尔滨工程大学出版社，2015.

[16] 应怀樵. 现代振动与噪声技术[M]. 北京：航空工业出版社，2015.

[17] 金发庆. 传感器与检测技术及其工程应用[M]. 2 版. 北京：机械工业出版社，2016.

[18] 梁森，王侃夫，黄杭美. 自动检测与转换技术[M]. 3 版. 北京：机械工业出版社，2017.